色で高付加価値化を目指した両大戦間期

シルクとイタリアン・ファッションの経済史

日野真紀子 著

晃洋書房

i

目　　次

序　章　本書の対象と課題 ……………………………………………… *1*

第 1 節　イタリア繊維製品の転換期となった両大戦間期　（*1*）

第 2 節　イタリア北西部地域の工業化と経済格差問題　　（*3*）

第 3 節　繊維工業における素材と色の技術革新　（*10*）

（ 1 ）　繊維工業における各業種と関連する技術

（ 2 ）　繊維製品の開発における技術的な要素——人絹製造と染色

第 4 節　本書におけるアプローチ　（*19*）

第 1 章　1920-30 年代におけるイタリア経済と絹・人絹織物製品の
　　　　輸出 ……………………………………………………… *27*

は じ め に　（*27*）

第 1 節　1920 年代におけるイタリアの通商環境　　（*32*）

　　　　　——国交正常化と関税

（ 1 ）　1920 年代における絹織物をめぐる通商環境

（ 2 ）　1920 年代の主な絹・人絹織物輸出製品と輸出市場の変化

第 2 節　1930 年代におけるイタリアの通商環境　　（*41*）

　　　　　——大恐慌の影響と経済制裁後の為替の切下げ

（ 1 ）　絹織物業における大恐慌の影響

（ 2 ）　人絹・絹織物輸出における経済制裁と為替切下げの影響

（ 3 ）　1930 年代後半の主な絹・人絹織物製品と輸出市場の変化

お わ り に　（*63*）

第 2 章　流行の色を創る技術 ……………………………………… *73*
　　　　——1930 年代における化学工業の発展と染料工業

は じ め に　（*73*）

第 1 節　染料工業に関する先行研究　（*74*）

ii

第2節　イタリア化学工業の成長と染料工業　　（76）

第3節　染料の研究開発と染料価格の低下　　（84）

第4節　イタリアにおける染料輸出と輸入　　（88）

お わ り に　　（93）

第3章　流行の色で製品を創る ……………………………………… 97
——1930年代の染色・プリント工業の形成と製品の変化

は じ め に　　（97）

第1節　染色工業に関する先行研究　　（99）

第2節　染色・プリント・整理企業の概要とその数量的な把握　　（100）

第3節　染料消費産業としての染色工業　　（105）

第4節　染色工業の賃金と工賃の設定　　（107）

お わ り に　　（113）

第4章　付加価値の高い製品を創る ……………………………… 117
——絹織物産地コモ地方の変遷と技術への対応

は じ め に　　（117）

第1節　イタリアの産地および中小企業研究への関心　　（118）

第2節　コモ地方における絹業前史　　（122）

　　（1）　イタリアにおける生糸製造・取引前史

　　（2）　コモ地方絹織物業における原料の変化——生糸から人絹へ

　　（3）　絹織物業の近代化——電化と織機技術

第3節　絹織物産地の対応　　（135）

　　　　　　　——高付加価値製品製造へ

　　（1）　賃金引下げによる絹織物業への影響

　　（2）　染色・捺染業との連携

　　（3）　ヨーロッパ諸国への触媒規制のアプローチ

　　（4）　品質表示の是正

第4節　専門教育による人的資源の確保　　（149）

お わ り に　　（152）

目　次　iii

第 5 章　イタリアのファッション製品を売るために …………… *161*
　　　　　──「イタリアン・ファッション・システム」の萌芽と絹織物業

は じ め に　（*161*）

第 1 節　「イタリアン・ファッション」の復活　（*162*）

第 2 節　1920 年代におけるファッション創出の動きとコモ産地の
　　　　対応　（*165*）

第 3 節　1930 年代のファッション創出の動きと産地における染色技術の
　　　　向上　（*166*）

お わ り に　（*173*）

第 6 章　コモ産地企業における人絹の採用と
　　　　プリント部門の導入の影響 ………………………………… *179*
　　　　　──絹・人絹織物企業 FISAC 社の経営の事例（1907-1936 年）

は じ め に　（*179*）

第 1 節　FISAC 社の経営　（*182*）

第 2 節　FISAC 社の販売網の構築　（*187*）
　　　　　──国内販売と輸出

第 3 節　染色・プリント工場・関連工程の吸収合併と人絹工業との
　　　　繋がり　（*190*）

お わ り に　（*197*）

終　章　1920-30 年代イタリア化学工業と絹織物業の展開 ……… *205*
　　　　──本書の総括に代えて

参 考 文 献　（*211*）

あ と が き　（*227*）

索　　　引　（*229*）

図 表 目 次

表1	イタリアの1人当たり GDP と経済成長率 (1861-1988年) ………………………	4
表2	労働力構成 (1881-1961年) ……………………………………………………	5
表3	地域別1人当たり GDP (1871-1971年) ……………………………………………	6
表4	付加価値額 (1911年, 1938年) ………………………………………………………	9
表5	各種染料の各繊維への染色性 ………………………………………………………	16
表6	各種染料の主な性質と堅牢度および加工法 ………………………………………	18
表7	各章の構成と絹織物業各工程の特徴・変化のマトリクス ………………………	22
表1-1	イタリア輸出入総額および貿易総額 (1919-1939年) ……………………………	28
表1-2	イタリア絹織物・交織物主要輸出先国別輸出量 (1923-1929年) ……………	36
表1-3	イタリアの絹製品輸出量・輸出額 (1923-1929年) ……………………………	38
表1-4	主要産業部門生産動向 (1929-1934年) …………………………………………	42
表1-5	イタリアの輸出入総額と絹製品輸出入額とその割合 (1929-1933年) ………	44
表1-6	主要国輸出入総額に占める繊維製品輸出額の割合 (1933年) ………………	44
表1-7	ヨーロッパ諸国の失業率 (1929-1933年) ……………………………………	47
表1-8	イタリア人口国勢調査 (1931年) ………………………………………………	48
表1-9	イタリアのフランスに対する重要製品の輸入・輸出額 (1934-1936年) ……	50
表1-10	絹・人絹製品輸出額と各製品の絹・人絹製品輸出額における割合 (1930-1938年) ………………………………………………………………………………	54
表1-11	人絹織物輸出額上位国 (1936-1938年) …………………………………………	56
表2-1	世界の化学工業生産額の国別構成 (1913-1938年) ……………………………	77
表2-2	世界の化学工業輸出額の国別構成 (1913-1938年) ……………………………	77
表2-3	イタリア主要工業の生産量 (1923-1943年) ……………………………………	78
表2-4	イタリア化学工業の地域別事業所数と従業員数 (1927年) …………………	81
表2-5	主要染料製造企業の特徴 (1935年) ……………………………………………	82
表2-6	イタリアにおける化学製品価格指数 (1929-1939年) ………………………	88
表2-7	戦間期における合成有機染料の生産量と輸出入量・額 (1924-1938年) ……	89

表 2-8	合成有機染料輸出入量 (1934-1938 年)	…………………………………	*90*
表 3-1	染色企業の種類 (1929 年)	………………………………………	*101*
表 3-2	ロンバルディア州県別絹関連企業数 (1940 年)	……………………	*102*
表 3-3	染料・染色企業の新規開業数 (1931-1939 年)	……………………	*103*
表 3-4	染料・染色企業の倒産廃業数 (1931-1939 年)	……………………	*104*
表 3-5	染色・プリント・仕上加工工の賃金体系 (1927 年)	………………	*109*
表 3-6	染色工の賃金 (1927 年)	……………………………………………	*109*
表 3-7	イタリアにおける一時的な絹・人絹織物輸出入 (1936-1938 年)	…………	*112*
表 4-1	イタリア工業センサスにおける製造業事業者数の割合 (1911, 1927, 1937-1939 年)	…………………………………………………………………………	*124*
表 4-2	ロンバルディア州におけるコモ県織物業各工程の工場数の比較 (1917, 1923 年)	…………………………………………………………………………	*124*
表 4-3	主要国における生糸消費量	………………………………………	*126*
表 4-4	生糸と人絹糸ミラノ市場 1 kg 当たり年平均価格 (1923-1933 年)	…………	*131*
表 4-5	イタリアとコモ県の設置織機別工場数と家内作業場数の比較 (1917, 1923 年)	…………………………………………………………………………	*135*
表 4-6	コモ県絹織物業企業の状況 (1933 年 1 月)	……………………………	*142*
表 4-7	全国国公立および私立中等学校入学者数 (1926-1939 年度)	…………	*150*
表 6-1	FISAC 社配当推移 (1907-1936 年)	………………………………	*184*
表 6-2	シャティヨン社の資本参加企業 (1925 年 12 月)	……………………	*192*
表 6-3	工程種別による絹織物工場数比較 (1917 年, 1923 年)	………………	*193*
表 6-4	FISAC 社の調達資金 (1907-1936 年)	………………………………	*194*

図 1	主要工業国の人絹・スフ生産量 (1911-1940 年)	…………………………	*2*
図 2	イギリス，フランス，ドイツ，イタリアの 1 人当たり GDP 国際比較 (1911-1939 年)	……………………………………………………………………	*4*
図 3	繊維工業に含まれる主要な業種	…………………………………	*11*
図 4	絹織物業における工程とその工程で使用する関連製品	………………	*12*
図 5	織組織の主な分類	………………………………………………	*13*
図 1-1	人絹を含む絹織物輸出入額 (1906-1938 年)	…………………………	*29*

図 1-2 人絹糸・生糸・人絹スフ・人絹織物生産量 (1919-1939 年) ……………… *31*

図 1-3 生糸平均，最高，最低価格，人絹糸平均価格の推移 (1919-1929 年，1 kg 当たり) ……………………………………………………………………… *39*

図 1-4 イタリア繊維工業総合指数 (1928-1935 年) ……………………………… *43*

図 1-5 コモ県失業者数 (1931-1933 年) ………………………………………… *48*

図 1-6 人絹・絹織物製品種類別 1 kg 当たり実質輸出重量単価指数 (1930-1938 年)
……………………………………………………………………………………… *62*

図 4-1 イタリアにおけるロンバルディア州 Regione Lombardia 12 県 (2018 年現在)
とコモ地方 …………………………………………………………………… *123*

図 4-2 絹織物業における工場稼動数と糸消費 (1934-1938 年) ……………… *133*

図 4-3 イタリア絹織物業と綿織物業の関係イメージ ………………………… *137*

図 6-1 FISAC 社当期純利益と売上総利益 (1907-1936 年) ………………… *183*

序　章
本書の対象と課題

 第 1 節　イタリア繊維製品の転換期となった両大戦間期

　本研究は，両大戦間期（以後戦間期と略）の人造絹糸（レーヨンとも呼ばれる．以後人絹と略）を含む絹織物製造・販売を中心とするイタリアの絹織物業を対象とする．とくに絹織物産地を構成するイタリア北部，ロンバルディア州に属する現コモ県，ヴァレーゼ県の北部，レッコ県の一帯を含むコモ地方を事例に，絹織物業の発展を技術の側面から歴史的に明らかにする．具体的には，人絹を含む絹織物製品の観察を通じて，輸出製品構成の変化が染色・プリント（捺染とも呼ばれる）工程の技術的な変化の影響を受けていたことを確認し，そのプロセスを供給側から解明する．
　ファッション・繊維産業は，本研究が対象とする戦間期から現代にいたるまで，大量生産・消費を志向してきた．2000 年頃からは，ファスト・ファッションの企業が販売好調となっている．ファスト・ファッションとは，最新の流行を採り入れながら，低価格に抑えた衣料品を短サイクルで世界的に大量生産・販売する業態を指す．しかし，このような形態は第 1 次世界大戦（以後第 1 次大戦と略）以前に存在しなかった．人々の衣料の消費は，いったん購入された後に修繕されるか，布の再利用が一般的であった［Luz 2007：451］．一方，製造する側においても，ファスト・ファッションの商品回転日は 2 週間に一回であるが，注文服を作るオート・クチュール haute couture ではスーツ一型に 400 時間かけるように［大谷 2012：42］，製品の構想から最終製品までの時間のかけ方は大きく異なる．このように衣料における大量生産・消費が加速し始めたのは戦間期であると考えられ，この時期に，製造・販売の側ではオート・ク

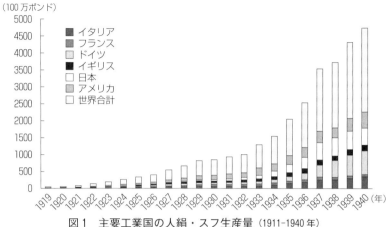

図1 主要工業国の人絹・スフ生産量 (1911-1940年)

(注) スフとは、ステープル・ファイバー（短繊維）を指す．
(出所) "Base book of textile statistics", *Textile organon*, 33 (1), New York: Textile Economics Bureau, 1962, pp. 18-19 より作成．

チュールからプレタポルテ pret a porter（既製服）へと変化し，商品企画から最終製品までの時間が短くなった．また，消費の面では，以前は衣料の購入には時間をかけたうえ，購入後はそれらを修繕・再利用することが主であったが，戦間期になるとアメリカを中心に大量消費社会への変化がみられた[1]．

なぜ戦間期が繊維製品の大量生産・消費への転換点となったのか．その要因のひとつとして，人絹の登場が挙げられる．天然繊維のうち絹・綿は戦間期に，羊毛は主に戦後に，低廉な人絹に次第に代替され，人絹製品が世界を席巻するに至った．人絹は，絹の性質に似せ，木材や綿から化学的に取り出した植物性セルロースをつくりかえた再生繊維である．1920年代から1930年代にかけて世界における人絹生産量は急増し，イタリアの人絹生産シェアも急激に増加した（図1）．

人絹の登場には，当該期のイタリアにおける自動車や航空機産業を含む機械工業と，人絹工業を含む化学工業などいわゆる「新産業」の成長が関係している．なかでも同国の化学工業は1930年代に発展し，繊維工業はこれらの「新産業」の影響を著しく受けた．繊維工業企業は，従来の天然繊維だけではなく，化学の技術によって大量に生産されるようになった人絹を，化学製品によって染色・加工し，さらに織機の機械化によって織物製品を大量生産したことから，

これらの製品の販路開拓が必要であった．繊維工業では，1930年代後半に人絹の販売を目的として，政府主導で製造業者と消費者が中間団体を通じて結び付けられるネットワークが形成された．これが戦後に注目される「イタリアン・ファッション・システム」（第4章）に繋がる動きである．

しかしながら，人絹の登場によって，繊維・アパレル製造企業が初めて直面することとなった技術的変化についてはこれまで説明がなされてこなかった．したがって，本研究の大きな目的は，同国の「新産業」の成長にともなう人絹・絹織物業における技術的な変化への対応を整理することで，今まで論じられてこなかった，戦間期から戦後の新産業の成長と，絹・人絹工業を中心に「イタリアン・ファッション」の繁栄までの連続性を説明することである．また，本研究によって，これまで第2次大戦以前に遡って言及することが限られていた産業集積に関する議論への貢献も期待される[2]．

 ## 第2節　イタリア北西部地域の工業化と経済格差問題

本研究が対象とする人絹・絹織物業は，その製造中心地がイタリア北西部，すなわち「工業三角地帯」と呼ばれるロンバルディア州，ピエモンテ州，リグーリア州に属する．19世紀末の工業化初期から戦後にいたるまで，繊維工業のみならず，イタリアの工業全体が北西部を中心に構成されていた．ここで，現在でも議論が続いている，いわゆる南北問題について触れておきたい．南北問題とは，イタリアが統一後にたどった工業化過程において，北西部を中心に工業化が進んだことであり，国内の地域間格差の拡大を指す．

1861年にイタリア半島の小国を統合して成立したイタリア王国は，第1次大戦前まではドイツやイギリスに比べると技術水準も低く，経済的にも遅れた工業後発国であった[3]．図2にあるように，イタリアの1人当たりGDPは，第1次大戦期になると急激に増加した．その後1920年代に緩やかに増加し続け，大恐慌期に少し減少した後，1930年代後半に再び増加したことがわかる．しかし，このような動きは，イギリス，ドイツ，フランスと比較した場合，停滞的であることがわかる．イタリアの全国の1人当たりGDPが急増し始めるのは，戦後のことである［Maddison 2006：184-185］．

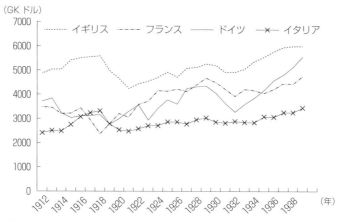

図2 イギリス,フランス,ドイツ,イタリアの1人当たりGDP 国際比較(1911-1939年)

(注)GK ドルは1990 Geary-Khamis Dollars である.
(出所)Maddison[1995:194-197]より作成.

表1 イタリアの1人当たりGDP と経済成長率(1861-1988年)

年	国民1人当たりGDP (2010年価格) ユーロ	年間経済成長率 (%)
1861	2,022	—
1896	2,498	1.5
1913	3,214	4.7
1922	3,111	7.3
1929	3,874	4.2
1938	3,947	2.1
1951	4,812	8.8
1963	9,097	5.3
1973	14,520	6.4
1988	21,610	4.2

(注)年間経済成長率は毎年の連続したデータより算出.
(出所)Vecchi, Giovanni[2011:427].

　続いて,イタリアの経済成長の指標としてGDPを用いながら,王国統一から1980年代までの長期にわたる動向を示す.**表1**は,統一後から1980年代までのイタリアの1人当たりGDPを示している.ここから,イタリアの急激な

序　章　本書の対象と課題　*5*

表2　労働力構成 (1881-1961 年)

(%)

年	農業	工業	サービス	公的行政
1881	61.8	20.5	15.8	1.9
1911	59.1	23.6	15.3	2.0
1936	52.0	25.6	19.0	3.4
1951	44.3	31.0	18.9	5.8
1961	30.0	39.8	23.4	6.8

(出所) Cohen and Federico [2001：13].

成長は第2次大戦以降に起こったことがわかるが，1人当たり GDP の年間成長率をみてみると，1922 年，1929 年はそれぞれ 7.3%，4.2% と，戦後と比較しても高いことがわかる.

　次に，表2の国内の労働力構成から，イタリアは 1936 年時点で農業従事者が半分以上を占める農業国であったことがわかる. 国全体の農業人口が減少して工業およびサービス部門が大きくなり，工業に従事する者が農業従事者の割合を超えるのは 1961 年のことである. 現代においても，イタリア国内総生産額に占める製造業の割合は，2010 年のデータによれば 18.3% であり，欧州の中で 23.1% のドイツに次いで2番目に高く，イタリアは現代においても「モノづくり」が盛んな国であるといえる [労働政策研究・研修機構 2013：29].

　しかしながら，上記の議論は一国内のデータを基にしたものである. 後進国による先進国へのキャッチ・アップを考える場合，マクロ経済全体を対象とした，1人当たり GDP の成長を分析の対象とするのが常であるが，本論文が対象とする 20 世紀前半には，一国内での地域間で経済成長に差が生じたことを指摘する研究も多い. マクロデータからミクロの経済活動を把握することが難しいため，地域という概念が重要となる. イタリアでは，GDP と地域ごとの実体経済との乖離の大きさが問題となる.

　当該期のイタリアにおける1人当たり GDP の成長は，同時期の他の西欧諸国と比較して低調である [Maddison 1995：194-97]. しかし，地域別でみると，1人当たり GDP の成長は北西部だけでみられる [Cohen and Federico 2001：15]. その水準はフランスと同程度であった [Zamagni 2007：71]. 表3に示されているように，イタリア国内では，北西部の1人当たり GDP の成長と対照的に，

表3 地域別1人当たりGDP (1871-1971年)

(イタリア=100)

年	北西部	北東部および中部	南部
1871	108	106	87
1891	113	106	86
1911	141	106	78
1938	152	92	66
1951	161	101	53
1971	132	105	69

(注) 北西部とはピエモンテ, リグーリア, ロンバルディア州を指す. 北
東部と中部はヴェネト, エミリア, トスカーナ, マルケ, ウンブリ
ア, ラティウム, 南部はアブルッツィ, カンパーニャ, プーリア,
バジリカータ, カラーブリア, シチリア, サルデーニャを指す.
(出所) Cohen and Federico [2001:15].

南部におけるその低さが目立つ[4]. 1911年から1951年までにその差は急激に開
いており, 1938年時点で北西部の成長と比較して, その他地域の1人当たり
GDPが低下した. このことから, 国内経済における戦間期の北西部地域は工
業化が著しかったことがわかる.

　イタリア経済史研究では, 現代に繋がる南北間の地域経済格差がどのように
生じたのかという議論は継続的に行われている. 本研究は, この南北格差につ
いて直接的に触れる訳ではないが, イタリアの経済成長を説明する重要な論点
であるため, フェノアルテア Stefano Fenoaltea が手際よく要約しているもの
を引用してこの点を紹介したい.

　イタリアの経済成長における議論の中心は,「南部の工業化の失敗」がなぜ
起こったかである. 国が統一された後, 国家による支出は道路や鉄道などのイ
ンフラに集中し, それは主に南部に投下された. ガーシェンクロンは, 間違っ
た政策が実施され, 多額の投資を南部に行ったために, 結果的に北部の発展を
止めてしまったと指摘する [Gerschenkron 1966:72-89]. 一方, ロメオ (Rosario
Romeo) の結論は, ガーシェンクロンの説明とは逆であり, 公共政策が若い国
家の工業化を育成したとする. しかし, この分析は, 地域毎に何を基準にみる
かによって著しく評価が異なる. 例えば, 南部の農業改革を避けることで[5], 国
家は南部農民による消費を抑制したという評価や, インフラストラクチャーに

よって生まれた資本の蓄積により，国家は北部の工業化に対する必要条件を創り出したという視点である．結果的に，国家の介入はイタリア全体にとって有益であったが，北部が富み，南部が貧しくなったとする［Fenoaltea 2011：191-95］．

一方，カファーニャ（Luciano Cafagna）は，南北格差は国民国家によって創られたのではなく，南部の低開発状態は，国内経済を助けるよりもむしろ悪化させたとする．南部も北部も統一時には低開発状態にあったが，南部は北部よりもさらに遅れていたと結論づけている．「農業の蓄積」は基本的に北部にみられ，発達したアルプス以北のヨーロッパとの貿易は，北部の絹の貿易に繋がっており，南部の市場とは無関係であった．国家による北部の工業への貢献はその後も制限され，北部の機械，絹，綿工業の成長は，実際，国家主導の発展ではなかったと主張する［Cafagna 1989：187-90］．

これらの議論に対して，フェノアルテアは交通網の改善による工業化を強調する．イタリアの工業化は，1861 年のイタリア統一直後の1860-70 年代よりむしろ1880 年から1895 年の期間に，鉄道や海運などを中心に国内外の輸送の改善が行われ，国内の産業集積地域と密接に結びついたことが，イタリア経済により大きな影響を与えたと主張する［Fenoaltea 2011：205］．一方，コーエンとフェデリーコは，19 世紀末から20 世紀にかけて起こったイタリアの経済成長，すなわち北西部地域の成長について，以下3 つの要素の重要性を指摘した．まず，ドイツ型兼営銀行が設立されたこと，2 つ目は資本財産業の成長を促進した産業政策，3 つ目は繊維工業やその他の消費材産業に活用可能であった未熟練労働者の豊富さ，である［Cohen and Federico 2001：46］．

これらの要素のうち，北西部の工業化における金融機関の役割について，兼営銀行による繊維産地への介入は北西部で特徴的である．戦後に「第三のイタリア」として発展するプラート，エンポリ，カルピのような繊維産地に属する北東部企業は，主に自己資金で発展し，小規模を維持し続けてきたという点で［Pyke et al. 1990］，兼営銀行に支えられた北西部のFISAC 社の事例（第5章）とは決定的に異なる．地域的に見ても，ほとんど政策的な恩恵を受けなかったエミリア＝ロマーニャ，トスカーナ，ヴェネト州などの中小企業・産地と比較して，同社はコモ地方に属しミラノに近いイタリア北西部，すなわち「第一のイ

タリア」に属する絹産業の中小企業であり，前者とは明らかに異なる発展のプロセスを持つ．したがって，この事例は同国の中小企業・産地の発展を考えるうえで重要な論点となる．

フェノアルテアは，北西部の繊維工業が第1次大戦前に経済成長の牽引役として重要な役割を果たしたが，北部だけの現象であったことも強調する．

　　1870年代頃からドイツ連邦諸国において電気や化学工業などの「新産業」を中心とした第2次産業革命が進行している時に，イタリア北部の工業発展の中心となっていた産業は繊維工業であった．工業化初期において，繊維工業といういわゆる「低技術」の，水力という天然資源に単純に結びついた産業が中心であったために，南部の低開発状態は北部の発展を刺激しなかった，つまり工業化の失敗に繋がった

と主張した［Fenoaltea 2011：7］．

イタリア王国全体の労働人口構成をみてみると，1911-1936年の間，工業部門の労働人口は2％増加しただけで，約7％の農業人口の減少は実際サービス部門が吸収した［Cohen and Federico 2001：13］．一方で，ロンバルディア州に限ってみると，同時期に農業人口は13.6％減少し，工業人口は6.5％，サービス産業人口は6％増加している．工業人口の増加は，その他の北西部地域のピエモンテ州・アオスタ県およびリグーリア州のそれよりも大きい［Zamagni 2007：56］．このように，20世紀末から戦間期にかけて，ロンバルディア州の工業化は著しく，繊維工業がやはり経済の中心であった．

戦間期は，イタリアにおいて機械や化学工業を含む「新産業」が発展した時期であるが，同時に繊維工業も発展した．表4は，1911年と1938年における主要な産業の付加価値額を示している．繊維工業は付加価値額に占める割合を増加させている．一方で，1911年におけるイタリアの金属，機械，化学，石炭・石油，ゴムなどを含むいわゆる「近代的な」産業部門の付加価値額は，国内製造業全体の付加価値額の3分の1に満たない程度であった．1930年代になると，イタリアのこれらの「近代的」な部門は成長を遂げるが，その付加価値額は1938年においても国内全体の約44％を占める状況であった．コーエンとフェデリーコは，これらの数字の解釈について，戦間期に「近代的な」部門

表4 付加価値額 (1911年, 1938年)

部門	1911年	工業全体に占める割合	1938年	工業全体に占める割合
食品	827	16.7%	7,805	16.2%
繊維	429	8.7%	5,243	10.9%
衣類	243	4.9%	1,452	3.0%
金属	90	1.8%	2,569	5.3%
機械	843	17.0%	9,377	19.5%
化学	150	3.0%	4,635	9.6%
石油および石炭	8	0.2%	975	2.0%
ゴム	11	0.2%	602	1.3%
製紙	117	2.4%	564	1.2%
電力	100	2.0%	2,335	4.9%
合計	2,818	57.0%	35,557	74.0%
工業全体	4,948	100%	48,075	100%
「近代」産業の割合	1,319	27%	21,057	43.8%

(注) 両年とも単位は現行価格で10億リラ. 工業全体の合計はこの表に挙げた以外の数字も含む.
　　 「近代」産業は金属, 機械, 化学, 石油および石炭, ゴム, 製紙, 電力を含めた数字.
(出所) Guido M. Rey (a cura di) [2001：116] より作成.

の発展がすすまなかったイタリアについて,「近代化の失敗」と捉えることも可能だとした. もしビッグビジネスと中小企業において異なる発展経路の可能性があるとすれば, アメリカ, イギリス, フランス, ドイツあるいは日本と比較したとき, イタリアに決定的に欠けていた石炭という天然資源の賦存に対して [原編 1995：12], イタリアの経済および社会は合理的な反応を示したとも解釈できることを指摘する [Cohen and Federico 2001：68].

　しかし, 本研究の主張は上記の解釈とは異なる. 化学工業の一分野である染料工業と, 人絹導入に対応してきた絹織物業およびその関連工程産業との連携を実証的に検討することによって, 戦後におけるイタリア繊維工業の発展の礎が戦間期にあることを示す. 戦間期に起こった絹織物から人絹織物製造への切り替え, および産業構造・技術の変化が, 北西部の経済成長を支えた要因であることは指摘されてきた. これらの指摘に加え, 戦間期には「新産業」自体も発展したが, 同時に第1次大戦前まで同国経済の中心だった繊維工業, とくに本研究で対象とする絹織物業は, 機械や化学工業の技術的発展の刺激を受け, 人絹と染色・プリントなどその加工技術を基に成長がみられたことを明らかにする. なかでも染色技術の向上については, 主に戦後の動きに注目されてきた

が，それ以前の戦間期に，イタリアの工業化と複雑に関連し，中間団体の形成を通じて今日国内の様々な産地を結ぶ「イタリアン・ファッション・システム」の一部を形成していたことを確認したい（このシステムについては第4章第4節で触れる）．

次節では，イタリアの繊維工業における技術革新，なかでも化学工業から大きな影響を受けた人絹と染料の具体的な技術革新と機械の発達について説明する．

第3節　繊維工業における素材と色の技術革新

戦間期に大きく発展した化学や機械など「新産業」は，人絹工業を誕生させ，また既存の絹織物業の各工程にも，またその関連産業である染色・プリント業にも，織機の開発や化学製品の利用などで技術的な転換をもたらした．まず，繊維工業の産業構造と各工程に必要となる技術について概観し，次に，戦間期に重要な技術革新となった人絹と染料について説明を加える．

（1）　繊維工業における各業種と関連する技術

まず初めに，繊維工業について整理をしてみたい．「繊維工業」という単語から連想するものは人により大きく異なる．これは，「繊維工業」の分業・専門化が非常に進んでおり，様々な業種を含むことから多様な業態を想起させることに起因する．ここで「繊維工業」が指し示すものを整理してみたい．繊維工業とは，天然繊維，化学繊維の原料から製品までの生産・流通・販売のすべてを網羅する．大きくまとめると，図3の通りとなる［平井 1991：16］．

本研究の対象となるのは，図3の，(1)繊維製造業に含まれる，① 繊維工業のうち主に織布業と染色仕上業である．織布業の工程は，前工程として原料に天然繊維または化学繊維の糸を用い，後工程で染色仕上業と関連している．完成した製品は，二次製品を製造するアパレル産業，つまり縫製業や卸売業，あるいはそのまま小売業へ販売される．繊維工業において，糸に着目した研究が多い一方で，織布業の観察がとり残されてきた理由は，この工程の複雑さにあると考えられる．戦間期に急激に生産が増加し，使用が普及した人絹糸は，当

（Ⅰ）繊維製造業　　　　　　　　　　　　（Ⅱ）繊維商業（流通業）
　　①繊維工業　　　　　　　　　　　　　　　　　　┌・卸売業
　　　　　　　　　┌・化学繊維製造業　　　　　　　└・小売業
　　　　　　　　　│・紡績業
　　　　　　　　　┤・織布業
　　　　　　　　　└・染色仕上業

　　②衣料等製造業
　　　　　　　　　┌・縫製業
　　　　　　　　　└・二次製品製造業

図3　繊維工業に含まれる主要な業種

(出所) 平井 [1991：16].

初絹の代用品として開発され，その名称も初期段階において天然繊維の絹（以
下純絹と呼ぶ）と区別されていなかった．また，その産業区分も曖昧で，初期に
は化学工業に分類されることがしばしばあった．

　化学工業について，ドイツの化学工業，とくに染料工業の果たした役割が非
常に大きいことは周知の通りである．同国の化学工業が，国内および世界の工
業国の繊維工業に与えた影響も大きい．Streb, Baten and Yin（2006）によれば，
20世紀前半の技術進歩に関して，1887年から1896年に染料の波が，1897年
から1902年に化学の波がドイツで起こった後であり，イタリアをはじめとす
る後進国へ繊維工業や化学工業の技術進歩が伝播する時期であることを指摘し
ている．また Streb, Wallusch and Yin [2007] は，ドイツ国内での繊維工業と
化学工業の知識スピルオーバーを分析している．

　20世紀前半のイタリアの産業構造は，Giannetti, Federico and Toninelli
[1994] が示すように，産業ごとに大きく異なり，同時に個々の産業の成長率も
大きく異なっている．たとえば，繊維工業と化学工業について言えば，
Fenoaltea [2003] が，1861年に繊維工業が化学工業の約7倍の規模であった
のに対して，1913年には約2倍と，その格差が縮小しており，化学工業が急
成長していることを示した．Felice and Carreras [2012] によれば，全産業に
占める生産額の推計において，1911年から1938年にかけて，繊維工業が
8.6％から10.9％に成長したのに対して，化学工業はゴムを含んだ数字で見る
と，3.4％から12.9％と急成長している．

　戦後の繊維王国イタリアの前提となる，「新産業」の導入に対する技術的な
変化への対応とはどのようなものであったのか．ここで，人絹を含む絹織物業

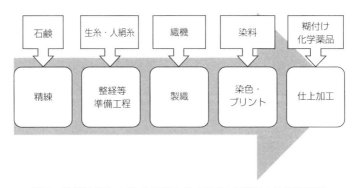

図4 絹織物業における工程とその工程で使用する関連製品
(出所) 筆者作成.

の工程に関連する重要な技術をみておきたい．図4は，絹織物業の主な工程を下段に，各工程に必要な関連製品を上段に示している．左から，① 生糸の精練に必要な石鹸，② 整経および準備工程に使用される糸，③ 製織に用いられる織機，④ 染料を用いる染色およびプリント（糸染めの場合①と②の間に本工程が入る），⑤ 糊やその他の加工に使用される化学薬品を用いた仕上工程である．これらの絹織物製造工程に必要とされる関連製品は，主に機械工業と化学工業で生産される．

上記の工程中で使用される，石鹸，人絹，染料，仕上加工用化学製品は主に化学工業で，織機や各工程で使用される機械は主に機械工業で製造される．なかでも，戦間期に登場した人絹糸の生産とその応用には，化学を用いた様々な技術的工夫が必要であった．製織工程においては，人絹糸を従来の織機で製造する際，切れやすい人絹糸に対応するための改良が要求された．また，人絹を染色するにいたっては，使用する染料や化学薬品が，生糸やその他の天然繊維に使用するものとは全く異なった．

最後に，絹織物業で製造される製品について，貿易の統計に分類が示されている，あるいは本文中で記される基本的な製品の名称について説明する．生地は織物と編物（以後ニットと呼ぶ）の2つに大別される．織物は，基本的に縦糸と緯糸が直角に交差して組織を形成していることから，縦横方向に伸縮性があまりなく，通気性が低く，皺になり易いという特徴がある．一方，ニットはループをつくり，そのループに次の糸を引っ掛けて連続してループを作り，面を

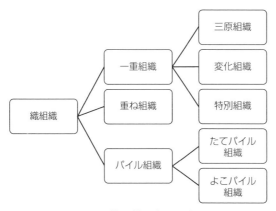

図 5　織組織の主な分類
（出所）閏間［2014：67］の表を簡略化．

形成する生地である．ニットには縦横に伸縮性があり，通気性が高く，皺になりづらいという特徴がある．

　図 5 に示されるように，織物は，さらに平織，綾織，繻子織（朱子織ともよばれる）の 3 種類に分けられ，これを生地の三原組織と呼ぶ．平織とは，経糸と緯糸を交互に浮き沈みさせて織る，最も単純な織物組織である．できあがった模様は左右対称になる．丈夫で摩擦に強く，織り方も簡単なため，広く応用されている．綾織は経糸何本かに対して，緯糸 1 本の割合で織り進める織り方で，織り目が斜めになっているのが特徴である．代表的な生地にデニムがある．繻子織（朱子織）は経糸・緯糸ともに 5 本ずつで織られている生地で，経糸・緯糸どちらかの糸の浮きが非常に少なく，経糸または緯糸のみが表に表れているように見える．密度が高く地は厚いが，柔軟性に長け，光沢が強い．ただし，摩擦や引っかかりには弱い．サテンが代表的な生地である．

　その他三原組織のうちどれかに変化する組織として，綜絖の上下を制御する装置（ドビー）を付設した織機で織った変わり織物であるドビー織，また，ジャカード織機で自由な模様をつくるジャカード織，さらに織り方にパターン化された模様を伴うダマスク織（一本の経糸と緯糸から編まれ，通常は経糸で模様を織り，緯糸で素地を織る）などがある．また，クレープ crepe と呼ばれる生地は縮織物の総称で，一般に経糸または緯糸に強撚糸を用いて織り縮れを出した生地であ

る．組織は平織，繻子織などである．代表的なものに，クレープ・ジョーゼット，クレープ・デ・シンなどがある．また，特別組織には毛織物で主につくられる梨地織，綿織物で主につくられる蜂巣織などがある．

織物にはその他，重ね組織の分類があり，生地を2枚重ね合わせた二重組織のもの，その他に経パイル組織，緯パイル組織が含まれる．経パイル組織には，平織か綾織の経糸にパイルを織り出したパイル織物の一種であるビロード（ベルベットとも呼ばれる）が含まれる．柔らかで上品な手触りと深い光沢感が特長で，フォーマル・ドレスやカーテンに用いられる．レーヨンやシルクの使用が一般的で，縫いずれし易く，きれいに縫製するには高度な技術が必要である[7]．緯パイル組織には，別珍，コーデュロイが含まれる．

次にニットの分類をみていく．ニットには大きく分けて，織物と同様に裁断し，縫製して製品を作る生地編と，パターンを直接基礎にし，それにあわせて編目を増減して編み上げ，その編地片をかがり合わせて製品とする成型編（ホールガーメント）がある．生地編には大きく分けて経編と緯編があり，経編には水着・手袋・下着向けのトリコット編，レース，チュール（ごく小さい多角形の網状縦編み布地），ブラジャー，ストッキング用のラッセル編に区別される．緯編には大きく丸編と横編があり，前者は筒状に編む方法であり，後者は織物同様に平らな布地をつくることもでき，型紙通りに編む成型編も可能である．成型編はフルファッション（full-fashioned）とも呼ばれ，布製品のような裁ち目がなく，綴じても綴じ目に厚みが感じられないという特徴をもつ［閏間 2014：65-176］．

戦間期，とくに1930年代になると，織物に加えニット製品，この一種である靴下が多く製造されるようになり，イタリアの重要な輸出商品となった．次に，繊維製品の開発において技術的に重要な点について，人絹製造と染色に焦点を当て検討する．

（2）　繊維製品の開発における技術的な要素——人絹製造と染色

技術的な部分に焦点を当てた同時代研究では，繊維工業そのものではなく，化学工業と機械工業における技術的改良や発明によって，多くの繊維製品が生み出されたことが示唆されている．戦間期における技術的な変化として，同時

代の *The jubilee issue of the Journal of the society of dyers and colourists* の論文集に掲載されているもののうち，重要性が指摘されている，① 人絹製造，② 純絹および人絹における染色への影響についてみてみたい．

まず① 人絹製造について，その種類と製法の変化の変遷を理解することは重要である．人絹製造は 1880-1890 年代に，ヨーロッパの発明家によって小規模に開始された．天然の繊維素を溶解して高価な絹に代わる長繊維を人工的に製造しようとする試みにより，４つの原理が人絹糸製造法として確立され，工業化された．これらの４つの原理は，硝酸法，銅アンモニア法，アセテート法，ヴィスコース法と呼ばれる［内田 1966：80-81］[8]．

人絹の工業化に際し，これらの原理に基づく工業的製法に関する特許が 1880 年から 1900 年代の間に各国で出願され，多数の小企業が現れた．上記の４つの原理のうち，硝酸法および銅アンモニア法は 1920 年代に衰微した．人絹工業が大量生産を確立する契機となったのは，これらの製法に代わってやや遅れてはじまったヴィスコース法およびアセテート法による製造であった［内田 1966：81］．

ヴィスコース法（通常単にレーヨンあるいは人絹と表記される）を用いた代表的な企業は，イギリスのコートルズ社（Coutaulds），ドイツのフェライニヒテ・グランツシュトフ・ファブリーケン（Vereinigte Glanzstoff Fabriken A. G.），オランダのエンカ社（N. V. Nederlandsche Kunstzjide Fabrik）[9]，フランスのシンジケートであるコントワール・テキスティル・ダルティフィシェル（Comptoir Textiles d'Artificiells）（以下 CTA 社と略），イタリアでは，1920 年に設立されたズニア・ヴィスコーザ社（SNIA Viscosa）（以下ズニア社と略），1918 年設立のシャティヨン社（Châtillon）であった［内田 1966：85-86］[10]．

アセテート法による工業化は，ヴィスコース法よりも遅れたが，アセテート法人絹は商業的成功を収め，戦後にわたって少数企業が独占支配体制をつくりあげた．この製法は，ヴィスコース法よりも基礎化学工業との関連が深く，技術的に合成繊維につながる面が多い重要な工業である[11]．アセテート法を採用する代表的な企業は，イギリスのセラニーズ社（British Celanese Ltd.）[12]およびフランスのローヌ・プーラン社（Rhône-Poulenc）[13]である．このローヌ・プーラン社は，通常の染料では染まりにくいアセテート法人絹のための特殊染料を発明し

表5　各種染料の各繊維への染色性

染料の分類	木綿・麻類	絹・羊毛	キュプラレーヨン	アセテート	ナイロン
直接染料	○	○	○	×	△
塩基性染料	○	○	○	△	△
カチオン染料	△	△	△	△	△
酸性染料	×	○	×	×	○
媒染染料	○	△	○	×	×
酸性媒染染料	×	○	×	×	△
硫化染料	○	×	○	×	△
建染染料（水溶性）	○	○	○	×	△
建染染料（その他）	○	○	○	×	×
ナフトール染料（分散型）	×	×	×	○	○
分散染料（不溶性）	×	×	×	○	○
反応染料（セルロース繊維用）	○	△	○	×	×
反応染料（タンパク質繊維・ナイロン用）	×	○	×	×	○

（注）○は適，△はやや適，×は不適を示す．
（出所）http://www.ecosci.jp/color/dye.html（閲覧日：2018年10月9日）より筆者作成．

た（表5）．

　この技術をもとに，1922年にローヌ・プーラン社はCTA社と共同出資でローデアセタ社（Soc. Rhodeaceta）を設立し，アセテート法人絹の工業生産を開始した．同社は，1927年にドイツ，1928年にはモンテカティーニ社（Montecatini）の提携でイタリアに進出し，その他ブラジル，アルゼンチンにも子会社を設立して，セラニーズ社と世界のアセテート生産を二分する体制をつくった［内田 1966：88-89：144］．また，アセテート法人絹はヨーロッパで誕生したが，アメリカではアセテート法人絹が衣料用分野をほとんど占めるようになり，ヴィスコース法人絹は強力人絹として，もっぱらタイヤコードあるいはスフとして用いられるようになった［内田 1966：90］．イタリアでは，1930年代後半になるとスフ生産が急増するが（図1-2），ヴィスコース法人絹の用途が限られてきたことに起因すると考えられる．

　このような製法だけではなく，1930年代の主力輸出商品となる人絹製品関連の発明は多岐にわたった．当初の目的であった生糸の代替品としての人絹ではなく，人絹そのものが主役となった．なかでも1933年頃に発明されたつや消し糸は［Garofoli 1991：27］，人絹糸の利用の幅を広げることに成功した[14]．例えば，ヴィスコース・スフと羊毛を混紡した「ラミセット（Lamiset）」，羊毛と

交織可能なスパンアセテートレーヨン「フィオッコ゠アルベーネ（Fiocco-Albene）」などがある．その他，1936年に牛乳を原料とした新しい合成繊維「ラニタル（Lanital）」は，羊毛，人絹，絹と交織可能であった[15]．また，エニシダを原料とした「ジネストラ（gynestra）」は麻繊維で，人絹または絹と交織可能であり，スポーツ素材やテント・粗布製造に適した．これらの繊維は「アウタルキー繊維」と呼ばれた［Gnoli 2000：69］．また，異なる繊維を混紡する試みもみられた．羊毛靴下には生糸が多く含まれるようになり，消費者もこのような混紡の良さを評価した[16]．

　次に，②純絹および人絹染色への影響についてみてみたい．同じく同時代研究者であるTagliani［1934］は，純絹の染色において，当時，合成染料の登場と改良による染料固着の改善がみられたことはもちろんのこと，絹の重みづけとプリントで使われる機械の進化が重要であったことを指摘している．重みづけは，精練や石鹸洗いの工程で失った重量を再度，没食子の抽出液とカリ明礬溶液などで増加させることである．この増加分が媒染剤の役割となって，その後の工程で染料の固着が良くなる．一方，機械の進化によって，プリント工程では，従来のローラー捺染機械からスクリーンプリントが登場し，スクリーンプリントは戦後主要な技術となったことが指摘されている［Tagliani 1934：189］．

　イタリアは1930年代後半になるとスクリーンプリントにおいて高い評価を得るようになる[17]．ミラノのデ・アンジェリ゠フルア社（De Angeli-Frua）は，オート・ヌヴォテ（haute nouveauté）のコレクションをロンドンで展示した[18]．これらのコレクションについては，イタリアのプリント技術が非常に高く評価された．イタリアの絹織物業は近代的なプリント機械を導入し，必要な染料を供給するための化学実験室を設置した．その中でも，いったん無地染めにした布や糸の一部分に抜色剤を含む糊を印捺し，蒸気処理で脱色する抜染技術が高く評価された[19]．

　また，①の変化に伴う染料の開発も重要な点である．アメリカへ衣料用の人絹製品を輸出するためには，1920年代のヴィスコース法人絹製造から，1930年代にアセテート法人絹製造へと変化せざるを得ず，この変化に伴って人絹染色における染料の開発がすすんだ．先に触れたように，アセテート法人絹にお

18

表6　各種染料の主な性質と堅牢度および加工法

染料	性質	堅牢度	可能な加工法
直接染料 Direct dyes	最も簡単に全ての天然繊維を染める.	2.5-3.0	引染, 蒸熱, 煮染
塩基性染料 Basic dyes	水に溶解し, 還元で失った色相が酸化により以前の色相に復色するため, 着色抜染で価値のある染料. モーヴやフクシンが含まれる.	日光に対する堅牢度弱	直接, 酸性染料の脱色された部分に染着し復色.
カチオン染料 Cationic dyes	1955年ごろからアクリル繊維染色のため耐光性を改良した塩基性染料.	5.0	
酸性染料 Acid dyes	絹, 羊毛, 皮革を鮮明に染色. 1900年代の初期までに基本形が出揃い, IGファルベン, ガイギー社の得意分野.	3.0	引染, 蒸熱, 煮染
媒染染料 Mordant dyes	媒染剤で処理した繊維に染着する染料. 明礬, 銅, クロム塩などで処理を行うと色相が暗変する. アリザリン染料が含まれるが, 現在ではナフトール染料, 反応染料に置き換えられほとんど使用されていない.	堅牢度増進	
酸性媒染染料 Metal complex dyes	クロム染料ともよばれる. 羊毛・絹に最高の堅牢度を持つ. 植物媒染料の系列でその構造の中にクロムを含む. 羊毛には最適. 色相は鮮明色に欠ける. 高価で, 染料が重く, 溶解度, 透明度が低い. 綴織の原糸, 絨毯の糸染めに用いられる. しかし, この染料は操作が困難であることから, 先に媒染処理をメーカーでおこなって金属錯塩化した酸性染料が金属錯塩酸性染料と呼ばれる.	5.0-6.0	
硫化染料 Sulpher dyes	多量の硫化ナトリウムを加え, アルカリ性還元浴で染める. 塩素漂白に弱く, 硫黄分が酸化しセルロース繊維を脆化させる.	高いが欠点あり	
建染染料 Vat dyes	バット染料, あるいはスレン染料とも呼ばれる. そのままでは水に溶けず, 一度還元操作を施してから染める染料. 染めた繊維は空気中で酸化してもとの染料の色に戻る. インジゴ系染料・インダンスレン系染料, アントラキノン系染料などがある. インジゴはジーンズに使用されている非常に重要な青色染料. 麻, 木綿を高い堅牢度で染色可能. 現在最高の堅牢度を持つ染料. アルカリ, 酸に強く, 鮮明色では反応染料に及ばないが色数は十分ある. 染色された色は無毒. 現在使用されている建染染料のほとんどは1930年までに開発されたものである.	6.0-7.0 (藍は 5.0)	引染不可. 50度前後に浸染.
ナフトール染料 Naphthol dyes Azoic dyes	水に不溶性のアゾ染料. ナフトール溶液で下漬けしてから乾燥し, これをジアゾ化合物の水溶液に浸して発色させる. 木綿・レーヨンなどの染色に用いる. アゾイック染料. イングレイン染料. 顕色染料.		
分散染料 Dispersed dyes	アセテート人絹の染色は親油性であることが必要であることから, 油溶性色素を分散化して繊維に付着させる方法で, イギリスの企業が1923年に分散染料を発表した. 水に溶けないが, 分散剤の力により微分散し, ポリエステルに対して染色性が高い. 構造設計が難しい.		高温処理
反応染料 Reactive dyes	原則的に植物繊維, レーヨン, キュプラも染色可. 唯一, 植物繊維と化学的エステル結合により染色する. その反応には比較的長時間を要する. 鮮明色, 透明度最大.	4.0 (実用上十分な堅牢度)	引染, 蒸熱, またはアルカリ剤塗布, 煮染不可, 捺染に好適.

(注) 引き染めとは染色技法のひとつで, 刷毛を引いて染める方法である.
(出所) 京都造形芸術大学編 [1998：8-10], 安部田 [2013：95-131].

ける染色は，ヴィスコース法人絹のそれと異なり，既存の染料で染色することが難しい．キュプラ（銅アンモニア法）人絹・ヴィスコース人絹の染色では，従来の綿・絹・羊毛を染色するために使用される直接染料および塩基性染料は共通であるが，アセテート法人絹では染まりにくいことが**表5**からわかる．

1930年代に主流となるアセテート法人絹を染色するための技術的な革新は，表5にあるように分散染料と分散型ナフトール染料の開発であるが，戦間期に大きな変化をもたらしたのは前者であった（各種染料の主な性質については，**表6**に挙げてある）．同時代研究者であるWhittaker[1934]は，人絹を，ア）ヴィスコース法人絹，硝酸法人絹，キュプラ，イ）アセテート法レーヨンとさらに区分し，以下の点を指摘している．ア）のグループは，綿の染色で使用される染料と全て親和性を有し，従来の染色方法を大きく変えるものではなかった．

一方，イ）のグループであるアセテート法人絹織物が1930年代に商業的に製造に成功した当初，その染色は困難を極めた．染色には新しいタイプの染料の開発が必要であったことから，分散染料が誕生し，アセテート法人絹糸用の親和性，溶媒には本来溶解しない不溶性染料のコロイド溶液が誕生した．さらに，分散染料は印刷基質としてナイロンやポリエステルの使用で戦後にプリント業者にとってますます重要になったことを明らかにした［Whittaker 1934：127-128］[20]．

また，建染染料も人絹染色に重要な役割を果たした．製品の堅牢度の高さを保証し，高速で染色ができる染料に対して需要が高まっていたことから，建染染料の開発がすすんだ．人絹染色の経験がない染色業者にとって建染染料は重要な染料であった［Whittaker 1934：129］．

以上のことから，繊維製造における技術的な転換として，人絹製法の変化とそれに伴う染料の開発，機械の発明が戦間期にあったことがわかる．

第4節　本書におけるアプローチ

本書では，前節で指摘した，戦間期における技術的転換，つまりヴィスコース法人絹からアセテート法人絹への人絹製造における製法の変化と，それに伴う染料の開発と染色工程の普及について，絹織物業の対応を観察する．なお，

本研究における人絹・絹織物業に関する主な産地，代表的な企業，技術導入，
1920 年代から 1930 年代にかけて起こった主な変化，ファッションとの関連性
については，絹織物業の主な工程毎に以下の**表 7** に示す．それぞれの章に記述
されている主な部分を枠で囲んでおり，参照されたい．

　第 1 章では，これらの変化のうち，人絹製造と関連している人絹を含む絹織
物輸出について，統計データと補完的な資料を用いながら，その通商環境や輸
出市場への影響，主な輸出製品を明らかにする．戦間期の通商は，大恐慌とそ
の後で貿易の環境が大きく異なることから，1920 年代と 1930 年代に時期区分
をしてそれぞれについて検討する．

　第 2 章では，新産業の核となった化学工業の発展と，その一分野である染料
工業の成り立ちについて検討する．化学工業の分野では，ドイツの企業の最先
端技術が重要であり，自給自足政策の観点からイタリアはそれらを取り入れる
ことによって，自国の工業化を推し進めた．1930 年代に入り染料開発も進展
することで，第 1 次世界大戦以前に製造することができなかった染料・中間財
が製造されるようになったことから，繊維関連製品の価格も下落し，国内繊維
企業におけるこれらの製品の消費がすすんだ．

　第 3 章では，1930 年代から染料の開発と関係の深い染色工業について検討
をすすめる．まず染色・プリント工業に関する先行研究について触れ，現在ま
で染色・プリント工業の動きと人絹・絹織物製造との動きを実証的に観察した
研究がほとんどみられないことを確認する．次に，染料消費産業として繊維工
業が政府により重要視されるようになるなか，製造業者における賃金や加工賃
が定められることにより，染色設備をもたない企業に対する染色工業企業のサー
ビスが整備されていく過程を観察する．最後に，染色・プリント工業労働者
の賃金の低下を確認し，加工賃と原材料費にも注目し，国際的な分業の観点か
らイタリア染色・プリント工業の受注の好条件が当該期に形成されていたこと
を示す．

　第 4 章では，絹織物産地であるコモ地方に焦点を当て，人絹の導入における
産地の対応について観察をすすめる．まず，産地や中小企業を対象とした先行
研究をみる．第 1 節では，コモ地方における第 1 次大戦以前の絹工業の成り立
ちと，生糸から撚糸が中心となったミラノ市場の重要性を明らかにする．コモ

地方では製織を中心に発展がみられ，第1次大戦後，生糸から人絹糸の使用へ対応が始まった．同時に，織布業において水力から電力へ動力の転換がみられ，織機の高速化によって大量生産が可能となった．

大恐慌期になるとコモ地方の企業家は消費の減少，それに伴う失業，賃下げ政策など大きな困難に直面する．第2節では，このような困難のなか，産地がとった3つの対策を明らかにする．まず初めに，染色・プリント工業と織布業との連携，次にヨーロッパ諸国の同業者への染色における規律の訴え，最後に消費者への絹と人絹との混同を避ける対策である．第3節では専門的な知識を持つ労働者の育成に焦点を当て，主に戦間期の技術教育を考察する．

第5章では，イタリアにおけるファッション創出について検討する．まず，ファッションに関する先行研究をみたのち，イタリアにおける1920年代のファッション創出の機運が高まった要因をコモ産地の動きと関連させて明らかにする．1930年代には政府の繊維工業への関与が活発となった．具体的には，イタリアの繊維工業における前方および後方工程が有機的に結び付けられ，また輸出への道筋が整えられることによって，とくに1930年代後半の政府と産業団体の役割が重要となった．これらの団体によって，産地における創造性に富んだ製品・企業が外国の市場で評価されるようになったことを明らかにする．

最後の第6章では，コモ産地における個別企業経営分析として，コモ地方を拠点として展開した大手絹織物企業FISAC社の事例をとりあげる．この企業は，産地企業のなかで唯一公的支援を受け，1920年代にドイツ型兼営銀行の1つ，イタリア商業銀行と深い関わりを持ちながら，撚糸工程から染色・プリント工程まで垂直統合することで急拡大する．同社の拡大過程において，プリント工程を取り入れ，人絹糸を積極的に扱った．このような拡大が，産地内同業他社や産地の構造へ与えた影響および当該期産地の中で実現された多品種製造がどのような意味を持ったのかについて観察する．

次に，序章で触れた繊維製造における技術的な転換，人絹製法の変化とそれに伴う染料の開発，機械の発明を踏まえ，戦間期に起こった通商状況の劇的な変化に対する絹織物製品の供給側の対応を観察する．

表7　各章の構成と絹織物業各工程の特徴・変化のマトリクス

工程		コモに元からあった業種か	担っていた著名社	どういう技術が導入されたのか
蚕糸業		○	農家（ロンバルディア州からマルケ州に中心が移動）	・蚕種の管理 ・養蚕の合理化（流通）
製糸業		○	・20世紀頃にミラノ市場勃興 ・撚糸の中心地はコモ	・電化 ・繰糸機など
人絹生産		× （ミラノ，ピエモンテの工場で生産）	・SNIA社 ・シャティヨン社 ・チーザ社など →シャティヨン社とFISAC社が銀行を介して繋がる	・人絹製法（ヴィスコース法） ・1930年代アセテート人絹 ・艶消し糸開発 ・混紡技術（羊毛・人絹） ・牛乳繊維ラニタル開発 ・1930年代後半ナイロン開発（商用化は戦後）
織布	純絹	○	・ラヴァージ社 ・フランシス・クリヴィオ社, ・フォッサーティ社 ・カンビ社	・電化 ・シャトル数増加 ・多色織
	交織	○	・FISAC社 ・ベルナスコーニ社 ・エジーディオ・ピオ・ガヴァッツィ社 ・アルフォンソ・レダエッリ社 ・ブラゲンティ社	・プリント工程へ多角化 ・電化 ・プリント生地，ビロード
染料生産		・硫化染料は○ （国内生産可） ・その他染料は× （ドイツ，スイスに頼る）	・ACNA社 （ドイツIGファルベンとの資本提携） ・サロニオ社 ・ピエモンテ・アニリン染料工業会社など	・インダンスレン系以外自給できる ・インジゴイド系染料製造 ・アニリン系染料製造 ・苛性ソーダ製造
染色		○高級製品はリヨン，スイスへ委託	・コメンセ社 ・アンブロージョ・ペッシーナ社	・染色機械の発明 ・染料の応用
捺染		○：手捺染は存在したが，高級製品はリヨン，スイスへ委託 1918年以降大量生産が可能となるが，1920年代，高級製品はリヨン，スイスへ委託	・コメンセ社 ・アンブロージョ・ペッシーナ社（1930年プリント部門設立） ・ISS社（後FISAC社となる） ・デアンジェリ＝フルア社（ミラノ）	・捺染機械の発明 ・染料の応用 ・スクリーンプリント ・セルラー印刷
その他仕上げ		○	・コメンセ社 ・アンブロージョ・ペッシーナ社 ・イタル・レーヨン社	・クリーニング技術 ・マーセライズ加工 ・防水（オイルコーティング）
縫製		○	・ピアッティ社など5社が産地で有名	・ファッション雑誌・展示会 ・既製服への転換

▭…序章　　▭…第1章　　▭…第2章　　▭…第3章　　▭…第4章　　▭…第5章

（出所）筆者作成.

序　章　本書の対象と課題　23

結果，1920年代，1930年代に生産量や輸出額はどう変化したのか	デザイン／ファッションとの関係
・1920年代に衰退（農業から工業への転換） ・補助金産業となる	・政府による生糸輸出・国内使用の振興
・1920年代前半輸出好調 ・1920年代後半衰退傾向 　（リラ高の影響による輸出減と輸入生糸） ・1930年代に輸入禁止措置により生産継続	・政府による生糸輸出・国内使用の振興 ・撚糸の多様化によるファッション性向上
・1920年代，1930年代ともに増加 ・1930年代後半スフ生産・輸出増加	・風合いの決定 ・価格低下 ・1932年に法令で絹と区別される ・1930年代後半に国内使用の振興 ・1930年室内装飾への応用
・1920年代，輸出減少（実際は人絹織物輸出が増加） ・1930年代，輸出がさらに減少 　（しかし靴下，ニットで重量単価増加，アメリカ・ドイツ市場好調）	・風合いの決定 ・先染め（ネクタイ用）のデザイン高度化
・1920年代，増加（綿と人絹で綿業者と競合） ・1930年代後半，増加 　（綿その他繊維と人絹で高価格帯で定着）	・風合いの決定 ・人絹織物キャンペーンとの結びつき
・1920年代，1930年代生産増加 ・1930年代国内需要高まり，輸出減少	・色合いを決定（発色および堅牢度） ・カラーインデックス作成
・1920年代増加 ・1930年代後半再び増加傾向（とくに先染めもの）	・生地の色（流行の色が重要） ・堅牢度
・1920年代増加 ・1930年代後半経済制裁後再び増加 　（デザイン性の良さが販売に直結）	・生地の柄（季節と流行が重要） ・堅牢度 ・女性用衣服のデザイン多様化 ・大恐慌期に工場をもたないコンバーター登場
？（データで確認ができない）	・風合いの決定 ・取り扱いや手入れの知識普及 ・製品の多様化（傘用，スポーツ用）
？（データで確認ができないが，縫製工場の数は1930年代後半コモで増加）	・最終製品 ・1937年縫製と人絹産業が繊維公社を介して繋がる

注

1) 2015 年に公開されたドキュメンタリー映画「The true cost」では，2013 年に起こったバングラデシュの繊維・縫製工場の事故などからファッション産業に対する批判がなされた．また，繊維製造国における深刻な環境汚染・労働条件についても批判が出始めている［Luz 2007；Strasser 1999］．

2) コモ産地の事例は，イタリアの産地のなかでも伝統的な事例として取り上げられている［Nuti 2004：60］．ここでは産地における活動の歴史的な重要性は指摘されているものの，詳細な記述はない．戦前から長期にわたる産地の変容の観察については，マクロの視点から全産業を対象にした分析はあるが［Perugini and Romei 2010］，個別分析は管見の限り寡少である．

3) マディソンによれば，1990 年価格で評価した 1900 年の 1 人当たり GDP は，イタリアが 1746 ドルであるのに対し，本研究で比較するドイツ，フランス，イギリス，スイス，アメリカは，それぞれ，3134，2849，4593，3531，4096 ドルであり，その差は歴然としている［Maddison 1995：194-97］．このマディソンの推計に対しては，Fenoaltea［2005］による新たな推計や，Cohen and Federico［2001］や Prados De La Escosura［2000］による比較もあるが，Maddison［1995］の推計を大きく変更するものではない．さらに，Baffigi［2011］は第 1 次大戦後の GDP 推計を上方修正し，Vecchi［2011］は新しく地域別の GDP を推計したが，イタリアの後進性を否定するような推計は存在しない．

4) ここでの北東部および中部は，ヴェネト・エミリア・トスカーナ・マルケ・ウンブリア・ラティウム州を指し，南部とは，アブルッツィ・カンパーニャ・プーリア・バジリカータ・カラーブリア・シチリア・サルデーニャ州を指す．

5) ファシスト政府による南部の農業改革については，1934 年に失敗に終わったとする見解が通説である．

6) ジャンネッティらは，中小企業の発展がビッグビジネスのそれとは経路が異なるとして，その原因を推測した［Giannetti, Federico and Toninelli 1994］．ボローニャ近郊の産地では戦間期を通じて大多数が零細企業であった［Capecchi 1990：343］．

7) ビロードは別珍（綿ビロード，ベロア）と見た目では区別が難しく，混同され易い．どちらも見た目はよく似ているが，製法に違いがある．一般に，別珍やコーデュロイは緯糸を飛ばした組織で織った織物で，後に飛ばした緯糸をカットして毛羽（パイル）を作る織物である．ベロアとはストレッチ性のあるニット素材のループパイルを形成した丸編生地のループをシャーリングカットして毛羽にした編物の生地を指す．

8) 硝酸法は 1846 年シェーンバイン（Schönbein）が発明した．これは綿花と硝酸を反応させて硝化綿をつくり，これをエーテルまたはアルコールに溶解させる製法である．銅アンモニア法は，1875 年シュヴァイツァ（Schweizer）が発明した，綿花を銅アンモニア溶液に溶かして繊維を取り出す製法である．アセテート法は，1865 年にシュッツェンベルガー（Schutzenberger）が発明した酢酸と反応させてアセトンに溶か

序　章　本書の対象と課題　*25*

す方法である．ヴィスコース法は，1891 年クロス（Cross）とベヴァン（Bevan）が発明し，苛性ソーダと二硫化炭素で処理して水に溶かす製法であった［内田 1966：80-81］．

9）グランツシュトフ社とエンカ社は実質的に合同し，オランダの持株会社アルゲメーネ・クンストジーデ・ウニー社（Algemene Kunstzijde Unie：AKU 社）のそれぞれ一部門となり，アメリカン・ベンベルグ社 American Bemberg を収め，ヨーロッパからアメリカにおよぶ強力なレーヨン資本グループを形成した［内田 1966：84-85］．

10）ズニア社はグアリーノ（Riccardo Gualino）が 3 つの小規模な工場を買収して人絹事業へ参入した［内田 1966：85］．グアリーノの企業家活動については，Bermond［2005］が詳しい．また，ズニア社の経営については，Spadoni（2003）が研究を行っている．ズニア社が果たした技術的な革新は，レーヨン原料として輸入針葉樹パルプの代わりに，葦およびユーカリ樹からパルプの製造を工業化したことであった．

11）アセテートを工業的に大量生産するための基礎的な発明は，原料の繊維素を溶解するための無水酢酸の経済的な合成法，繊維素と無水酢酸の反応をアセトンに可溶な一酢酸繊維素の段階で止める条件の制御技術，乾式紡糸の装置，比較的高価な溶剤アセトンを回収する装置である．酢酸繊維素は，最初第 1 次大戦中に飛行機の塗装原料として工業化され，戦後繊維工業に転換したもので，総合化学会社に近い性格を持ち，ヴィスコース法人絹の製造企業とは異なる経営体質であった［内田 1966：87-88］．

12）コートルズ社もアセテート法人絹糸の生産を開始し，両社はイギリス国内で競合していたが，1957 年コートルズ社がセラニーズ社を吸収し，対立が終わった［内田 1966：88］．

13）リヨンの絹織物・染色業を営むジレー家が，第 1 次大戦中にローヌ社（Société Chimique des Usines de Rhône）を設立し，1928 年に医薬品会社プーラン兄弟社と合併してローヌ・プーラン社と改称した．

14）日本の製造業者も，ミラノで見たつや消し人絹糸についてはその珍しさを報告している（片桐秀一，「欧米視察団（二）」，『染織時報』，昭和 12 年，第 601 号，14 頁）．

15）とくにラニタルへの注目度は高く，オランダの Algemeene Kunstzijde Unie は合成羊毛製造に乗り出し，イタリアとの合弁企業を設立し，ドイツの企業もライセンスの取得に動いた（"Uses of Lanital," *Silk & Rayon*, June, 1938, p.574）．

16）"Silk & Rayon Market reports," *Silk & Rayon*, June, 1938, p.594.

17）スクリーン捺染は基本的にステンシル（謄写版）と同じである．一般に，木製または金属製の枠に網目に織られた生糸あるいは金属網を張って作った枠型を用いて捺染する方法で，この枠型を用いて色糊を塗り，開いた網目から色糊が自由に通過して，その模様を下の生地に印捺することができる．この技法は日本で発達し，友禅染が代表的である．ヨーロッパでは 1830 年代から 1840 年代にスクリーン捺染の技法が登場したと考えられる（小野木二郎（1940）『スクリーン捺染法』，1 頁）．

18）オート・ヌヴォテとは高級な新しい流行服地（平染，柄物，型染もの）のことを指す．

リヨンの染色・仕上工場は，輸出不振に影響され，工場閉鎖が続き1930年に約4億5000万フランの収入であったが1935年には1億3000万フランに減少した（「里昂絹織物業状況（1935年）」，『海外経済事情』，昭和11年，第11号，114-115頁）.

19) "An exhibition of Italian textiles," *Silk journal and rayon world*, Manchester, July 1936, p. 17.

20) イギリスの4社が1923年にアセテート繊維用染料を発表し，新種属の発明に至った. その後欧州の染料メーカーは開発を続け，1920年代の終わりには，イギリス，ドイツ，スイス，アメリカの12の染料メーカーから14の冠称のもとでアセテート染料が販売されるようになった［安部田 2013：117］.

第 1 章

1920-30年代におけるイタリア経済と絹・人絹織物製品の輸出

 はじめに

　本章では，イタリアの繊維工業がおかれた経済状況を概観するために，1920年代と1930年代に区分し，各時期の通商状況，人絹を含む絹織物輸出量と輸出額および輸出先国で好まれた製品について検討する．この作業により，イタリア経済における絹・人絹織物製品輸出の重要性およびこれらの輸出製品の変化を確認する．

　1920年代の人絹製品に関するデータは，イタリアの統計では純絹のそれと区別されていない．そのため，1920年代の正確な人絹導入の様子の最初を統計データから捉えることは難しい．そこで，人絹を含む絹織物輸出額を検討し，製品について専門雑誌の記述を頼りに絹織物製品の輸出の実態を明らかにする．続く1930年代には統計上の問題が解決され，人絹織物および絹織物製品のそれぞれの輸出状況の把握が可能である．1930年代のより詳細な輸出額と製品別の輸出重量単価を明らかにすることで，輸出製品のうちとくに重要と考えられる製品について検討を加える．

　まず初めに，イタリアの貿易支出における人絹・絹織物製品の地位を確認する．表1-1の輸出入総額をみると，戦間期を通じてイタリアはほとんど入超傾向であることがわかる．1920年代の主要輸出商品は，農産物と生糸を中心とする繊維製品であった．資源の乏しいイタリアにおいて，絹工業は，原材料である生糸が国内で生産されている貴重な産業であった．国内産の生糸を使用することにより，絹織物業は外貨獲得産業となりうる可能性があったためである
[Galli 1998 : 233]．

表 1-1 イタリア輸出入総額および貿易総額 (1919-1939 年)

(単位リラ,名目ベース)

年	輸入総額	輸出総額	貿易総額	人絹・絹織物輸入額	人絹・絹織物輸出額	輸出総額における人絹絹織物輸出額の割合
1919	16,623,334,212	6,065,742,072	22,689,076,284	117,207,164	305,196,377	5.03%
1920	26,821,622,668	11,774,125,058	38,595,747,726	325,808,758	601,765,812	5.11%
1921	16,925,973,825	8,278,573,276	25,204,547,101	n.a.	n.a.	n.a.
1922	15,764,769,672	9,302,370,861	25,067,140,533	47,593,000	375,853,000	4.04%
1923	17,189,170,062	11,093,015,239	28,282,185,301	35,491,000	427,966,000	3.86%
1924	19,380,606,558	14,372,952,338	33,753,558,896	45,904,000	527,519,000	3.67%
1925	26,200,484,663	18,274,261,267	44,474,745,930	44,530,000	713,464,000	3.90%
1926	25,878,356,807	18,664,519,668	44,542,876,475	41,129,000	995,461,000	5.33%
1927	20,374,800,091	15,631,948,223	36,006,748,314	31,478,000	1,191,981,000	7.63%
1928	21,920,428,556	14,559,033,332	36,479,461,888	37,550,000	1,078,649,000	7.41%
1929	21,303,117,419	14,884,427,135	36,187,544,554	42,707,000	1,036,809,000	6.97%
1930	17,346,624,279	12,119,181,331	29,465,805,610	48,963,000	668,248,000	5.51%
1931	11,637,806,078	10,036,966,582	21,674,772,660	24,440,000	564,780,000	5.63%
1932	8,257,436,958	6,811,226,161	15,068,663,119	17,535,000	358,691,000	5.27%
1933	7,354,000,000	5,752,000,000	13,423,000,000	8,403,000	293,455,000	5.10%
1934	7,582,000,000	4,965,000,000	12,899,000,000	—	213,535,000	4.30%
1935	7,673,000,000	4,488,000,000	13,028,000,000	—	171,022,000	3.81%
1936	5,883,000,000	3,824,000,000	11,581,000,000	—	108,984,000	2.85%
1937	13,593,000,000	7,864,000,000	24,387,000,000	—	322,962,000	4.11%
1938	11,056,000,000	8,041,000,000	21,741,000,000	—	417,585,000	5.19%
1939	10,034,000,000	8,472,000,000	21,132,000,000	—	—	—

(注) 1921 年のデータ無しは n.a. で,一はデータ中に項目がないことを示す.
(出所) *Annuario statistico Italiano* 各年より筆者作成.

事実,絹織物輸出は,第1次大戦後の疲弊したイタリア経済の回復に大きく寄与した.[1] 生糸は戦前から重要輸出品であり,これを含む繊維製品輸出は,1922 年イタリアの総輸出額の約 30-40％を占める.総輸出額の約 20％を占める生糸に次いで,絹織物は総輸出額の4％を占めた [Department of Overseas Trade 1923:23-24].

総輸出額に占める人絹を含む絹織物製品の割合は,1919-1929 年の平均で 5.27％,1927-1929 年は7％前後と高い割合を占めた一方,1930-1939 年に 4.62％であり,1936 年には 2.85％まで下落した後 1938 年に 5.19％まで回復している.[2] 図 1-1 からわかるように,人絹を含む絹織物製品の輸出額は 1920

第1章　1920-30年代におけるイタリア経済と絹・人絹織物製品の輸出　29

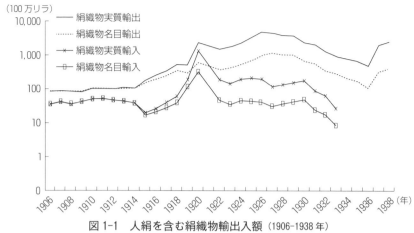

図1-1　人絹を含む絹織物輸出入額（1906-1938年）
（注）二重線の部分は数値不明のため，直線補間した（輸出入ともに1921年）．絹織物の輸入は1933年が最後となっている．実質輸出入値はリラ金価格指数（1913年＝100）でデフレートしたもの．絹織物は人絹織物も含む．対数で表示．
（出所）*Annuario statistico italiano* 各年より筆者作成．

年代の後半と1930年代の後半に2度拡大がみられる．絹織物製品の輸出は国内経済の要であり続けた[3]．絹織物製品は国内消費が少なく，輸出が主であったためである（1932年の国内全繊維製品消費量のうち絹製品は0.16%，一方綿織物は57.8%［Confalonieri 1997：167］）．

　イタリアの絹織物輸出拡大に触れた研究史は以下のように整理できる[4]．同時代の観察のうち，フリュッゲ Flügge は，後に詳しくみていくが，英領インドや蘭領東インド等向け交織物輸出が増加し，1920年代のイタリア絹織物業の発展をもたらしたと指摘する［Flügge 1936：邦訳86-87］[5]．また，ショーバー（Schober）も，輸出量に比して輸出額が伸びず，イタリアは，1930年以降，生糸のまま輸出するのではなく，生糸を含む製品に加工した上で輸出に努めるだろうと予測した［Schober 1930：242］．

　これらの観察は，当時の輸出の特徴を捉えているものの，輸出拡大の背景の把握を欠くため，その後の経過からみて正確な予測を行いえていないという問題点がある．これに対し，戦後の研究者カイッツィ（Caizzi）は，戦間期のコモ地方絹織物輸出について，数量面では伸びたものの安価な絹織物が支配的であり，人絹織物その他を含む交織物生産を志向するようになったために，価格面

ではさほど伸びなかったことを指摘した［Caizzi 1952：65］．しかし，この研究も輸出拡大の具体的な要因を明確に示唆していない．

次に，図1-1に示されたイタリアの人絹・絹織物輸出入額を長期的な視点でみると，同製品輸出額が輸入額を上回ったのは1890年代で，輸出額は第1次大戦中に急激に増加し，1927年がピークとなり，1935年まで落ち込んだ後，再び増加したことがわかる．

このような状況下において，繊維工業は停滞していたと言えるのだろうか．ザマーニは，1920年代の輸出ブームの後1930年代終わりまで染料の消費産業である繊維工業の停滞があったと指摘する［Zamagni 1990：93］．また，トニオロは，大恐慌とその後の自給自足政策において当該期の繊維工業を犠牲者と評価するが，その理由として輸出と消費の停滞と人絹工業における生産性の低下を指摘している［Toniolo 1980：邦訳 204-205］．

しかし，両者の指摘は，文章に明示されているわけではないが，糸製造・輸出を主に指すものと考えられる．イタリアの絹・人絹輸出製品の大半は人絹糸・生糸であったが，1930年代後半の人絹糸・生糸輸出額の割合は低下した．一方で，織物輸出額の比重が高まり，さらにみてみると絹織物製品と人絹織物製品では人絹織物製品が大半を占めるようになった[6]．以上のことから，織布以降の工程を含んだ繊維工業の実態を把握したうえの指摘とは考えにくく，戦間期においては製織工程より後の工程を考慮して分析することが必要である．

1930年以降人絹織物輸出額の割合は，後で詳しく触れるように，絹織物の割合と比較して急増し，1930年代後半には人絹・絹織物製品輸出のうち人絹製品がほとんどを占めるようになる．この変化の背景には，先に述べたような当該期の人絹生産の世界的な急増と，イタリアの人絹工業の勃興・急成長があった．同国の人絹生産量は，1930年代を通じて世界生産量の平均約14％を占め，1930年代後半にはステープル・ファイバー（以後スフと略）の生産も増加し，人絹織物の生産も増加した（図1-2）．

1920年代と1930年代における二度の絹・人絹織物製品輸出額拡大の局面は，為替の動向に左右された．ここで，イタリアと輸出市場先の国々との関係を理解するために，まず初めに1920年代と1930年代の通商環境の変化についてみていく．イタリアの人絹・絹織物製品輸出の特徴は，1920年代において，非

図 1-2 人絹糸・生糸・人絹スフ・人絹織物生産量（1919-1939 年）
（出所）*Annuario statistico Italiano* 各年より筆者作成.

ヨーロッパ向け絹織物の輸出拡大であり，1930 年代においては，保護主義貿易の状況下での輸出割当のない国々への輸出拡大であった．

なお，本研究で対象となる絹織物に関する文献および統計は，既に述べたとおり，1930 年まで絹と人絹の区別を行っていない．そのため，本研究では 1920 年代において「絹織物」と称する場合，経糸および緯糸が天然絹あるいは人絹の織物を指す．天然絹のみの高級品を指す場合は，「純絹」と呼ぶことにする．また，人絹・絹以外の素材を用いた絹関連織物を「交織物」と称する[7]．

分析に用いた史料は，国立コモ文書館の商工会議所資料，*Bollettino di sericoltura*，*Silk*，*The textile recorder*，*Bulletin des soies et des soieries* などの同時代絹関連専門雑誌，*Annuario statistico italiano*，イギリス外国貿易統計，イタリア商業銀行統計，日本の通商関係史料である．これらに併せ，同時代研究者トレメッローニ，ロザスコなどの著作を用い[8]，その他の期間と比して寡少である戦間期に関する史料を補うために，経済史的視角から絹織物業を扱った二次史料も利用する．

第1節　1920年代におけるイタリアの通商環境
　　　──国交正常化と関税

　本節では，1920年代の通商状況について概観する．第1次大戦直後，国交正常化により，イタリアは，ベルギー，続いてインド，エジプト，アルゼンチンとの関係を改善させた［Galli 1998：233］．第1次大戦終結後の為替取引正常化については，1917年に設立された国立為替局 Istituto Nazionale Cambi con Estero が担い，1921年まで同局が外国為替の全取引を厳格に管理し，イギリス，フランス，スイス，スペイン，アメリカとの取引のみが可能であった[9]．

　戦後のリラ安は，イタリアからの輸出には好条件となった［Fratianni and Spinelli 1997：123-124］．しかし，戦前の主要な取引先であったオーストリア，ドイツ，ハンガリー向け輸出は，イタリアの通貨の不安定さからすぐに関係を結ぶことができず，チェコスロヴァキア，ルーマニア，バルカン半島の国々は輸入制限を設けるなど，戦後直後の輸出先は限られていた［Galli 1998：233］．

　イタリアは，第1次大戦後地中海地域に勢力を拡大するために，最初はフランスに，その後イギリス・アメリカに経済協力を仰いだ．1923年2月から5月にかけて，イタリア側の希望により，仏伊間の経済協力に関する協議がおこなわれた．この時，イギリスは不況にあり，アメリカは戦時債務の返済不履行のイタリアに融資をせず，フランスのみがイタリアに協力できる状況にあった[10]．その後2年間のうちに，フランスはイタリアへ向けて総額10億リラ以上の産業資本を投下し，1925年にはイタリア国内の外資企業の3分の1をフランス企業が占めた［大井 2008：195］．

　しかしその後，フランスはフランの防衛のため，資本輸出を制限し，フランス国内でのイタリアの国債・社債の発行を制限するようになる．イタリアは，1925年以降フランスに代わってイギリス・アメリカの資本を求めるようになり，1925年12月に米伊協定が，1926年1月に英伊協定が結ばれ，その結果アメリカのモルガン銀行がイタリアに1億ドルの融資を提供した．1925-1928年のうちにアメリカから合計3億7800万ドルの融資がイタリアの電気，化学，金属業界に与えられ，アメリカ資本によるイタリア企業の株式取得やアメリカ

企業子会社のイタリア進出が，石油，非鉄金属，自動車の分野で進んだ［大井 2008：195-196］.

　同時に，イタリア政府は金本位制への復帰を目指して 1925 年 8 月に蔵相ヴォルピ（Volpi）が為替安定化のためのデフレ政策を実施した[11]. しかし，リラの価値は下がり続け，1 ポンド＝120 リラ前後の状況となる. ここから 1927 年 5 月に 1 ポンド＝90.46 リラの新平価で金本位制に復帰したため，イギリスやスイスに向けた輸出条件は厳しくなった［Toniolo 1980：邦訳 59-91］.

（1）　1920 年代における絹織物をめぐる通商環境

　以上のような通商環境にあったイタリアで，1923 年と 1925 年におこなわれた絹織物に関するフランスとイギリスの関税改定についてみてみたい. この改定の背景には，1878 年からフランスとの関税改正が行われる中で，絹織物に関する関税の改定が取り残されていたことによる産地企業家の不満があった. その後 1921 年，フランスからの輸入絹織物を阻止するために，イタリアの絹織物業を有利にするための輸入関税引き上げ交渉がはじまり，関税改定は 1923 年にようやく実現した［Cohen and Federico 2001：64][12]. これにより，フランスからの絹織物輸入額は 1920 年に約 1 億フランから 1923 年約 3300 万フランに減少した[13].

　次に絹織物業へ影響を及ぼした関税改定は，1925 年のイギリスによる保護関税の設定である. このためイタリアは，カナダ，英領インドやオーストラリアなどそれまでイギリスの商社を介して輸出していた市場と，輸出取引関係を直接持つ必要に迫られた［Banca commerciale Italiana 1930：565][14]. その結果，絹織物輸出は，従来のヨーロッパ市場中心に代わり，アジアやアフリカなど非ヨーロッパ圏でその輸出量を急増させた.

　こうした市場環境の変化をふまえると，以下の時期区分が可能であろう. ① 輸出先がヨーロッパ中心だった戦後から 1925 年まで. ② ヨーロッパ市場外に輸出先の変化がみられる 1925-27 年. ③ 輸出が顕著に拡大する 1927-29 年. 以下各時期の市場環境の変化，イタリアにおける業界の対応および輸出先順位の変化を辿る.

　まず①の戦後から 1920 年代半ばにかけて，イタリアの絹織物製品の輸出先

はイギリス，フランス，スイスなどヨーロッパ市場が中心であった．イタリア
の絹織物業界は，勢いのあるアメリカ市場に販売網を広げたいと強く願ってい
た[15]．しかし，進出するには，アメリカが輸入制限しているサテンやネクタイ用
生地，傘布地を販売する代わりに[16]，ブロケード（錦織），刺繍，装飾織物など1
ヤードあたり6-8ドルの単価の高い商品で市場に入り込まなければ採算が合
わず[17]，イタリアは結局アメリカ市場に積極的に参入できない状況にあった[18]．そ
のため，絹織物輸出は，ヨーロッパ市場が輸出先に占める割合で大きな比重を
占め，1923年の輸出価額ベースで依然として圧倒的にイギリス，次いでアル
ゼンチン，フランス，スイス，アメリカの順であった [Rosasco 1924：29]．

　続く②の1925-27年の時期に，好況を呈していた絹織物業はヨーロッパ外の
市場に向かう大きな転換点をむかえる．国内ではデフレ政策が開始され，不況
の波が押し寄せた．国内需要が見込めないことから，絹織物の販売市場は今ま
で以上に国外へと向かわざるを得なくなった．1925-27年の国内繊維工業全体
の成長率はマイナス5.9％であったが [Toniolo 1980：邦訳 89]，絹織物業はヨー
ロッパ以外の市場で販売努力をしたため，輸出増加と市場の拡大がみられた．

　このとき，従来の市場であるヨーロッパ向け絹織物の輸出拡大は難しい情勢
となっていた．それまで一番の輸出先であったイギリスの関税賦課は，イタリ
アの絹織物企業に不安を与えた [Department of Overseas Trade 1926：42-43]．こ
の措置は，イギリスの金本位制復帰にともない1925年4月に通告されたもの
で，同年7月1日に絹製品に対する33％という高率の従価税が施行された
[Cova 1992：92-93]．また，フランスは通貨切下げを行ったため，イギリスから
の注文だけではなく，他国からの注文もフランスへ流れた[19]．絹織物産地のコモ
では，リヨン製品より低級品を主に製造しており，製品に対する工夫と転換が
一層必要とされ，結果的に大衆商品を製造する傾向が強まった [Department of
Overseas Trade 1926：108]．その他，ドイツとオーストリアでイタリア製品の不
買運動が起こり，この影響は絹織物販売に大きかったことをコモのラヴァージ
社が報告している [Galli 1998：312][20]．

　イタリアの業界側は，ヨーロッパ向け輸出困難に対して以下のように対応し
た．絹織物製造業者は新市場の研究に努めた結果，今までロンドンを通じて供
給してきた国々と直接取引関係を構築すべく，オーストラリアやカナダに直接

輸出を開始し，アジアとアフリカ向け輸出も急増させた．さらに1926年，中小企業の支援策として，輸出貿易振興策を行う国営輸出機関 Istituto Nazionale per le Esportazioni が設置された．この機関の目的は，商品の見本陳列船を派遣して，南米諸国や南アフリカ等へ向け販路を拡大することであった．このように国外へ積極的に販売を試みる努力は，その後も継続して行われた．

　1920年代半ば以降を特徴づけたのは，ヨーロッパ外の遠隔地市場への輸出の伸びであった．この点は，**表1-2**から明らかである．1925年以降の絹織物と交織物の主要輸出先は，ギリシャ，ルーマニア，トルコなどのヨーロッパ市場，ウルグアイなどの南米諸国，中国，タイ，海峡植民地などを含むアジア市場，ケニア，ウガンダ，南アフリカ，伊領アフリカ・占領地などを含む「その他」の項目が急増し［Ente Nazionale Serico 1939：62-64］，イギリス以外の主要取引先を凌駕していることがわかる．絹織物（人絹含む）の項目では，アメリカ，英領インド，蘭領東インド，交織物の項目では，英領インドと蘭領東インド，エジプト，アルゼンチンの拡大が顕著であった．

　最後に，③の1927-29年における市場の変化をみてみよう．この時期は②の1925-27年の時期よりも輸出量が急激に増加し，その増加分は非ヨーロッパ圏の市場が担った．とくに南米，インド，アジア，アフリカの市場に向けた輸出の拡大が顕著である．**表1-2**に示されているように，1927-29年に輸出量が急増した国は，蘭領東インドとエジプト，次いで英領インドである．交織物については，エジプト，モロッコ，アルゼンチン，アメリカ向け輸出が顕著に拡大し，人絹を含む絹織物では，英領インド，蘭領東インドへの輸出が急激に伸びた．英領インド向け輸出は，1925年7月の関税付加にともない，イギリスを経由せず英領インドへ輸出されるようになった［Banca Commerciale Italiana 1932：421-422］．英領インドでは，人絹織物と人絹と綿の交織布を中心に，1924-25年にかけてイタリアはイギリスに次ぐ競争者となっていた．これらの市場に向けては大量の低級品の輸出がおこなわれた．

　一方，蘭領東インドでは，国民の購買力が増加していた状況にあったが，繊維工業がほとんど存在していなかった．同国では，第1次大戦後ヨーロッパからの輸入が困難となり，国内の製造業が促進される状況がみられた．インドネ

表 1-2 イタリア絹織物・交織物主要輸出先国別輸出量（1923-1929 年）

（単位：トン）

絹織物（人絹含む）	1923	1925	1927	1929（1 -11 月）
ベルギー	22.1	18.6	13.8	21.9
フランス	79.6	98.4	52.0	63.1
イギリス	368.2	449.9	341.2	377.0
スイス	34.8	67.1	113.4	103.2
エジプト	16.5	55.7	72.4	185.0
アルゼンチン	28.7	31.7	46.8	64.4
アメリカ	23.0	28.7	69.5	93.3
カナダ	(a)	4.0	19.7	22.7
英領インド	(a)	13.0	91.4	130.9
蘭領東インド	(a)	9.1	78.1	230.9
オーストラリア	(a)	4.3	36.2	46.1
その他	43.6	137.7	191.7	450.5
合計	616.5	918.2	1126.2	1789.0

交織物	1923	1925	1927	1929（1 -11 月）
フランス	(b)	35.0	22.6	61.4
イギリス	224.9	293.9	321.3	229.5
スイス	10.9	15.0	33.6	25.5
英領インド	139.8	283.6	847.5	713.1
蘭領東インド	88.4	279.4	796.7	603.5
メソポタミア	(b)	40.8	115.5	424.8
エジプト	114.2	380.7	699.1	1180.5
モロッコ	(b)	27.2	77.1	501.4
アルゼンチン	49.4	94.2	448.5	643.0
ブラジル	(b)	3.9	25.4	58.0
アメリカ	24.8	55.1	200.1	313.9
その他	219.7	584.0	1256.3	1412.0
合計	872.1	2092.8	4843.7	6546.0

(a) その他に含まれたデータ.
(b) 絹織物に含まれ,，単独で示されていない.
（注 1 ）交織物のその他には，オーストリア，ギリシャ，ルーマニア，トルコ，中国，タイが含まれる.
（注 2 ）チュール・クレープは含まない.
（注 3 ）メソポタミアの名称は通称で当時のイギリス委任統治領で現在のイラクに当たる地域を指す.
（注 4 ）絹織物には人絹も含む.
（注 5 ）交織物には重量比 50-94%まで綿など非絹系繊維が含まれる可能性がある.
（出所）Banca Commerciale Italiana［1930：565-566］より作成.

シア系住民によると思われる自立的な零細企業が自然発生的に生まれ，事業所数が増加した．しかし，1920年代の同国において織物工場は無かった．1920年代の同国は，本国オランダとの経済的な依存が19世紀と比較すると顕著に弱まった時期であり，貿易相手国が増加していた状況にあったことから［増田2004：24-58］，イタリアからの製品輸入が増加したと考えられる．

　以上の検討から，1920年代後半にそれまでの主な輸出先であったヨーロッパ市場の状況への危機感が契機となり，非ヨーロッパ絹織物製品市場への輸出拡大が起こったことが確認された．その市場は主に南アメリカやアジア，北アフリカであった．次項では，新市場を開拓する過程で，大企業が製造する「交織」大衆商品がどのように拡大していったのかを検証する．

（2）　1920年代の主な絹・人絹織物輸出製品と輸出市場の変化

　1920年代後半から顕著に輸出増加がみられる「交織物」が，絹織物輸出市場の変化に深く関連していた．これら「交織物」の実態は多様であるが，統計的には人絹・絹を一定量含む「交織物」は2つに分類される．経糸または緯糸の中に絹（あるいは人絹）6％以上12％未満の重量を含む「交織物」と，経糸または緯糸の中に絹（あるいは人絹）12％以上50％未満の重量を含む「交織物」がある．1921年7月に行われた関税項目の改定以降，統計は申告に基づくものとなった［Rosasco 1924：29-30］[26]．また，資料の制約により，輸出入依存度と内需に関する記述が断片的であることを先に断っておく．

　まず大衆商品を製造した大企業は，人絹糸を利用して交織物の製造を行った［Caizzi 1957：98］．1923-25年に絹織物，交織物，ビロード，チュール・クレープの輸出量が増加し，さらに，製造する織物の種類も多様化し，傘生地，ネクタイ生地，交織物（サテンとポロネーズ（絨毯））の製造に特化する企業もあらわれた［Rosasco 1924：44-45］．

　大衆商品のうち，**表1-3**からわかるように，純絹・人絹を12-50％含む交織物の輸出量は1925年1609トンから1926年2844トンに顕著に増加した．この増加は人絹と綿の交織物であり，「新市場」の現地製品を模倣したもので，1925年から輸出が増加した．1927-29年まで純絹・人絹を12-50％含む交織物の輸出量は増加するが，輸出額はほとんど増加しておらず，**表1-3**の重量単価

38

表1-3 イタリアの絹製品輸出量・輸出額（1923-1929年）

項目	1923			1924			1925			1926	
	輸出量	輸出額	重量単価	輸出量	輸出額	重量単価	輸出量	輸出額	重量単価	輸出量	輸出額
絹織物（人絹含む）	616.5	208.8	0.34	763.2	229.8	0.30	918.2	255.8	0.28	985.1	
絹または人絹を含む交織物 12%以上50%未満							1,609.1			2,844.3	
6%以上12%未満							484			508.9	
チュール・クレープ		101.6			134.6		521.9	213.4	0.41	516.5	
飾り紐・リボン							38.2			43.3	
ニット・靴下							80.3			76.6	
ビロード							37.3			51.7	
その他の製品							295.7			384.2	
輸出量合計	616.5			763.2			3,984			5,410.6	

項目	1927			1928			1929		
	輸出量	輸出額	重量単価	輸出量	輸出額	重量単価	輸出量	輸出額	重量単価
絹織物（人絹含む）	1,126.2	291.5	0.26	1,280.1	270.4	0.21	1,980.5	319.3	0.16
絹または人絹を含む交織物 12%以上50%未満	4,262.0	591.7	0.14	6,056.1	495.4	0.08	6,242.9	402.0	0.06
6%以上12%未満	590.7	61.8	0.10	488.4	39.6	0.08	607.3	38.2	0.06
チュール・クレープ	484.5	190.3	0.39	374.0	128.9	0.34	862.9	206.2	0.24
飾り紐・リボン	37.1	5.1	0.14	25.5	2.9	0.11	48.2	5.0	0.10
ニット・靴下	104.5	12.6	0.12	209.7	19.2	0.09	385.2	33.7	0.09
ビロード	38.1	6.5	0.17	38.1	7.5	0.14	109.4	15.1	0.14
その他の製品	462.3	56.0	0.12	496.4	54.5	0.11	930.7	80.1	0.09
輸出量合計	7,105.4	1,215.5		8,982.2	1,018.4		11,167.1	1,099.6	

（注）空欄は不明．輸出量の単位はトン，輸出額の単位は100万リラ，重量単価の単位はリラ．
（出所）Banca Commerciale Italiana [1930：565]．
　　　　1923-25年輸出額，1923-24年輸出量データ：Department of Overseas Trade [1926：108]．

の下落で示されるように，図1-3でみられる糸価格の下落とともに，織物製品
も値崩れをおこし始めていた．

　「大衆織物」は以下の3つに分類することができる．① 従来の絹製品を人
絹・他の素材を用いて模倣した廉価品．代表的なものは，チュール・クレープ
などの薄地のものやビロード製品，絹綿傘生地．② 人絹・他の素材の特質や
安価性ゆえに初めて可能となった多様な製品．フラシ天，サテンなど．③ 欧
州外，特にアジアやアフリカなど綿・絹製品使用で長い伝統を持つ地域で，人
絹利用によって始めて需要された製品（現地の模倣品）．ダマスク織や綿繻子な
ど．

　そのうちとくに，①のビロード製造の輸出に占める割合はそれほど大きくな
いが，交織ビロードの輸出拡大は注目に値する[27]．交織ビロードの輸出は1925
年から輸入を上回った[28]．1920年代の機械織ビロード生産は，専らコモ地方で
行われた．約400台の織機を用いて主に人絹糸が利用され，製造が始まった．

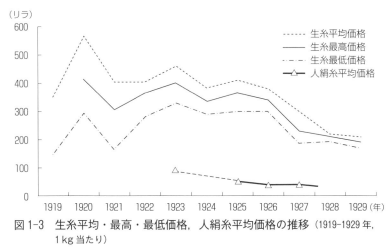

図 1-3 生糸平均・最高・最低価格，人絹糸平均価格の推移（1919-1929 年，1 kg 当たり）

(注1) 1920 年の生糸平均価格は Italian classical の相場.
(注2) 1921-29 年の生糸平均価格は，輸出用 sete greggie gialle classiche 13/26 の相場.
生糸最高，最低価格：Ente Nazionale Serico (1932), *Annuario serico 1931*, p. 32.
(注3) 1921 年から 1928 年まで生糸 sublime 10/12 の相場を利用し，1929 年から classica 13/15 の相場に置き換えられている.
人絹糸価格：1923 年，ASC Memoria difensiva per le unioni industriali fasciste delle provincie di Como, Varese e Milano, 10 giugno 1933, Prefettura Gabinetto, c. 109, pp. 12-13 より, 1925-29 年, Banca Commerciale Italiana (1930), *Movimento economico*, p. 573.
(注4) 1923 年の人絹糸価格の番手は不明. 1925-29 年人絹糸 140/170 の相場. 空欄は数値不明.
1924 年の人絹糸価格が不明のため，破線で繋げた.
(出所) 生糸平均価格：1920 年：League of Nations [1927：24]. 1921-29 年, Banca Commerciale Italiana [1930：555].

　フランスのビロード生産は，イタリア産のものと比べて品質的に圧倒的優位にあったが，コモでもビロード用織機の開発と技術的な改良が起こり，デザインにおいても徐々に評価を得ることができるようになっていった [Galli 1998：274].

　その他，ミラノとコモでは，傘布地の生産も行われた. 防水生地の傘布地製造は，技術的に難しく，織物業者と染色業者の職人の高い技術力と連携が要求される. 他産地と比較して技術的に遅れていた染色工程の連携改善に伴い，傘地絹織物は，1925 年に年間約 3500 万リラ生産され，そのうち約 1800 万リラ（約 51.4%）が輸出された. 同年に傘地の絹綿交織物は 3700 万リラ生産され，そのうち 1400 万リラ（約 37.8%）が輸出された. その他コモ県東部レッコ周辺[29]

では絹リボン，その他，広幅絹織物の大量生産もみられた．

　輸出が拡大した市場で販売された具体的な製品は以下の通りである．特に輸出量の伸びが著しかった英領インド向け絹製品は，ボンベイとカルカッタを中心に取引が行われた．少数の現地企業がこれを担い，特に北部，地方都市へ向けて商品を販売した．インド向け輸出用織物のほとんどは主にインド国内で消費され，綿糸と生糸の鮮やかな色のダマスク織，または綿糸と人絹緯糸で織った花柄の綿繻子の需要が大きかった．[30] 蘭領東インド向け輸出製品であるイタリア産の人絹と綿の交織物は最下等品にあたり［商工省貿易局 1932：152］，1926-27 年の主な製品はファンシー物で，平織または軽く刺繍が施してある薄い布地，特に日本産生糸と綿糸と人絹で織った熱い気候に適したシフォンに需要があった．中国との取引は上海で行われ，中国のパターンのダマスク織（朱子地の上に大柄な紋をあらわした紋織物，緞子），綿シュートの平繻子，「リバティー」プリントの人絹サテンが人気であった．トルコとエジプトには全種類の織物が輸出され，主な需要は特別な生糸と綿のダマスク織と両面が人絹と綿の交織ダマスク織，クッションカバー用の刺繍を施したものなどがあった．[31]

　このように輸出が伸びた地域における絹織物製品の売れ筋は，生糸あるいは人絹糸と綿糸の組み合わせが多いことがわかる．

　一方，1928 年から 1929 年の内需拡大に伴い，大衆交織製品は国内販売にも向けられた．人絹織物については，1928 年 4 - 9 月までの 6 か月間，イタリアの総生産約 2700 万平方ヤードのうち，約 1000 万平方ヤードが輸出され，1929年 4 - 9 月までの 6 か月で，イタリアの総生産量約 2160 万平方ヤードのうち，約 627 万平方ヤードを輸出していることからもわかるように，[32] 1928 年から1929 年にかけて大衆商品では輸出以上に国内消費の傾向が強まった．

　とはいえ，1928-29 年におけるイタリア絹織物業界は，国外にある新規の市場に目を向けていた．引き続きヨーロッパ外市場の開拓を行い，織布輸出増加を目的として，ギリシャとトルコに使節団を送り，マーケティングを行うイタリア＝東洋商業会議所（Camera di Commercio Italo-Orientale）を設置した．[33] またスペインが南米諸国に影響力を持つことから，1929 年に行われるバルセロナでの展示会が重要視された．[34] その他，イタリアの海運業は，アルゼンチン向け輸送でより速度の速い新造汽船や「モーター船」を導入するなど改善を重ね［商

工省商務局 1929：1360]，またヨーロッパ諸国を結ぶ交通網の改善といった輸送手段の効率化も絹織物輸出拡大を助ける要因のひとつとなった[35]．

1920年代のイタリアの絹織物企業は，ヨーロッパ以外のそれぞれの輸出市場に適合した製品を製造し，とくに大衆商品である交織物，なかんずく経糸または緯糸に絹（あるいは人絹糸）12%以上50%未満を含む交織物の輸出を伸ばした．

第2節　1930年代におけるイタリアの通商環境
——大恐慌の影響と経済制裁後の為替の切下げ

本節では，1930年代のイタリアの通商環境と人絹・絹織物製品をめぐる取引環境を検討する．1930年代に入ると，貿易の性質は，1920年代のそれと大きく異なる．当該期は，大恐慌を機に自由貿易秩序からの大きな後退が世界的に生じ，保護主義による貿易の停滞で経済活動が低下した時期である [Estevadeprdal et al. 2003：359-407]．表1-1にあるように，戦間期を通じてイタリアの貿易はほとんど入超傾向にあり，輸出は農産物と繊維製品が中心であった．

まず初めに，1930年代の輸出に大きな影響を与えた経済的要因として，1930年代前半に顕著となる大恐慌の影響と，1930年代後半における経済制裁とその後の為替切下げを取り上げる．以下，これらの2つの要因をみていく．

(1) 絹織物業における大恐慌の影響

イタリアにおける大恐慌の影響について，トニオロは次のように結論づけている．マクロで見た場合，国内経済で成長を続けたサービス業部門が支え，公的行政部門が南部の失業を吸収する役割を果たした．表1-4に示されているように，非製造業部門である電力・ガス・水道など公共部門だけが，大恐慌期においても生産を増加させた．一方で，イタリアの製造業部門は，他のヨーロッパ諸国と同様に，深刻な影響を受けた [Toniolo 1980：邦訳 100][36]．

1950年代の研究者カイッツィは，1920年代の散発的な外的要因による危機と1930年代の大恐慌が絹織物業に及ぼした影響は明らかに違う性質であり，

表 1-4　主要産業部門生産動向（1929-1934 年）

（1938 年価格ベース）（%）

部門		1929	1930	1931	1932	1933	1934	1929-34 年 年平均成長率
非製造業部門	鉱業	100.0	98.8	90.2	84.6	85.7	84.8	−5.4
	建設業	100.0	104.3	91.8	85.6	91.8	104.3	−5.1
製造業部門	電力・ガス・水道	100.0	112.4	109.2	110.0	120.0	129.2	3.2
	食料品	100.0	91.0	86.5	94.4	94.4	88.8	−1.9
	繊維	100.0	82.4	70.1	74.6	85.1	79.0	−9.3
	金属	100.0	91.0	79.1	67.8	69.2	71.6	−12.1
	機械	100.0	90.9	79.4	67.9	69.2	71.8	−12.1
	化学	100.0	98.5	89.4	83.7	95.5	114.8	−5.8

（出所）トニオロ，浅井［1993：111］.

大恐慌期の特徴は，製糸業，撚糸業，織物業が同時に危機に陥ったことを指摘
しているが［Caizzi 1952：66］，これらの特徴について，より詳細な経過や影響
の質の違いを具体的に明らかにしていない．絹織物業の輸出を阻む大きな要因[37]
は，国内外の消費の減少，諸外国の保護関税強化，国内の金融危機，支払いに
関する決済の問題であった．

　次に，イタリアの主要製造業の１つである繊維工業，その中の絹織物業に対
する影響について考察する．絹織物業の概観として，具体的に失業，輸出規模
の変化，産業構造変化を明らかにする．表 1-4 に示されているように，大恐慌
期において金属・機械工業ほどではないが，イタリアの繊維工業は深刻な影響
を受けていた．図 1-4 から，綿，絹，その他を含む繊維工業の活動を示す指数
（1928 年価格ベース）をみると，他の製造業とほぼ同じ年平均 9.8％の減少を示し，
1931 年が底で 1933 年に向かって持ち直している．さらに，繊維工業を部門別
にみると，綿工業は，絹工業より落ち込みが少ない．ここから，製糸業の不況
は深刻であったことがわかる．

　大恐慌によって国内外の消費が減少したことから，貿易量が収縮し，とくに
1929-30 年に急激に輸出が減少した．1929 年と 1933 年を比較すると，絹織物
輸出量は 82.5％減少し，人絹織物輸出の落ち込みが顕著であった［Department
of Overseas Trade 1933：77］．1931 年から 1932 年にかけて，イギリス向け絹織物

第1章　1920-30年代におけるイタリア経済と絹・人絹織物製品の輸出　43

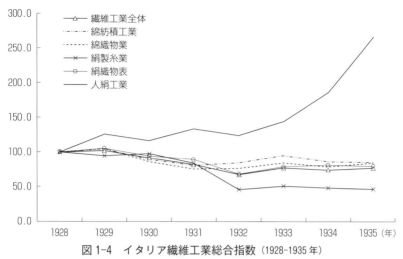

図1-4　イタリア繊維工業総合指数（1928-1935年）
（注）1928年＝100とする．
（出所）Ciocca, P., e Toniolo, G. (a cura di) [1976：255] より筆者作成．

輸出量は約半分に（10.9万kgから5.6万kg），交織物輸出量は約70％（5.7万kgから1.6万kg）減少するという大打撃を受けた[38]．人絹織物の最大の競争相手国は，イギリスと日本であった[39]．イタリアの絹・人絹織物輸出にとって一番の脅威となったのは日本である．日本産人絹織物の品質はイタリアのものと変わらず，価格が非常に安かったためである[40]．イタリア国内では，将来の絹・人絹織物製品の販売に対して悲観的な予測がたてられ，絹織物業全体で生産は通常の約30％に縮小した［Caizzi 1952：68］．

　表1-5を見ると，生糸を含む絹製品輸出額は，1929年約26億リラから1933年約3.3億リラに減少した．絹織物，交織物，チュール・クレープ（絹と交織したもので人絹やその他繊維含む）は，1929年に総輸出額の6.3％を占めていたが，1930年に1.9％までその割合が下がり，1933年には0.9％を占めるのみとなった．表1-6からわかるように，イタリアは，総輸出額の縮小が顕著となった1933年においても，総輸出額の約3分の1を繊維工業が占めている．繊維工業の輸出主要国と比較すると，日本は圧倒的に繊維工業に依存する割合が高く，次いで中国，イギリス，イタリアの順番であった．これらのことから，イタリアは大恐慌期においても繊維工業の輸出は大きな比重を占めたが，生糸が占め

表1-5 イタリアの輸出入総額と絹製品輸出入額とその割合 (1929-1933年)

年	(a) 総輸出額	(b) 生糸を含む絹製品輸出額	絹製品輸出額の内訳			総輸出額に占める絹製品の割合 ((c+d+e)/a)
			(c) 絹織物輸出額	(d) 交織物輸出額	(e) チュール・クレープ	
1929	15,235,977	2,618,505	319,629	440,305	206,203	6.3%
1930	12,119,181	1,446,678	88,501	31,173	112,865	1.9%
1931	10,209,503	932,310	79,066	19,676	79,892	1.7%
1932	6,811,913	430,476	38,253	6,888	35,990	1.2%
1933	5,990,553	332,599	27,547	6,297	22,370	0.9%

年	(f) 総輸入額	(g) 生糸を含む絹製品輸入額	総輸入額に占める生糸を含む絹製品の割合 (g/f)
1929	21,664,760	480,722	2.2%
1930	17,346,624	267,200	1.5%
1931	11,643,059	156,885	1.3%
1932	8,267,562	81,824	1.0%
1933	7,431,792	73,403	1.0%

(注) 輸出入額の単位は 1000 リラ.
(出所) Ente Nazionale Serico [1939：63-68].

表1-6 主要国輸出入総額に占める繊維製品輸出額の割合 (1933年)

(%)

	イギリス(a)	ドイツ	フランス(a)	イタリア	日本	中国
輸入						
繊維製品	17.1	20.4	21.0	23.9	47.6	16.6
全製品	82.9	79.6	79.0	76.1	52.4	83.4
合計	100.0	100.0	100.0	100.0	100.0	100.0
輸出						
繊維製品	36.5	(b) 13.3	19.3	33.1	62.9	40.0
全製品	63.5	86.7	80.7	66.9	37.1	60.0
合計	100.0	100.0	100.0	100.0	100.0	100.0

(a) イギリスは 1920-33 年平均. フランスは 1928-35 年平均.
(b) 衣服輸出 3.1%を含む.
(出所) Emelianoff, I. V. [1936：73].

る割合は減少していることがわかる.

　恐慌初期においては楽観的な見方が広がっていた. 絹織物業が製造する輸出製品の大部分は, 人絹糸と主に綿糸を交織した安価な織物であり, まだ幅広い消費がみられた [Department of Overseas Trade 1931：56]. 1931 年 4 月の時点で,

第1章　1920-30年代におけるイタリア経済と絹・人絹織物製品の輸出　　*45*

絹織物業の製造活動はそれまでと変わらず，輸出の減少は国内消費の顕著な改善で埋め合わされた[41]．一方，国内市場では，綿織物企業が，人絹製品や絹織物業でも製造される製品と同類の製品の競争を加速させた．このような状況の中，卸売業者は余剰在庫を大量に一括で購入し，非常に安い価格で販売したため，国内市場は混乱した［Ente Nazionale Serico 1933：39］．

　しかし，イギリスと諸外国の保護主義によって，このような楽観的な考えは捨てざるをえなくなる．これは，イタリアと取引のある主な輸出先各国で採られた関税保護政策と，主要輸出先国であるイギリスの再輸出ビジネスの不振が起こったためであった［Department of Overseas Trade 1933：77］．イギリスはイタリアに対して関税の引上げを行い，それは従量税で課されたため，従来の2倍または3倍の課税となり，イタリアの輸出業者の負担となった．また，イタリアと取引のある多くの国々は輸入割当政策をとり，人絹と絹の区別なしに絹製品を奢侈品と見なしたために，人絹織物を含む絹製品は最初に制約対象となった[42]．

　その他，1931年9月にポンドスターリングの切下げがあり，これはイタリアの輸出業者にとって25％の為替差損を意味した．続いて1932年のオタワ協定で，英連邦諸国間の内に向けた優遇関税と輸入緩和，そして英連邦諸国外に向けて，制限の強化をともなう帝国特恵制度が創出された．このような状況から，絹織物業者は輸出について苦慮することとなった．

　製造環境についても国際的な比較がおこなわれ，イタリアは他の製造国より不利であることが報告された．絹織物製造業者は，イタリアの生産可変費用（動力，原材料，賃金等）について，他の競争国より高いことを指摘した．原材料と賃金については，後に確認するが，コモ地方の電気供給を担うコマチナ水力発電会社（Società Idroelettrica Comacina）による電気料金は，隣接県の料金より高いことが報告されている[43]．電力部門については，この時期順調に成長し［Michell 1983：562-563］，安定的に供給されていた．1931年，繊維工業が利用する電気料金に関しては，繊維製造企業が電気使用を予約したにもかかわらず，実際の電力使用が予定電力量に達しない場合，消費しなかった電力の総額の3分の2について払戻するよう便宜を図る通達を出し[44]，企業の負担を軽減する動きがみられたが，継続性はなかった．

大恐慌は，貿易面に影響があっただけではなく，金融機関の危機的状況を引き起こし，製造業部門における失業を増加させた．1930 年 11 月から表面化する国内金融機関の危機は，1920 年代から密かに進行していた[45]．ファシスト政府は国内の主要兼営銀行に対して与信業務縮小の方針を示していたものの[46]，産業証券保有が 1920 年代後半に急激に増大し，銀行は経営困難に陥った．その結果，1931 年に国内二大兼営銀行クレディトイタリアーノ（Credito Italiano）とイタリア商業銀行（Banca Commerciale Italiana）が公的介入を要請するに至り，1933 年産業復興公社（Istituto per la Ricostruzione Industriale）（以下 IRI と略）が設立されるまで，国内産業全体に対する資金調達システムは不安定な状況が続いていた［Toniolo 1980：邦訳 139-44］．

このような状況の下，外国から輸入する製品の支払いのための通貨管理が輸出の障害となった．イタリアは 1927 年に新平価で金本位制に復帰していたが，1931 年 9 月のイギリス，同年 12 月の日本，1933 年 4 月のアメリカと，金本位制放棄が続いた．リラの対ポンド相場は 30％ も上昇し，ドルに対しては約 40％上昇した．金本位制に忠実であった 4 か国（フランス，ベルギー，オランダ，スイス）に続いて，金本位制にこだわったイタリアはポーランドとともに，1933 年 7 月にいわゆる「金ブロック」を形成した．イタリアは，貿易収支の均衡を維持するため，また通貨準備の水準を安定させるために，ふたたび国内でデフレ政策を実施する道を選んだ［Toniolo 1980：邦訳 122］．具体的なデフレ政策は，賃金・給与の引き下げを再開し，小売価格を抑制するものであった［丸山 1985：178］．この賃下げの影響については，後の第 4 章で触れる．

次に失業者数の推移をみてみよう．表1-7 にあるように，イタリアの失業率は，ドイツ，イギリス，北欧諸国などと比較して低かった．このことから，恐慌による深刻さはそれほどなかったといわれたが［Galli 1998：356］，実際，絹織物業への影響を観察するために，コモ地方の労働市場の動きを考察する．

コモ県の入出移民の動向をみると，入移民のピークは 1930 年の 1 万 8904 人であり，1932 年に 1 万 856 人まで減少し，出移民が上回った．出移民が入移民を上回る状態は 1938 年まで続いた［Taborelli 2004：221][47]．1929 年から 1931 年までの国内の転出入の状況をみると，繊維工業従事者の転出がみられるのは 1931 年になってからであり，転入全体の半数以上が繊維工業に従事しており，

第1章　1920-30年代におけるイタリア経済と絹・人絹織物製品の輸出　*47*

表1-7　ヨーロッパ諸国の失業率 (1929-1933年)

(%)

国	1929	1930	1931	1932	1933
オーストリア	5.5	7.0	9.7	13.7	16.3
ベルギー	0.8	2.2	6.8	11.9	10.6
フランス	1.2	2.0	2.2	3.0	4.0
ドイツ	5.9	9.5	11.6	17.6	19.3
イタリア	1.7	2.5	4.3	5.8	5.9
オランダ	1.7	2.3	4.3	8.3	9.7
スイス	0.4	0.7	1.2	2.8	3.5
イギリス	7.5	11.2	15.1	15.6	14.1
デンマーク	7.0	5.7	8.2	10.9	9.3
フィンランド	4.1	5.8	6.7	8.4	7.6
ノルウェー	7.0	7.0	10.2	10.6	10.8
スウェーデン	4.2	4.2	7.0	9.3	9.6

(出所) Grytten, O. H. [2008 : 399] より作成.

製糸業の停滞を考慮すると，製糸業ではなく，絹織物業に従事するための転入と考えられる [Taborelli 2004 : 224]．

　絹織物業だけを捉えたものではないが，コモ県内の繊維工業の失業者数は1932年5月から1933年3月に増加していることが，**図1-5**から明らかである．1931年1-2月の間に，絹織物業の比較的規模の大きな企業で解雇された労働者数は合計362名であった[48]．120日以上失業している場合，国民共済基金から手当を受けることができるが，1932年1月に120日以上失業しているために国民共済基金から給付されていないコモ県内の織布工は，1114人いた[49]．

　1931年のファシスト工業連盟 (Unione Industriale Fascista) 調査によると[50]，コモ県の絹織物業労働者の約8割を雇用する68事業所に設置されていた織機数は1万1026台，一日平均稼働時間は6.75時間であったが，1932年には6852台のみが稼働し，平均稼働時間は1931年の30%になるほど状況は深刻になっていった[51]．

　1931年のイタリアにおける繊維工業部門労働者は圧倒的に女性で，季節雇用の賃金生活者が大半であり，自営業者も女性が優位であったことが**表1-8**からわかる．

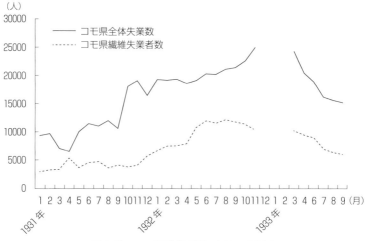

図 1-5　コモ県失業者数（1931-1933 年）

(出所) 1931-32 年：ASC, Prospetto Disoccupati, Prefettura Gabinetto, c. 6.
1933 年 3 - 9 月：ASC, Disoccupazione-Statistica mensile, R. Questura di Como,
26 Ottobre 1933, 13 Settembre 1933, 4 Agosto 1933, 6 Luglio 1933, 4 Aprile 1933, c.
109 より作成．データがない月は空欄．

表 1-8　イタリア人口国勢調査（1931 年）

(人)

繊維	男性	女性	合計
賃金労働者	128,841	508,317	637,158
給料生活者	20,302	9,338	29,640
合計	149,143	517,655	666,798
自営業者	13,996	50,569	64,565
合計	163,139	568,224	731,363

(注)　紡績，織布，人絹，染色，撚り紐，レース，リボン，
刺繍，房飾り，装飾，ニット製品，ネット，防水服，
ベール，旗製造を含む．
(出所) Bureau International du Travail [1937：10]．

（2）　人絹・絹織物輸出における経済制裁と為替切下げの影響

　1930 年代後半に人絹・絹織物輸出が拡大した要因として，まず経済制裁とその後に実施された金本位制離脱による為替の切下げの影響が考えられる．イタリアのエチオピア侵攻に対する国際連盟の経済制裁は，1935 年 10 月 7 日に決議され，同年 11 月 18 日から翌年 1936 年 7 月 7 日まで実施された．この結果，イタリアの全輸入額は，1935 年から 1936 年にかけて約 25％，全輸出額は

約 15％減少した（表1-1）.

　まず経済制裁についてみていく. この経済制裁は主に5つの提案から成っており, フランスとイギリスが主な発動者である. 提案Iはイタリアとエチオピア双方への武器取引の禁止である. 提案IIは国際連盟加盟国とイタリアの間における金融取引の禁止である. 提案IIIはイタリアあるいはイタリアの植民地から加盟国の領地に委託された全ての財（金あるいは銀地金および硬貨以外）の輸入の禁止に関するものである. 提案IVは, 戦争遂行に必要な一定の商品（輸送動物, ゴム, ボーキサイト, アルミニウム, 酸化アルミニウム, 鉄鉱石, 鉄屑, クロム, マグネシウム, ニッケル, チタン, タングステン, ヴァナジウム, 鉱石, 鉄合金, 錫, 錫鉱石）のイタリアおよびその植民地への輸出あるいは主に国際連盟加盟国から輸出された商品の再輸出の禁止である.[52] さらにイタリアとの二国間清算協定の中断が宣言された. 提案Vは, イタリアとの通商で最恵国待遇のような優位性を与えていた国々は, 各国の限度内で, イタリアからの輸入を加盟国からの同様の製品の輸入によって段階的に置き換えるべきとするものであった. 実際の制裁実施は, 提案Iが50か国, 提案IIは47か国, 提案IIIは43か国, 提案IVは51か国に, 提案Vは49か国に承認された［League of Nations 1936：80-83］.[53]

　これにより, イタリアの絹織物製造は, 主にフランスからの高級絹織物製品の輸入停止と, イギリスによる信用供与の制限で少なからぬ影響を受けた. まず, フランスとイタリアの関係の影響を検討する. フランス側からみたイタリア市場は, 1935年の輸出において第7位の地位にあり, 重要な顧客であった. 表1-9から伝統的なフランスの対伊輸出製品のうち, 化学製品・硝子板・絹布・人絹布・皮革類の輸出額が著しく減少していることがわかる. その他石鹼, 香水等の輸出減少もみられ, これらの産業の担い手であるフランスの中小企業製造業者にとっても, 制裁の影響は大きかった.[54]

　フランス絹織物業の中心地リヨンでは, 経済制裁以外の理由も加わり絹織物業存立の危機に瀕していた. 以前は現品取引で行われていたものが数カ月前渡しの定期大量注文に代わり,[55] 1935年の人民戦線の出現により, リヨンでは労働争議が頻発した. 従前の労働賃金から25％以上増加し, フランスフラン切下げ率を超えた経費の増加で生産費が増加したうえに, 関税軽減が加わった. 経済制裁終了後, イタリアはフランスに対して以前はおこなっていた生糸の供

50

表 1-9　イタリアのフランスに対する重要製品の輸入・輸出額 (1934-1936 年)

輸入額　　　　　　　　　　　　　　　　　　　　　　　　　　　　　　　　(1000 フラン)

品名	1934	1935 (1-7月)	1936 (1-7月)
鉄及び鋼鉄	94,932	72,262	5,786
穀類	14,426	53,333	274
石炭	41,606	13,246	16,342
羊毛	37,539	13,238	7,079
皮革	21,626	15,367	2,908
機械及同部分品	10,428	4,295	1,243
鉄製器具類	15,938	5,489	199
発動機類	20,169	7,219	4,487
絹布, 人絹布	11,104	12,383	3
綿布	19,190	4,971	3
肥料を除く化学製品	14,333	10,745	2,227
工芸用石材	10,293	4,669	280
製紙用ぼろ屑	8,996	6,151	385

輸出額　　　　　　　　　　　　　　　　　　　　　　　　　　　　　　　　(1000 フラン)

品名	1934	1935 (1-7月)	1936 (1-7月)
塩漬けの肉類	12,723	4,691	538
皮革類	16,958	12,205	252
繭及び真綿屑	21,299	11,490	143
チーズ	30,801	15,963	65
米	17,336	7,162	—
食卓用果物	45,303	33,850	8,182
麻苧	50,148	22,836	79
大理石	10,512	5,176	879
硫黄	30,949	15,667	2,071
生糸	11,476	3,913	88
発動機類	11,251	4,604	385
鳥の油及び香油	7,343	2,165	40

(出所) 外務省通商局 [1938 : 104-105].

給を行わず，とくにイタリアの製品を中心とした外国競争品がフランスに進出[56]
した[57]．

　一方，イタリアでは，経済制裁以前までリヨンから輸入していた高級純絹織物が途絶し，輸入代替が起こった[58]．絹刺繍物のような高級絹織物の輸入重量単価は，1935 年に 1 kg 当たり 1500 リラであったが，1937 年には輸入がほとんどない状態となった [Ente Nazionale Serico 1938 : 68-69]．また，経済制裁時，イ

タリアでは繭が豊作で生糸生産量が上昇したため，国内産生糸の消費を目的とした絹織物製造を行う必要もあった［Ente Nazionale Serico 1938：42；Ente Nazionale Serico 1939：31］．

次にイギリスについてみると，この経済制裁で，武器・弾薬・軍需品・鉱石・ゴム・運輸用動物などの対伊輸出を禁じ，イタリア製品の輸入に制約を設けた．一方，イタリア側もイギリス製品のボイコットに力を注ぎ，両国間の貿易は急激に収縮した．イギリスは伝統的に絹製品の輸出先国だったが，生糸を除く絹製品輸出額は 1935 年に 19 万 9248 ポンドから 1936 年に 4 万 8141 ポンドへ急激に減少した[59]．

また，イタリアに対するイギリスによる制裁の影響は貿易面だけにとどまらなかった．イギリスは制裁を機にイタリアに対して信用供与を制限し，イングランド銀行に特別勘定を設けて現金での決済を要求した[60]．この結果，イタリアの貿易にかかる支払状況が一段と厳しくなった．というのも，イギリスはイタリア側の債務決済が滞っていたため，経済制裁を機に輸入割当制度を適用したためである．

イタリアは財政的に逼迫した状況の下で，輸出入の支払い方法を工夫する必要があった．イタリアは 1931 年にオーストリアと双務的清算協定を結んだが，この方式は 1930 年代に全世界的に普及した．双務的清算協定とは相手国の中央銀行にオープン勘定を設け，貿易によって生まれる債権債務を記録することで貸借を相殺する協定で，外国為替を使用せずに対外取引を決済する方法である．経済制裁後，財政が逼迫したイタリアは，この清算協定と，物資の輸出と輸入を 1 つの為替決済方法で互いに結びつけるバーター貿易（求償協定）を併用して輸出を行うようになった[61]．

経済制裁後，イタリアは通貨リラの切下げを行った．金本位制に留まることにこだわったイタリアも結果的に金本位制を放棄し，フランス，スイス，オランダ，ギリシャ，トルコに続いて，イタリアは 1936 年 10 月 5 日に 40.94％のリラの切下げを行い，一種の変動幅を設け，リラはドルと結びつけられた［Toniolo 1980：邦訳 191］．イタリアも，他の工業国にならいブロック経済化を進めるなかで，伊領東アフリカを中心とする植民地に対して自動車輸出の割合を高めながら，その他の国々に対しては人絹製品を中心に輸出額が拡大し

52

た.

　リラ切下げにともなう輸入品価格の高騰に対処するために，農産物の供出・備蓄の強化，棉花および油脂などの輸入代替の奨励，石油・石炭等の鉱物資源の開発と精錬が促進された．また同時に，電力料金や不動産賃貸料の再凍結等による消費者物価の抑制がはかられ［丸山 1985：188］，国内では価格統制令が発布された[62]．

　経済制裁中に起こった高級絹織物製品の強制的な輸入代替による製造力の強化，輸出産業に追い風となった通貨切下げと，競争産地リヨンの労働争議による生産費高騰が重なった結果により[63]，絹・人絹織物輸出量・額が増加したと考えられる．

（3）　1930 年代後半の主な絹・人絹織物製品と輸出市場の変化

　1930 年代を通じてイタリアの主要輸出商品には絹・人絹織物製品が含まれた．先に述べたように，大恐慌後の同国の輸出品目の重要性は「絹」から「人絹」へと決定的に変化した[64]．大恐慌期になると糸価格の下落から製品の価格競争が起こった．そのため，それまで主に生糸を利用する商品であった裏地，シャツ，傘生地にまで，価格の安い人絹糸の利用がさらに広がった［Ente Nazionale Serico 1932：29］．

　表 1-10 に示されているように，イタリアの繊維製品輸出において人絹糸は最重要商品であり，その割合は 1934 年に最も高くなるが，その後黒色以外に染色された人絹織の割合が増加し，その他絹・人絹ともに反染・捺染製品の割合が増加した．1936 年から 1938 年にかけての輸出増加における製品別の増加額の寄与率をみてみると，上位 5 項目として，人絹糸（36.8%），黒色以外人絹織物（19.0%），生糸（14.6%），人絹織物捺染（6.7%），人絹織物反染（5.5%）となっており，糸に加えて染物の寄与の割合が大きいことがわかる．このうち，人絹糸と生糸については第 4 章第 1 節で詳しく触れ，ここでは織物製品に注目する．

　当該期に輸出された具体的な製品は，人絹織物が大半である．シルク・タイプの人絹製品の大部分は，薄い織物で，チュール・クレープは人絹糸で製造され，飾り紐とリボンの大部分は人絹製であった［Department of Overseas Trade

第1章　1920-30年代におけるイタリア経済と絹・人絹織物製品の輸出　　*53*

1932：42]．人絹織物のモアール（波紋織）が絹の代用品として製造され，スポーツ用生地として非常に人気であったシャンタンも人絹糸で製造された[65]．

　まず，金額的に重要な製品は人絹織物である．「人絹織物」および「人絹交織物」の輸出額は，1936年約7100万リラから1937年約2億1300万リラに増加した[66]．人絹織物輸出額上位（1938年時点）を占めるのは，大きい順に，伊領植民地，オランダ，スウェーデン，アメリカ，南アフリカである（表1-11）．イタリアの伝統的な大口輸出市場であったイギリスは，1933年時点ではイタリアが人絹織物を最も輸出する相手国であったが，1935年になるとイタリアとドイツが急速に接近し，その輸出額が増加したため，イギリスへの輸出割合は相対的に下落した[67]．

　これらの主要な人絹織物製品輸出先国における通商状況をみてみよう．まず伊領植民地について，1936-38年の間に，イタリアでは輸出先として伊領植民地の重要性が顕著に高まった．本国イタリアは，エチオピア侵攻以降，エチオピア，エリトリア，伊領ソマリアを合併して1936年伊領東アフリカと改称し，伊領エーゲ海諸島と植民地であるリビアの開発に乗り出した[68]．イタリアは，植民地に対して輸出関税を免税にする，あるいは無税の輸入令を出し，関係を強化していた[69]．

　オランダには反染人絹織物，捺染人絹平織が多く輸出された．また人絹交織物では，純絹，羊毛以外の原料と人絹との染色，捺染，雑色織の輸出が目立っている．オランダでは純絹および人絹製品に対する輸入割当が1935年になりようやく実施に至ったが，その効果は輸入品と自国産品の比率を維持する程度にとどまり，積極的に国内製造業者を保護する状態ではなかった[70]．また，イタリアとオランダの間で通商条約が結ばれ，ショールを中心とした先染平織（黒色以外）の蘭領東インドへの輸出が増加した[71]．

　スウェーデンは絹・人絹織物の生産国であり，大恐慌後順調にその生産額を増加させた[72]．同国は対伊経済制裁に参加したが，信用制裁であった．イタリアは人絹製造に必要なパルプ・機械類等についてスウェーデンと現金取引を行っていたため，同国による制裁はそれほど影響せず，制裁後は以前よりスウェーデンの人絹織物輸出入額はともに増加した[73]．これは，スウェーデンの経済は好況であったことから織物需要が増加し，イギリスからは高級人絹製品を，イタ

表1-10 絹・人絹製品輸出額と各製品の絹・人絹製品輸出額における割合 (1930-1938年)

(指数：1938年＝100)

品目	1930 金額	割合	指数	1931 金額	割合	指数	1932 金額	割合	指数	1933 金額	割合	指数
人絹糸	475,191,747	21.64%	150.2	415,200,077	26.05%	131.3	317,498,605	34.00%	100.4	276,816,961	34.06%	87.5
人絹織物生成・漂白	7,049,461	0.32%	223.2	4,261,145	0.27%	134.9	2,050,691	0.22%	64.9	1,946,318	0.24%	61.6
人絹織物黒色	1,820,466	0.08%	180.4	3,959,876	0.25%	392.5	2,232,665	0.24%	221.3	1,887,816	0.23%	187.1
人絹織物黒色以外	206,857,210	9.42%	465.5	161,822,939	10.15%	364.2	120,213,758	12.87%	270.5	98,766,236	12.15%	222.3
人絹織物反染	63,535,830	2.89%	421.7	63,285,781	3.97%	420.1	38,360,583	4.11%	254.6	37,335,439	4.59%	247.8
人絹織物ビロード	22,288,750	1.02%	283.6	24,451,279	1.53%	311.2	16,579,445	1.78%	211.0	17,867,781	2.20%	227.4
人絹靴下	16,402,429	0.75%	332.7	12,845,547	0.81%	260.6	6,120,989	0.66%	124.2	5,186,062	0.64%	105.2
人絹チュール	27,119,950	1.24%	2651.0	17,573,458	1.10%	1717.8	9,541,365	1.02%	932.7	5,371,291	0.66%	525.1
人絹ニット	70,285,580	3.20%	502.7	62,972,378	3.95%	450.4	61,877,342	6.63%	442.6	76,620,843	9.43%	548.0
人絹その他	1,865,032	0.08%	155.7	514,109	0.03%	42.9	408,260	0.04%	34.1	137,914	0.02%	11.5
生糸	1,066,746,398	48.59%	584.4	647,137,137	40.60%	354.5	276,563,350	29.62%	151.5	232,895,883	28.66%	127.6
絹織物生成・漂白	8,616,237	0.39%	1592.7	4,500,580	0.28%	831.9	1,915,478	0.21%	354.1	1,237,699	0.15%	228.8
絹織物黒色	6,079,785	0.28%	362.5	5,731,268	0.36%	341.8	3,600,555	0.39%	214.7	2,537,650	0.31%	151.3
絹織物黒色以外	67,342,854	3.07%	591.5	50,268,758	3.15%	441.5	24,876,078	2.66%	218.5	17,545,530	2.16%	154.1
絹織物反染	32,424,071	1.48%	845.7	32,591,603	2.04%	850.1	12,615,983	1.35%	329.1	11,151,518	1.37%	290.9
絹織物ビロード	4,073,745	0.19%	137.5	4,846,706	0.30%	163.6	1,629,210	0.17%	55.0	880,233	0.11%	29.7
絹靴下	4,175,414	0.19%	831.8	2,021,927	0.13%	402.8	1,391,226	0.15%	277.1	1,161,847	0.14%	231.4
絹チュール	450,503	0.02%	243.5	161,091	0.01%	87.1	272,549	0.03%	147.3	904,346	0.11%	488.8
絹ニット	112,864,553	5.14%	4654.2	79,892,488	5.01%	3294.5	35,989,512	3.85%	1484.1	22,370,375	2.75%	922.5
絹その他	291,375	0.01%	255.6	61,121	0.00%	53.6	23,920	0.00%	21.0	71,960	0.01%	63.1
合計	2,195,481,390	100%	356.9	1,594,099,268	100%	259.2	933,761,564	100%	151.8	812,693,702	100%	132.1

	1934		指数	1935		指数	1936		指数	1937		指数	1938		指数
人絹糸	421,875,370	55.64%	133.4	327,017,737	43.13%	103.4	316,268,000	51.42%	100	564,985,000	49.43%	178.6	481,592,000	45.26%	152.3
人絹織物生成・漂白	3,263,254	0.43%	103.3	5,680,935	0.75%	179.9	3,158,000	0.51%	100	4,681,000	0.41%	148.2	5,511,000	0.52%	174.5
人絹織物黒色	694,426	0.09%	68.8	1,222,375	0.16%	121.1	1,009,000	0.16%	100	4,139,000	0.36%	410.2	3,292,000	0.31%	326.3
人絹織物黒色以外	36,753,649	4.85%	82.7	57,003,878	7.52%	128.3	44,438,000	7.22%	100	111,511,000	9.76%	250.9	129,649,000	12.18%	291.8
人絹織物反染	24,426,007	3.22%	162.1	23,015,863	3.04%	152.8	15,065,000	2.45%	100	37,779,000	3.31%	250.8	39,687,000	3.73%	263.4
人絹織物捺染	30,361,151	4.00%	386.4	20,850,916	2.75%	265.3	7,858,000	1.28%	100	37,134,000	3.25%	472.6	37,789,000	3.55%	480.9
人絹ビロード	6,856,770	0.90%	139.1	7,508,453	0.99%	152.3	4,930,000	0.80%	100	17,183,000	1.50%	348.5	13,947,000	1.31%	282.9
人絹靴下	3,958,255	0.52%	386.9	3,706,720	0.49%	362.3	1,023,000	0.17%	100	11,839,000	1.04%	1157.3	14,900,000	1.40%	1456.5
人絹チュール	49,637,486	6.55%	355.0	33,555,340	4.43%	240.0	13,982,000	2.27%	100	43,165,000	3.78%	308.7	32,773,000	3.08%	234.4
人絹ニット	622,255	0.08%	51.9	522,997	0.07%	43.7	1,198,000	0.19%	100	4,639,000	0.41%	387.2	6,249,000	0.59%	521.6
生糸	150,453,736	19.84%	82.4	141,394,051	18.65%	77.5	182,537,000	29.68%	100	251,522,000	22.00%	137.8	248,256,000	23.33%	136.0
絹織物生成・漂白	354,530	0.05%	65.5	981,587	0.13%	181.4	541,000	0.09%	100	1,109,000	0.10%	205.0	674,000	0.06%	124.6
絹織物黒色	813,991	0.11%	48.5	1,539,937	0.20%	91.8	1,677,000	0.27%	100	5,458,000	0.48%	325.5	3,311,000	0.31%	197.4
絹織物黒色以外	11,101,531	1.46%	97.5	12,032,946	1.59%	105.7	11,386,000	1.85%	100	28,431,000	2.49%	249.7	24,964,000	2.35%	219.3
絹織物反染	7,890,329	1.04%	205.8	7,552,635	1.00%	197.0	3,834,000	0.62%	100	9,947,000	0.87%	259.4	10,449,000	0.98%	272.5
絹織物捺染	672,931	0.09%	22.7	1,810,184	0.24%	61.1	2,963,000	0.48%	100	1,827,000	0.16%	61.7	2,701,000	0.25%	91.2
絹ビロード	756,250	0.10%	150.6	542,292	0.07%	108.0	502,000	0.08%	100	1,184,000	0.10%	235.9	872,000	0.08%	173.7
絹靴下	202,620	0.03%	109.5	168,712	0.02%	91.2	185,000	0.03%	100	2,332,000	0.20%	1260.5	2,872,000	0.27%	1552.4
絹チュール	7,450,003	0.98%	307.2	4,515,282	0.60%	186.2	2,425,000	0.39%	100	4,082,000	0.36%	168.3	4,242,000	0.40%	174.9
絹ニット	13,858	0.00%	12.2	539,822	0.07%	473.5	114,000	0.02%	100	124,000	0.01%	108.8	368,000	0.03%	322.8
合計	758,158,402	100%	123.3	651,162,662	100%	105.9	615,093,000	100%	100	1,143,071,000	100%	185.8	1,064,098,000	100%	173.0

(出所) Ministro delle finanze (1935). *Movimento commerciale del regno d'Italia nell'anno 1932. Parte prima.* Roma: Istituto centrale di statistica. Istituto centrale di statistica del Regno d'Italia (1937). *Commercio estero nell'anno 1936.* Roma: Tipogtafia Ippolito Failli. Istituto centrale di statistica del regno d'Italia (1938). *Statistica del commercio speciale di importazione e di esportazione dal 1 gennaio al 31 dicembre 1937.* Roma: Istituto poligrafico dello stato. Istituto centrale di statistica del regno d'Italia (1939). *Statistica del commercio speciale di importazione e di esportazione dal 1 gennaio al 31 dicembre 1938.* Roma: Istituto poligrafico dello stato.

（リラ）

表 1-11　人絹織物輸出額上位国 (1936-1938 年)

人絹織物重要輸出先

順位	1936		割合	kg当たり輸出単価	1937		割合	kg当たり輸出単価	1938		割合	kg当たり輸出単価
1	伊領植民地	7,117,000	19.85%	32.41	伊領植民地	19,723,000	17.83%	33.69	伊領植民地	28,050,000	25.79%	34.42
2	ウルグアイ	6,560,000	18.30%	25.81	エジプト	9,197,000	8.31%	45.87	オランダ	8,058,000	7.41%	32.03
3	スイス	4,820,000	13.44%	33.58	オランダ	8,132,000	7.35%	34.45	スウェーデン	6,483,000	5.96%	35.07
4	アメリカ	2,230,000	6.22%	25.59	スウェーデン	5,454,000	4.93%	37.08	アメリカ	6,023,000	5.54%	43.43
5	英領西アフリカ	1,392,000	3.88%	31.24	ウルグアイ	5,319,000	4.81%	39.30	南アフリカ連邦	5,613,000	5.16%	31.78
	全体計	35,854,000			全体計	110,624,000			全体計	108,758,000		

先染平織（黒以外）

順位	1936		割合	kg当たり輸出単価	1937		割合	kg当たり輸出単価	1938		割合	kg当たり輸出単価
1	ウルグアイ	2,937,000	34.87%	26.44	伊領植民地	4,354,000	20.58%	39.08	伊領植民地	6,873,000	26.94%	37.24
2	伊領植民地	953,000	11.31%	33.63	エジプト	2,662,000	12.58%	49.48	アメリカ	2,702,000	10.59%	52.04
3	アメリカ	396,000	4.70%	39.23	ウルグアイ	1,839,000	8.69%	40.63	南アフリカ連邦	1,930,000	7.57%	31.58
4	イギリス	315,000	3.74%	61.11	イギリス	995,000	4.70%	74.33	蘭領東インド	1,638,000	6.42%	28.81
5	フランス	309,000	3.67%	33.34	蘭領東インド	907,000	4.29%	35.61	オランダ	1,261,000	4.94%	32.19
	全体計	8,423,000			全体計	21,157,000			全体計	25,510,000		

反染平織人絹織物輸出先

順位	1936		割合	kg当たり輸出単価	1937		割合	kg当たり輸出単価	1938		割合	kg当たり輸出単価
1	スイス	2,767,000	27.90%	47.20	伊領植民地	4,913,000	19.35%	34.62	伊領植民地	7,655,000	34.35%	45.53
2	伊領植民地	2,346,000	23.65%	34.29	エジプト	2,339,000	9.21%	44.21	南アフリカ連邦	1,389,000	6.23%	28.99
3	ウルグアイ	1,124,000	11.33%	24.57	オランダ	2,038,000	8.03%	29.24	オランダ	1,083,000	4.86%	27.49
4	オランダ	463,000	4.67%	28.79	フランス	1,542,000	6.07%	41.42	スイス	964,000	4.33%	65.48
5	英領西アフリカ	450,000	4.54%	36.74	スイス	1,138,000	4.48%	58.72	スウェーデン	766,000	3.44%	32.68
	全体計	9,919,000			全体計	25,384,000			全体計	22,288,000		

捺染平織人絹輸出先

順位	1936		割合	kg当たり輸出単価	1937		割合	kg当たり輸出単価	1938		割合	kg当たり輸出単価
1	ウルグアイ	1,450,000	21.04%	26.90	オランダ	4,345,000	14.00%	37.27	オランダ	4,639,000	15.06%	32.82
2	伊領植民地	1,075,000	15.60%	37.28	スウェーデン	3,768,000	12.14%	36.60	スウェーデン	4,427,000	14.37%	36.57
3	スイス	995,000	14.44%	20.33	フィンランド	2,516,000	8.11%	25.47	伊領植民地	4,166,000	13.53%	39.70
4	オーストリア	550,000	7.98%	39.24	ノルウェー	2,504,000	8.07%	31.57	ノルウェー	2,934,000	9.53%	34.45
5	オランダ	416,000	6.04%	27.66	エジプト	2,343,000	7.55%	48.94	フィンランド	2,896,000	9.40%	28.89
	全体計	6,891,000		30.02	全体計	31,038,000		36.88	全体計	30,802,000		37.55

人絹/人絹交織靴下装飾無し

順位	1936		割合	kg当たり輸出単価	1937		割合	kg当たり輸出単価	1938		割合	kg当たり輸出単価
1	南アフリカ連邦	205,000	44.86%	32.33	南アフリカ連邦	1,383,000	30.71%	38.07	南アフリカ連邦	1,381,000	18.91%	37.64
2	伊領植民地	37,000	8.10%	43.84	伊領植民地	946,000	21.01%	45.20	伊領植民地	710,000	9.72%	44.49
	全体計	457,000		36.00	全体計	4,503,000		47.15	全体計	7,303,000		44.52

人絹/人絹交織靴下装飾

順位	1936		割合	kg当たり輸出単価	1937		割合	kg当たり輸出単価	1938		割合	kg当たり輸出単価
1	オランダ	109,000	19.26%	26.70	オランダ	4,439,000	60.51%	35.06	オランダ	5,194,000	68.37%	35.82
2	伊領植民地	0	0.00%	0	伊領植民地	50,000	0.68%	50.61	伊領植民地	38,000	0.50%	83.15
	全体計	566,000		33.12	全体計	7,336,000		38.34	全体計	7,597,000		37.67

（注1）伊領植民地には、エチオピア、エリトリア、伊領ソマリア、リビア、エーゲ海諸島を含む。
（注2）人絹織物輸出額は、人絹製全ての種類の製品を含むものである。
（出所）Istituto centrale di statistica del regno d'Italia (1939). *Statistica del commercio speciale di importazione e di esportazione del regno d'Italia dal 1 gennaio al 31 dicembre 1938*. Roma: Istituto poligrafico dello stato.

リアからは単価の低い人絹製品を輸入した.

　南アフリカの貿易の特徴は，その取引のほとんどがヨーロッパ諸国と行われていたことである．南アフリカにとってはイギリスがその最大の顧客であったことはもちろんのこと，南アフリカが産出する鉱物および金塊によって，イタリアやフランスなどは常に輸入超過になっていた．これを口実に，南アフリカの産品に対する輸入割当又は関税引上げなどの方法を用いて，ヨーロッパ諸国は南アフリカに対する輸出増加を強制しようとした．この結果，1935 年の南アフリカの議会で，従来の複関税を変更し，そのうち最低は英帝国得恵関税，中間は現行最高関税とし，また最高は一般的に現行最高関税よりも高いものとする三元関税を設定した．南アフリカはイタリア，ドイツ，オランダなどを最恵国待遇とすることで，綿布，人絹織物などに対し，これらの国々以外に対して最高関税を課した[75]．1937 年，イタリアは南アフリカと求償協定を結び，同国から羊毛を輸入して，イタリアは人絹製品を輸出して決済した[76]．南アフリカには生地を輸入して縫製する工場はあったが，絹・人絹製織業や刺繍業などの加工業が存在しなかったためである[77]．

　人絹織物輸出における織物種別の内訳をみてみると，輸出額が増加したのは，先染黒色以外人絹織物，反染人絹織物，捺染人絹織物，人絹靴下である．それぞれの品目について主要輸出先国を確認する．まず先染黒色以外平織人絹織物では，従来の輸出先国であったイギリス，フランス，ウルグアイから，伊領植民地や輸出重量単価の高いアメリカの重要性が高まったことがわかる．

　反染平織人絹織物については，輸出単価の高いスイスの重要性が低くなり，伊領植民地，南アフリカ，オランダの割合が大きくなった．捺染平織人絹織物については，伊領植民地の重要性はみられるものの，オランダ，スウェーデン，ノルウェー，フィンランドなどの北欧諸国への輸出が顕著であった．最後に人絹靴下については，装飾無し靴下については南アフリカ連邦が，装飾靴下についてはオランダが主要な輸出先となった．

　次に，1930 年代後半の 1 kg 当たり人絹織物輸出単価の特徴から，① 輸出額は大きくないが輸出単価が顕著に上昇した国，② 輸出額は大きくないが輸出重量単価が 50 リラ以上の国，③ 1937-38 年にイタリアからの輸出単価が上昇，かつ，輸出額も上昇した国，と大きく 3 つに分けて，輸出先国の通商状況と人

絹織物製造の有無についてみていく.

　①輸出額は大きくないが輸出単価が顕著に上昇.これは,カナダ(1936年31リラから1938年80リラ)に当てはまる.カナダは対伊経済制裁に参加したが,参加期間が短く,カナダの産業にはほとんど影響を与えなかったばかりか,制裁解除後にイタリアとの貿易は増加した[78].英帝国中イギリス本国を除いて唯一の人絹製造国で,大恐慌期も人絹織物・人絹交織物を増産した[79].1917年の絹・人絹の生産額は237万2001ドルであったが,1934年には2587万9059ドルへ991%増加した[80].

　1935年頃までカナダの人絹工業は,オンタリオ州にあるヴィスコース法人絹を製造するコートールズ社と,ケベック州にあるアセテートを製造するカナディアン・セラニーズ社(Canadian Celanese Co.)が存在していた.ドミニオン・テキスタイル会社(Dominion Textile Company)もヴィスコースの分野に参入し,人絹織物のカナダ市場は急激に拡大していた[81].カナダ経済は1934年以降堅実に回復を示し,1936年には好況となっていた[82].カナダからの最大の輸入商品はパルプで,人絹用パルプの製造業者は2社(両社で日産約190トン)だけであったが,その生産量の90-95%は輸出されていた[Istituto centrale di statistica del regno d'Italia 1939：192][83].イタリアはカナダで製造される人絹織物とは異なる製品を製造する必要があった.

　次に,②輸出重量単価が50リラ以上の国は,イタリアから比較的高級製品を輸入していた.ここに当てはまるのは,ベルギー＝ルクセンブルク,ドイツ,スイス,ヴェネズエラである.ベルギーは人絹工業が早くから発達していたが,製織工程については遅れていた.しかし,大恐慌後の1933年の秋に導入した輸入割当制と,前年1月に実施された関税引上げ,さらに1935年の平価切下げを契機に,人絹織物の生産量,その種類・技術において発展がみられた.同国では女性衣服用の平織縮緬系統の織物を製造し,イタリアからは平織あるいは綾織の交織を含む絹および人絹織物を輸入した[84].

　スイスもまた絹・人絹織物業を重要とする国であったが,その物価の高さが輸出入の障害となり,輸入制限のための関税政策を採用した.大恐慌は,スイスの絹織物業の輸出志向を国内に向けさせる契機となったが,スイスはイタリアやフランスとは異なり,政府主導の政策が存在しなかったことから,国内の

製造コストを引き下げることが急務であった[85]．スイスは 1936 年 8 月に人絹織物に対して関税引上げ（300 スイスフランから 300-650 へ）を決定し[86]，その後，イタリアからの輸出重量単価が増加した．1937 年，イタリアは，とくに未染色人絹織物をスイスに輸出したが，一時的な輸出であり［Istituto centrale di statistica del regno d'Italia 1939：56］，イタリアの染色・プリントの好況からスイスに発注したものと考えられる．

ドイツについては，1930 年代後半にナチス政権とムッソリーニ政権が距離を縮めつつあり，貿易も緊密になっていた．ドイツは 1934 年 9 月にイタリアと清算協定を結び，その後イタリア植民地および領土に対しても適用の幅を広げた[87]．ドイツがイタリアの人絹製品で競合したのは，裏地市場であった[88]．

また③ 1937-38 年にイタリアからの輸出単価が上昇かつ輸出額も上昇した国は，アメリカとフィンランドである．アメリカの NY 市場の絹・人絹織物取引全体の中では，色付きのレーヨンタフタ織の取引が 38.68%と最も大きな割合を占め，次いでアセテート・レーヨンクレープ織の取引が 22.74%，アセテートタフタ織が 9.3%であった[89]．序章で述べたように，アメリカ市場では衣服に使用される人絹がヴィスコース法人絹糸からアセテート法人絹糸へ変化し，アセテート法人絹糸の需要が急速に伸びていた．なかでも上質なデザインのプリント織物に大きな需要があり[90]，1938 年 11 月になると，同市場ではプリント純絹クレープに大きな需要が生まれた[91]．また，1936 年には体の線に沿うように編まれたニットの売れ行きが好調であった[92]．このようにアメリカ市場では織物のデザイン性が極めて重要になっていたことがわかる．1938 年にアメリカへの輸出が増加した背景には，競争国である日本からの輸出の減少があった[93]．

フィンランド経済は 1936 年に好況で，購買力も増大したことから輸入が増加した[94]．Kuito O/Y が人絹糸製造を始め，1939 年 5 月時点で同社の供給能力は日産 1200 kg で，これは同国の需要の半分であった[95]．

以上のことから，高価格の人絹織物を輸入していた国は，イタリアがパルプを輸入していた国もしくは同様の製品を製造する工業国であったことがわかる．

次に，絹織物製品についてみていく．1930 年代後半になると，輸出額における絹製品の割合は低下したものの，輸出重量単価の上昇がみられた（図 1-6）．経済制裁によりフランスからイタリアへの高級純絹織物供給が止まり，この製

品について強制的な輸入代替が起こったこともイタリア国内での人絹・絹織物製品の質的変化を引き起こしたひとつの要因と考えられる．1930年代後半の絹ニット製品と絹靴下の輸出額増加については，これらの製品に関わるなんらかの技術的進歩があったことが推察される．また，この技術進歩は，第2章で触れる当該期の国内染料工業の発展とも関係している．

　図1-6に示されているように，絹織物製品のなかでも輸出重量単価が上昇し，質的に重要性を帯びた輸出製品は，ネクタイ用の先染織物と靴下，ニット製品であった．イタリアの絹織物輸出市場は，伝統的にフランス・イギリスなどが中心であったが，経済制裁によりこれらの国々への輸出が急減し，結果的に1936年から1938年にかけて絹織物を含む全体の貿易でドイツの占める割合が高くなった［Zamagni 2003：270］．1935年にドイツとオーストリアを合わせた絹織物輸出額は約130万リラであったが，1938年になると約580万リラに増加し，全絹織物輸出額の16.5％を占め，アメリカへの輸出も1935年に約84万リラから，1938年になると約458万リラ（約13％）に増加した［Ente Nazionale Serico 1939：62-64］．

　絹製品輸出におけるアメリカ市場は重要であった．ミラノでは絹株式会社（Compagnie della Seta S. A.）が資本金100万リラで設立された．アメリカへの先染織物輸出の3分の2は，ネクタイ用生地であり，その成功の理由として，生地の多様性とデザインの豊かさが挙げられる［Ente Nazionale Serico 1939：49］．NYの百貨店は，シルク生地を詰め合わせたものの中からタイを選び，好きなサイズに作り上げるという販売方法で成功を収めた．[96] ドイツでは小花柄のプリントもので，多色使用の絹製品が流行していた．[97]

　絹靴下についても，図1-6に示されているように，輸出重量単価の上昇がみられた．アメリカでは大恐慌にともない靴下生産が急減するが，その後1933年以降順調に生産を増加させた．とくにニットのフルファッション（full-fashioned）と呼ばれる，形に合わせて編目を減らす編み方をする成型編の分野が順調に拡大した．[98] イタリアはこの市場に参入し，絹靴下の輸出を増加させたと考えることができる．

　人絹・絹織物市場の特徴をまとめると，1930年代後半の輸出傾向はイタリアおよび各通商国の保護関税設定や輸入割当政策，通商条件によって規定され

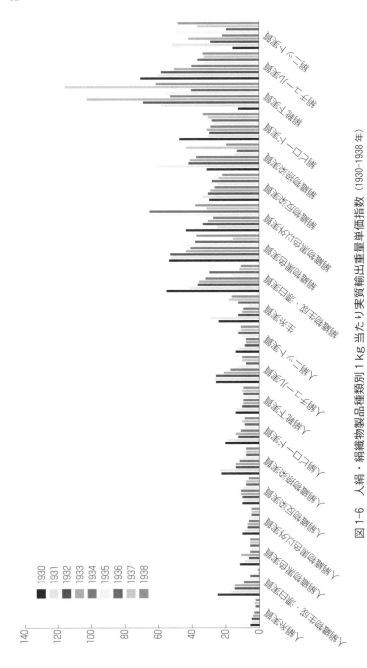

図1-6 人絹・絹織物製品種類別1kg当たり実質輸出重量単価指数 (1930-1938年)

(注) 左軸は指数である。グラフは消費者物価指数 (1913=100) でデフレートしたものを示す。
(出所) Ministero delle finanze, *Movimento commerciale del regno d'Italia*.: Istituto centrale di statistica del regno d'Italia, *Statistica del commercio special di importazione e di esportazione*. Roma, Istituto poligrafico dello stato 各年より筆者作成。

た.人絹・絹織物製品の輸出増進を図るためには,このような条件と,競争相手が多く存在するなかで品質改良やファッション性が重要視された.

アメリカや南アフリカは,イタリアにとって重要な貿易国であった.イタリアの輸出の約7割は割当協定により決まっていたためである.ヨーロッパ諸国に対する輸出増加は相手国からの輸入が増加しない限り困難であり,貿易収支改善並びに外貨獲得を目的として,自由市場向けの輸出が奨励された.

人絹織物について,絹織物と比較すると,kg当たりの輸出重量単価は低かった.しかしながら,イタリアと同じく人絹を製造するパルプ輸入国への輸出が多く,製品の差別化が求められたと考えられる.絹織物については,輸出量・額ともに貿易における割合が顕著に縮小したが,より単価の高い製品は,政治的な繋がりを深めていったドイツと,好景気のアメリカに向けられた.

おわりに

戦間期において,絹・綿といった天然繊維は,次第に人絹で代替され,羊毛についても人絹での代替が考えられるようになり,比較的短期間のうちに人絹製品が世界を席巻するに至った.このような動きのなかで,1920年代と同じく1930年代後半のイタリアの主要輸出商品(輸出額ベース)は絹・人絹製品であったが,その内訳は人絹製品が大半を占めるようになった(**表1-11**).なかでもデザインに優れた染色・プリント物に輸出の増加がみられ,そのkgあたりの輸出単価は上昇し,高付加価値化が起こっていたことが確認された.

1930年代は世界的に保護主義的な貿易が主流となり貿易量が収縮した.このような状況の中で,イタリアの人絹・絹織物は輸出額を増加させた.また,1930年代後半の変化は,戦後のイタリア繊維工業の隆盛に繋がる重要な時期であったと言えよう.1930年代後半の輸出拡大は,輸出額としては1920年代の拡大ほどではなかった.しかし,経済制裁後の貿易の縮小にもかかわらず,その後の1936年の為替切下げの効果も加わり,人絹・絹織物製品の輸出額が増加した.世界の主要な工業国がそれぞれ経済ブロックを形成していくなかで,イタリアも同様に輸出入において自国植民地の割合を高めていく結果となり,人絹織物もその傾向にあったことがわかった.人絹織物については,主にパル

プ輸入国へ向けて輸出がなされた．輸入割当協定がないアメリカや南アフリカ
は，イタリアにとって外貨を獲得するための重要な貿易国であった．

　輸出商品について，1935年に圧倒的な割合を占めた輸出商品である人絹糸
に代わり，染色・プリント物，靴下製品の輸出が増加した．また，絹製品は輸
出総額における割合を減少させたが，付加価値の高いネクタイ生地が製造され
るようになり，絹靴下についても輸出重量単価が上昇した．すなわち，イタリ
アの絹織物製造業者は絹・人絹織物を製造し，需要のあるより単価の高い染
色・プリント製品の製造に成功していたことを意味する．このような状況は，
生糸から人絹糸を使用することで輸出単価が下落した1920年代後半の状況と
は異なっていた．

　続く第2章では，1930年における染料工業の発展を検討する．染色・プリ
ント製品の増加には，デザイン性を高める染料の存在が不可欠である．化学工
業における染料工業の位置づけと，繊維へ応用された染料製造についてその変
化を具体的にみてみたい．

　注
　1）トニオロは，この時期のイタリア経済の成長要因として，a）弾力的な労働力の供給，
　　　b）生産部門に向けられた投資を保証する資本市場と金融政策，c）適正な関税改革
　　　と為替相場によって支えられた海外需要を挙げている［Toniolo 1980：邦訳 28］．
　2）マクロ的な視点を持ち合わせた近年のイタリア経済史研究では，フェノアルテア
　　　（Stefano Fenoaltea），トニオロ（Gianni Toniolo），フェデリーコ（Giovanni
　　　Federico），ザマーニ（Vera Zamagni），サペッリ（Giulio Sapelli）らにより，戦間期
　　　前後のイタリア経済の再評価がされている．産業史研究では，アマトーリ（Franco
　　　Amatori）およびコッリ（Andrea Colli），ロマーノ（Roberto Romano），ザニネッリ
　　　（Sergio Zaninelli），コーヴァ（Alberto Cova）らがいる．
　3）全輸出額に占める絹・人絹織物輸出額は，1920-29年の平均は5.3%，1930-39年の
　　　平均で4.62%であった［*Annuario statistico italiano*，各年］．現在でも，国内経済に
　　　占める製造業の割合は高く，アパレルを含む繊維関連産業の経済的重要性は高い
　　　（Istat, 2012, *Statistiche nazionali sulla struttura delle imprese*（http://dati.istat.it/
　　　Index.aspx?DataSetCode=DCSC_FIDIMPRMAN&Lang，2012年6月6日閲覧）．
　4）Zanier［1994］によるイタリア絹産業に関するサーベイから，主に絹撚糸業について
　　　イタリア国内の大まかな研究の流れを把握することができる．1950-1980年代セヴェ
　　　リン（Severin）は，ロンバルディア州，隣接するスイスのカントン・ティチーノを

含むイタリア統一前史の輸送，コモの産業教育，生糸倉庫検査所の導入過程など包括的な視点による多数の経済史研究を行った．これらの研究の大半は主に19世紀に焦点をおき，網羅的，通史的で，20世紀初頭の発展を強調し，戦間期以降については概観するのみにとどまった [Severin 1955；Severin 1961].

5) Flügge, Eva [1936：邦訳 86-87].

6) イタリアの統計は1929年まで絹・人絹の区分を行っていない.

7)「交織物」に分類された製品の中には，人絹と綿やその他の繊維の組み合わせも考えられ，実際史料の中にはそのような記述がみられる.

8) ロザスコ [Rosasco 1924] は1920年代前半に，コモ地方の絹織物業の発展を強調し，トレメッローニ [Tremelloni 1937] は，統計によってイタリア繊維工業全体の概観を示した.

9) イギリス・フランス・スイス・スペイン・アメリカの外貨を保有する目的で，各国別に輸出商品の価格を法律によって定めた．この機関による為替管理は1921年までに段階的に廃止され，為替局の監督下においた主要銀行に権限を移した [Raitano 1995：286-287].

10) 仏伊間にも戦時債務問題が存在していた．両国は1919年8月に債務清算に関する協定を結んでいたが，同年12月にフランスがイタリアに債務残額9億3800万フランの即時返済か，あるいは残額完済まで年利5％のイタリア国債による弁済を求めた．さらに，フランスは1924年に当時のイタリアの債務残高約2億5000万フランのほかに，追加計算による約6000万フランの戦時債務の返済を求めた．イタリアはこれに抗議し，8000万フランを上限とする案を提示したが，フランス側は3億1400万フランと利子を要求し続けた．1927年に両国政府は専門家委員会に調停を依頼したが，その委員会は1928年に作業を中断し，1931年にようやく再開した．しかし，イタリア側が「ブレスト―リトフスクの金」の問題（旧ロシア帝政の金についてのヴェルサイユ条約における分配）を持ち出したため，1935年になっても問題が解決しなかった [大井 2008：196].

11) 1925年7月に財務相に就任したヴォルピは第1次大戦以来停止されていた穀物関税を復活させて保護主義政策に転じた.

12) 交渉はコモで始まり，織布1キロにつき2.5-7フランの従量税が課された（"Entrevue a Come des fabbricans de soieries italiens et français", *Bulletin des soies et des soieries*, N. 2296, Mai 1921, pp. 5-6; "L'accord franco-italien pour les soieries", *Bulletin des soies et des soieries*, N. 2413, Août 1923, pp. 3-4).

13) Ministère du travail. Statistique générale de la France, *Annuaire statistique de la France 1921*, pp. 290-291; *Annuaire statistique de la France 1925*, p. 228.

14) 輸出主体となったイギリスの商社の正体が判然としないのが現状である．管見によれば，人絹と綿の交織物を大量生産していたコモの絹織物大企業FISAC社が1926年にロンドンに支店をおき，ロンドンの代理店を利用した（ASI-BCI, *Relazione di*

Fabbriche Italiane Seterie A. Clerici, 30 Settembre, 1926）. そこでイギリスの商社との取引が行われ，輸出経路になったと推測される.

15）1927 年上半期には，アメリカ・ヴィスコース社の人絹糸の売上は好調で，在庫がなくなるほどとなった. また，綿製品工場がメリヤス工場を抜き，最大の人絹消費額となった（「米国に於ける人絹の売行き」,『染織時報』，第 486 号，昭和 2 年，32 頁）.

16）アメリカはハーディング大統領のもと 1922 年のフォードニー・マッカンバー法 Fordney-McCumber Tariff で絹織物輸入に 55-60％という高額関税をかけ，日本，フランス，スイスがアメリカ市場向けの輸出を独占した. 1921 年に，リヨンのアメリカ市場への売り込み成功がコモで報告されている［Department of Overseas Trade 1926；Galli 1998：280］. 1921 年リヨンの絹織物業者はアメリカ市場について，シフォンとクレープに対する関税の税率が高すぎること，申告後の原価評定に 3-4 か月かかり，アメリカの同業者が流行の製品を模造してしまうと指摘した（「仏国絹工業の危機」,『通商公報』，第 899 号，大正 10 年 12 月 22 日，39-40 頁）.

17）在ニューヨーク＝イタリア商工会議所は，「（イタリアの絹織物業者が）アメリカで 1 ヤードあたり数ドルの大衆的な商品を販売し，アメリカの基準にあった織物で競合することは難しい. 高級絹織物製品で名声を得，優れた仕事と品質を評価する顧客の注文を受ける方が得策」とコメントした［Galli 1998：280］.

18）アメリカ向け広幅絹織物輸出額（1921-24 年平均）において，日本（1323.6 万ドル），フランス（218.4 万ドル）であったのに対して，イタリア（28.4 万ドル）は取るに足らないものであった（"Value of imports of broad-silks into the U.S., by countries," *Silk*, Feb., 1929, p.71）.

19）1925-26 年のフランスの絹織物輸出は，イギリスとドイツ向けが減少し，代わりにオランダ・チェコスロヴァキア・アメリカ・アルゼンチン・カナダ・モロッコ・インドシナ向け輸出が非常に増加した. 1926 年の新規輸出先はポーランド・ポルトガル・ユーゴスラヴィアであり，リヨンの製品は人気であった（"French exports of silk goods," *Silk*, Oct., 1926, p.41）.

20）フィウメ問題に関するものと考えられる. この問題は，第 1 次大戦時イタリアが，「未回収のイタリア」とともにフィウメも与えられることを条件に，ロンドン秘密条約を結び，協商国側として参戦したが，パリ講和会議では，この地は新たに建国されたユーゴスラヴィア王国（厳密には当初はセルブ＝クロアート＝スロヴェーン王国. 1929 年に国名変更）領とされることになったことが発端となっている. イタリア代表オルランドは会議をボイコットするなど抗議したが，受け入れられなかった. 1919 年 9 月，イタリアの詩人であるダヌンツィオが義勇兵を率いてフィウメに上陸，占領するという事件が起こった. ユーゴスラヴィア側は反発し，国際連盟でもイタリアの侵略行為が問題視されたため，1920 年に自由市とする裁定が下され，イタリア政府もダヌンツィオを実力で退去させた. しかし，イタリアではフィウメ併合の要求が強く，ムッソリーニが政権を取ると，ユーゴスラヴィアと直接交渉して 1924 年に強

第1章　1920-30年代におけるイタリア経済と絹・人絹織物製品の輸出　67

引に併合した．第2次大戦後にフィウメはユーゴスラヴィア連邦に返還された．

21) "The Italian silk goods industry," *The silk journal*, Mar., 1927, p. 48.

22) 勅令第80号「輸出奨励機関設置」，『日刊海外商報』，第600号，大正15年9月11日，768頁，；「南阿行伊太利商品見本陳列船」，『日刊海外商報』，第713号，昭和2年1月13日，1332頁．

23) アメリカにおけるイタリアの1-5月の絹織物売上総額は，絹織物1926年約9607万7リラ，1927年約1億760万リラ，交織物1926年約8402万リラ，1927年約2億3881万リラであった．アメリカ向け輸出は，全ての絹製品に依然高関税が賦課され，1926-27年の輸出は限定的であるものの，その中で輸出を伸ばしたのは交織物で，次に絹織物製品，ビロード製品は大幅に減少し，高級製品に限られた（"Imports and exports of Italian silks from January 1st to May 31st," *Silk*, Aug., 1927, p. 71）.

24) 無地織の純絹・人絹ショールもほとんどがコモで生産され，年間生産は約2000万リラと推計される．それらは主にインドおよび中国向けのマントであった（"The Italian silk goods industry," *The silk journal*, Mar., 1927, p. 49）.

25) 1923年英領インドの人絹総輸入額35万2000ポンドのうちイギリスは22万ポンドであったが，1924年になると英領インドの総輸入額85万ポンドのうちイギリスは53万6000ポンド，イタリアは26万2000ポンドとなり，1925年にはイタリアが95万6000ポンド，イギリスが86万9000ポンドとなり，イタリアが首位となった．綿と人絹交織物についてもイタリアの輸出は増加した（「印度に於ける人絹」，『染織時報』，第484号，28頁）.

26) 1921年以前は，関税手数料を基に商品評価額を推計した数値を利用していた．

27) ビロード製品の用途は以下の通りである．広幅の絹ビロード，別珍（綿ビロードの通称）は，無地または模様入りでドレス，カーテン，室内装飾，その他に用いられた．絹ビロードの生産の多くが交織ビロードとフラシ天（ビロードの一種）であった（"The Italian silk goods industry," *The silk journal* (Mar. 1927), p. 49）．主な製造企業は，アントニオ・クレリチ社 Antonio Clerici，ペルーシュ・アルフレード・レダエッリ社（Peluches Alfredo Redaelli di Rancio），ヴェッルーティ・ガスキ・バラッツォーニ・マズケッリ社（Industria Nazionale Velluti Gaschi Barazzoni Mazzuchelli），エドモンド・ゴッビ社（Edmondo Gobbi），ヴェルカ社 Velca（Fabbrica Italiana Velluti e Peluches S. A.）であった［Galli 1998：274］．コモのビロード製造業者は，国内販売先としてイタリアの鉄道車両の一等，二等のシートカバーも供給していたが，販路はもっぱら国外に依存した［Galli 1998：274］.

28) 交織ビロード輸入は，1922年の1147万リラから1926年には535万リラに減少し，輸出は1922年の283万リラから1926年には934万リラに増加した（"Importations des soies et des soieries d'Italie," *Bulletin des soies et des soieries*, N. 2429 (Déc. 1923), p. 7.; N. 2430 (Déc.1923), p. 7.; N. 2573 (18 Sep. 1926), p. 7）.

29) "Some historic notes on the French and Italian umbrella industry," *Silk* (May 1926), p.

39.

30) "The Italian silk goods industry," *The silk journal*, (Mar. 1927), p. 49.

31) "The Italian silk goods industry," *The silk journal*, (Mar. 1927), p. 49.

32) "The Italian rayon industry," *Silk journal and rayon world*, (Dec. 1929), p. 63.

33) "Missione italiana di studio in Grecia e in Turchia," *Bollettino di sericoltura*, N. 34 (Ago., 1928), p. 465.

34) "L'importanza della partecipazione italiana alla esposizione di Barcellona," *Bollettino di sericoltura*, N. 43 (Ott., 1928), p. 567.

35) アメリカ向け輸出はスイスあるいはナポリ経由で行われた．また，スイスとドイツの鉄道がイタリアとスイスの国境キアッソからベルギーのゼーブルッヘ港まで直通電車を走らせ，コモからイギリスまで 48 時間で輸送が可能となり，輸送状況は改善した ("Comunicazioni e trasporti," "Trasporti diretti di merci destinate all'Inghilterra," Bollettino di sericoltura, N. 10 (Mar., 1927), p. 153.; N. 17 (Apr., 1927), p. 268).

36) トニオロは，ヨーロッパとイタリアに共通する恐慌の特徴として一般的な点を 4 つあげている．① 第 1 次大戦時に行われた固定資本に対する多額の投資が低賃金と過剰生産能力を拡大する傾向にあったこと，② 地域間，部門間の資源配分が最適ではなく，第 1 次大戦が国際分業の発展を阻害したこと，③ ドイツが典型例でありイタリアも同様に，1920 年代に多額の短期資金を銀行に借入れ，資金調達を行った結果，銀行が外国から借入れを行ったために国内経済が不安定さを増したこと，④ 1920 年代の潜在的デフレと大恐慌期の深刻なデフレに対して各国が金融・財政政策をとったが，これが世界経済の活動レベルをより一層下落させることになったことを指摘している [Toniolo 1980：邦訳 92-96].

37) R. コヴィーノ，G. ガッロと E. マントヴァーニの共同論文では，ファシスト期における繊維工業およびアパレル産業を取りあげている．しかし，そのほとんどが主に 1934 年以後の分析であり，恐慌期に触れていないこと，さらにその指標は織機稼働率に偏っていることが問題点として挙げられる [Covino et al. 1976].

38) ASC, "Tessitura serica dati statistici," PG., c. 6.

39) "The Italian rayon industry," *Silk journal and rayon world*, June 1930, p. 43.

40) ASC, *Memoria difensiva*, c. 109, p. 6.

41) "Italian silk industry," *Silk Journal and Rayon World*, April 1931, p. 33.

42) ASC, *Memoria difensiva, per le Unioni Industriali Fasciste delle Provincie di Como, Varese e Milano*, 10 Giugno 1933, PG, Primo versamento, c. 109, pp. 4-5.

43) ASC, *Memoria 1931 Dic. 1*, PG., c. 70. コモ地方の電力料金は，具体的な数字が不明である．1928 年における電力コストは，リヨンで 28 チェンテージミ／キロワット（以下同様），スイスとイタリアは 28-92，オーストリアは 37，フランス全体は 45-95，イギリスは 52-117，ロンドンでは 65-117 で，他のヨーロッパ諸国と比較するとイタリアの販売価格はそれほど高いものではなかったが，その後負担が増した [Galli

第1章　1920-30年代におけるイタリア経済と絹・人絹織物製品の輸出　*69*

1998：360].

44）"Facilitazioni sulle tariffe dell'energia elettrica alle industrie tessili in crisi," *Bollettino di sericoltura*, N. 32, Agosto, 1931, p. 407.

45）1930年11月に起こったヨーロッパの銀行危機，とくにイタリアの銀行危機の経験は深刻であった．このような現象はアメリカの銀行恐慌期よりも早い，あるいは同時に起こっていたという事実があり，どのようにイタリアにおける恐慌が伝播したのか依然判然としない［Kindleberger 1986：邦訳 144-145].

46）イタリアでは19世紀末に設立された二大兼営銀行（預金・短期商業貸出業務とともに発起・長期投資業務を行う株式銀行），イタリア商業銀行とクレディトイタリアーノが，国内基幹産業の確立過程に重要な役割を果たした．

47）入移民が再び上回るのは1939年のことである．

48）ASC, *Pro memoria*, Unione Industriale Fascista della Provincia di Como, 20 Febbraio 1931, PG Ⅱ, c. 29, p. 4.

49）ASC, "Relazione sulla disoccupazione, Legione Terr. dei Carabinieri Reali di Milano, 4 Gennaio 1932," PG., c. 6.

50）企業家による団体で，各県に置かれた．

51）ASC, "Unione Industriale Fascista della Provincia di Como" 28 Dicembre 1932, PG., c. 6.

52）例えば，ゴムは英領マラヤ，蘭領東インド，セイロンで主に生産されていた．鉄鉱石の主な輸出国はフランス，アメリカ合衆国，ソ連，イギリス，ルクセンブルグ，スウェーデンであった．黄鉄鉱はスペインとノルウェー，ニッケルはカナダとニューカレドニア，クロムはソ連，トルコ，ニューカレドニア，南アフリカ，マグネシウムはソ連，英領西アフリカ，インド，キューバ，錫は英領マラヤ，イギリス，蘭領東インド，中国，オランダが生産していた［League of Nations 1936：81].

53）ブラジルは実施を拒絶し，アメリカはこの経済制裁の戦争抑止の効果はほとんどないとし，1936年7月4日国際連盟は経済制裁終結を決定した．イギリスは1938年4月にイタリアのエチオピア併合を承認した［Ristuccia 2000：87].

54）「対伊経済制裁と仏国」，『海外経済事情』，昭和13年第8号，1938年，105-106頁.

55）「里昂市場の生糸及本邦生糸概況（1936年）」，『海外経済事情』，昭和12年第12号，1937年，133頁.

56）「里昂市場の生糸及本邦生糸概況（1936年）」，『海外経済事情』，昭和12年第12号，1937年，133-134頁.

57）「里昂絹織物業概況（1936年）」，『海外経済事情』，昭和12年第16号，1937年，49頁.

58）"An exhibition of Italian textiles," *Silk journal and rayon world*, Manchester, July 1936, p. 17.

59）外務省通商局，「対伊経済制裁と英国への影響」，『海外経済事情』，昭和13年第10号，

1938 年，45-48 頁．

60) 外務省通商局，「対伊経済制裁と英国への影響」，『海外経済事情』，昭和 13 年第 10 号，1938 年，48-49 頁．

61) 清算によらない求償協定（バーター貿易）は，仏領アルジェリア・日本・満州国・蘭領諸島・ブラジル・アルゼンチン・コロンビア・エクアドル・ウルグアイの間で結ばれた．この理由としては，清算にすれば書簡往復に時間を要し，為替相場の変動が大きいためであった（「伊国外国貿易概況（1938 年）」，『海外経済事情』，昭和 14 年第 14 号，1939 年，56 頁）．

62) 1936 年 10 月 5 日，省令 1736 号．

63) 「里昂絹織物業概況（1936 年）」，『海外経済事情』，昭和 12 年，第 16 号，51 頁．

64) 統計局が発行する *Annuario statistico italiano* にある主要輸出商品の中で，「絹交織物」の項目が 1933 年から，「絹クレープ・チュール」および「絹刺繍物」の項目が 1935 年から消えている（*Annuario statistico italiano, 1935*, pp. 115-142.; *Annuario statistico italiano, 1937*, pp. 119-129.）．

65) "The Italian rayon industry", *Silk journal and rayon world*, June 1930, Manchester, p. 43.

66) *Annuario statistico italiano, 1937*, pp. 119-129.; *Annuario statistico italiano, 1939*, pp. 166-179.

67) 「諸外国の絹及人絹織物需給状況（其二）」，『海外経済事情』，昭和 12 年，第 24 号，1937 年，122 頁．

68) 「伊国外国貿易（1937 年）」，『海外経済事情』，昭和 13 年，第 18 号，1938 年，56 頁．

69) Decreto n. 867, 25 gennaio 1937.; Decreto n. 1406, 8 luglio 1937.「各国関税改正及通商協定（自昭和 12 年 7 月至同年 12 月）」，『海外経済事情』，昭和 13 年，第 10 号，1938 年，239 頁．また，伊領東アフリカとイタリアを除く外国との貿易は輸入額 4 億 1200 万リラ，輸出額 7600 万リラと大幅に入超であり，貿易相手国は，フランス，イラン，イギリス，エジプト，アラビア，アデン，スーダン，アメリカである（「伊国外国貿易概況（1938 年）」，『海外経済事情』，昭和 14 年，第 14 号，1939 年，62 頁）．

70) 「諸外国の絹及人絹織物需給状況（其一）」，『海外経済事情』，昭和 12 年，第 1 号，1937 年，144-145 頁．

71) "Italy: Market report," *Silk & Rayon*, August, 1938, p. 792.

72) 「諸外国の絹及人絹織物需給状況（其一）」，『海外経済事情』，昭和 12 年，第 1 号，1937 年，217 頁．

73) 「瑞典，諾威，丁抹三国の貿易表に現はれた対伊経済制裁の影響」，『海外経済事情』，昭和 13 年，第 12 号，76 頁．

74) 「織物の好市場瑞典」，『染織時報』584，1935 年，44 頁．

75) 「南阿連邦一般財政経済状勢」，『海外経済事情』1，1936 年，140 頁．

76) "Italy," *Silk & Rayon*, July, 1937, p. 659.

第1章　1920-30年代におけるイタリア経済と絹・人絹織物製品の輸出　*71*

77）「諸外国の絹及人絹織物需給状況（其一）」，『海外経済事情』1，1937年，261頁．その他，1937年に輸出額上位にいたエジプトでは，1930年代に入り，綿織物・絹織物企業が顕著に発展しつつあった．1936年時点では国内の需要を満たすほどではなかった（「埃及最近経済事情」，『海外経済事情』1，1937年，101-102頁）．1935年に絹織物生産高は75万メートル，人絹織物生産高は25万メートルであったのに対し，1936年には絹織物75万メートル，人絹織物130万メートル，1937年に絹織物75万メートル，人絹織物500万メートルが生産された．1936年から人絹織物の生産が増加し，その中心的な企業は，Misr Silk Company と Usines Textile Alkahira S.A.E.であった（"Rayon in Egypt", "Silk weaving in Egypt," *Rayon and Silk*, n. 160, Sep., 1937, p. 12.）．

78）「対伊経済制裁と加奈陀」『海外経済事情』8，1938年，117-118頁．および *Canada: the official handbook of present conditions and recent progress, 1938*, Ottawa: Dominion bureau of statistics, p. 116.

79）「オッタワ協定前後の英帝国綿及人絹製品貿易」『海外経済事情』3，1936年，63頁．

80）「加奈陀の人絹工業」『染織時報』591，1936年，37-38頁．

81）"Dominion Textile Company to make rayon," *Silk & rayon*, October, 1935, p. 600. 1934年にカナダにおける染色仕上加工企業は24社（自社で染色・仕上工程をもつ繊維企業は除く）であった（"Dyeing and finishing in Canada", *Silk & rayon*, December, 1935, p. 753.）．

82）「加奈陀経済概況」『海外経済事情』20，1936年，121-122頁．

83）「パルプ製造，輸出並パルプ原木使用状況（加奈陀）」『海外経済事情』19，1937年，83頁．

84）「諸外国の絹及人絹織物需給状況（其一）」『海外経済事情』1，1937年，138頁．

85）「瑞西国絹業状況」『海外経済事情』2，1936年，4頁．

86）「瑞西絹類関税引上」『染織時報』598，1935年，35頁．

87）「欧州での独逸の経済的地位」『海外経済事情』6，1937年，84頁．

88）"Germany: Rayon and staple fibre of great fashion interest," *Silk & rayon*, November, 1935, pp. 684-685.

89）"Silk and synthetic fabric market summary," *Rayon textile monthly*, 18(1), Jan. 1937, p. 34(6).

90）"Silk & rayon market report," *Silk & Rayon*, Oct., 1937, p. 959.

91）"Fabric summary of silk and rayon for November," *Rayon textile monthly*, 20(1), Jan. 1939, p. 34(6).

92）"United states of America," *Silk & rayon*, December, 1935, p. 759.

93）"Italy," *Silk & rayon*, July, 1938, pp. 696-697.

94）「芬蘭外国貿易年報（1936年）」『海外経済事情』16，1937年，67頁．

95）"New Finnish rayon plant," *Rayon textile monthly*, 20(5), May 1939, p. 42(258).

96) "Custom silk ties," *Silk & rayon*, October, 1935, p. 609.

97) "Germany: Market report," *Silk & Rayon*, June, 1938, p. 600.

98) Ruth E. Clem, "Employment outlook in full-fashioned hosiery industry," *Monthly Labor Review*, 53(4), October 1941, p. 821.

99) 1938 年 11 月時点でイタリアが清算協定を結んだ国は，ベルギー＝ルクセンブルク，ブルガリア，チェコ，デンマーク，エストニア，フィンランド，ドイツ，イギリス，ギリシャ，アイスランド，ユーゴスラヴィア，リトアニア，ラトヴィア，ノルウェー，オランダ，ポーランド，ポルトガル，ルーマニア，スペイン，スウェーデン，スイス（リヒテンシュタイン含む），トルコ，ハンガリー．求償協定を締結した国は，仏領アルジェリア，日本，満洲国，オランダ領諸島，ブラジル，アルゼンチン，コロンビア，エクアドル，ウルグアイ．

100) 「伊国外国貿易概況（1938 年）」『海外経済事情』14，1939 年，58 頁．

101) 「伊国外国貿易概況（1938 年）」『海外経済事情』14，1939 年，56-57 頁．

102) *Textile Organon*, 33(1), 1962, pp. 18-19.

103) 人絹織物では，とくにクレープ・チュールの輸出単価が上昇した（1936 年 28.26 リラ／kg から 1938 年 43.93 へ）．1936 年のデータは Ente Nazionale Serico, *Annuario Serico 1937-38*, p. 62, 1937-38 年のデータについては Ente Nazionale Serico, *Annuario Serico 1939*, p. 49 からそれぞれ算出．

第 2 章

流行の色を創る技術
―― 1930 年代における化学工業の発展と染料工業

 はじめに

　本章では，繊維工業の発展において重要な役割を果たした染料の開発に目を向ける．前章では，絹・人絹織物の製造においてデザイン性に優れた（すなわち多色を用いた），あるいは，新しい素材の人絹を用いた，より高い付加価値のある製品がつくられ，輸出されていたことが確認された．本章の目的は，主に 1930 年代の染料工業に関する研究を整理し，高付加価値製品の製造を可能にした染料工業の成長の実態および自給自足政策がもたらした染料・染色工業への影響を検討し，なぜこの時期に染料の研究開発が活発となったのかを明らかにする．

　本章の構成は，以下の通りである．染料工業の成り立ちを理解するために，第 1 節では多数ある染料工業の文献のなかから，イタリア染料工業に関する先行研究を整理する．第 2 節では，1930 年代のイタリア染料工業の発展を概観するために，まず初めに，イタリア化学工業の全体像を可能な限り描き，戦後のモンテディソン（Montedison）の前身となるモンテカティーニ社 Montecatini の役割と染料工業の動向を明らかにする．第 3 節では，国産染料の改良について，最も重要な役割を果たした ACNA 社（Aziende Chimiche Nazionali Associate）とドイツ資本との関係を明らかにする．第 4 節では，染料の輸出入を分析し，1930 年代を通じてイタリアで製造可能であった染料と製造が難しかった染料について，その内容を明らかにする．

　本章では既存研究の整理に加え，以下の資料を利用して課題に取り組む．すなわち，国立文書館のコモ県商工会議所史料（Archivio Stato di Como），各染料お

よび染色に関連する専門雑誌『染色 (Tinctoria)』,『染色家とキャリコ捺染・漂白・仕上げ (The dyer & calico printer, bleacher and finisher)』,『繊維染色家 (Textile colorist)』,『染織』,『染織時報』, 政府刊行物『海外経済事情』などである.

第1節　染料工業に関する先行研究

　ここでは, 戦間期のイタリア染料工業について主要な先行研究を整理する. 染料に関する研究で中心となるのは, 国際カルテル研究である. この点については数多く研究が存在し, 実証的な研究からカルテル形成のモデルを構築する理論研究 [Schmit 1998 ; Levenstein and Suslow 2006], また近年では, カルテル形成による消費者損害額の算定のような理論研究への応用もみられる.

　染料カルテルを含む産業史研究においては, ドイツ・フランス・イギリス・スイスの化学企業を中心とした研究が多い. 経済史分野においては, 作道 [1995], 工藤 [1999], Schröter V. [1984], Schröter H. G. [1990] などが精力的に染料工業に関する研究を行った. しかしながら, イタリアにおける国際染料カルテルの影響に言及したものは, 実際のところ少ない[1]. 工藤 [1999 : 195] は, イタリアの染料企業 ACNA 社 (Aziende Chimiche Nazionali Associate) が経営難の際, IG ファルベンが資本参加することで, イタリアを国際カルテル網に編入することに成功したとする. 一方で, Schröter H. G.によれば, イタリアではカルテルの影響は限られたものであり, この理由として, イタリアの国産品を保護する力が強かったこと, また, イタリアは国際カルテルに公式に署名しなかったことを挙げている [Schröter, H. G. 1992 : 42-43]. このような指摘から, 産業史やカルテルの文脈におけるイタリア染料工業に関する記述は断片的であることを免れない.

　一方で, 化学工業を全世界的な視点から明らかにしようとする視点がある. このうち, 世紀転換期から1920年代までを中心に, 複雑に交錯した各国化学工業の状況を丁寧に描いた Haber [1971] の大著は重要である. 染料工業について, 染料や中間体など有機化学品の製造は1914年にはまだ萌芽期にあったが, 4年のうちにアメリカ, イギリス, それには及ばないがフランス, イタリアおよび日本で自国の染料工業とその関連分野が誕生したことを指摘した

[Haber 1971：邦訳 285]．

　また，ハーバーが触れなかった第 2 次大戦も含めて世界の化学工業を概説的に説明した，アフタリオン［Aftalion 1991］の研究も代表的である．ここでは，ACNA 社がイタリアの中心的企業としてドイツの化学企業との関係を密にもったことが指摘されている［Aftalion 1991：200-201］．しかしながら，ACNA 社と絹・人絹製品との関わりには触れられておらず，ドイツとの資本関係については様々な文献で指摘されているが，国内染料工業への具体的な影響は明らかにされていない．その他，物理学や生物学，その他科学分野との橋渡しを目的とした研究の中で，カラハリオス［Karachalios 2001］は，1930 年代の化学者に注目し，量子化学の発展と中央政府との繋がりによって，イタリア化学工業が軍事的使命のもとで発展したことを示した．また，ペトリ［Petri 1998］はイタリア化学企業における合成窒素の研究開発について明らかにしたが，これは同国の肥料化学の発展に大きく関連している．

　第 2 次大戦以前の染料工業を含む化学工業の発展は，主に石炭の化学的な利用やその構造の解明に基礎をおいた石炭化学という研究分野の成果によるものである．ポメランツ［Pomeranz 2000］は，石炭の賦存の有無が産業革命期以降ヨーロッパの経済発展を規定したと主張した．石炭の存在を重視するこの主張が妥当であるとすれば，石炭の産出がほとんどないイタリアは［原編 1995：12］，ヨーロッパの中でも発展パターンが異なると考えられる．戦間期に化学を含む「近代的な」部門の発展がすすまなかったイタリアを，「近代化の失敗」と捉えることもできるが，異なる発展経路の可能性としてアメリカ，イギリス，フランス，ドイツあるいは日本と比較したとき，イタリアの経済および社会が合理的な反応を示した可能性が指摘されている［Cohen and Federico 2001：68］．

　また経営史においては，イタリアの主要化学企業モンテカティーニ社（Montecatini）を対象としたアマトーリ他による［Amatori and Bezza eds. 1990］研究が嚆矢である．モンテカティーニ社は多角化戦略を追求するなか，肥料やポリプロピレンといった分野では開発や研究を積極的に進める「攻撃的な」戦略をとる一方で，染料や中間体（化学反応の過程で出発物質から最終目的物質に至る各段階で生成する物質を指す）生産においては，他社の製品を模倣する「防御的な」戦略をとり，分野により異なる戦略を採用していたと指摘される［Amatori

1990:16].

　ザマーニ［Zamagni 1990］は，イタリアにおける化学工業の始まりから1950年代までの化学工業をさらに細かく分類して解説を加えた．ザマーニは，1800年代の終わりから第1次大戦にかけてのイタリアの工業化初期には化学工業はあまり発展せず，ファシズム時代にかなりの繁栄を見せた唯一の重要産業であったと指摘する．化学工業は，第1次大戦中に火薬，染料，薬品を獲得するために，石炭から中間生成物の生成用工場という戦略的な役割を担った．1920年代になると窒素肥料生産や人絹糸生産に成功し，1930年代後半以降にアメリカで始まる石油や合成材の時代にいち早く対応し，戦後の国際的な競争に立ち向かう基礎ができあがったとしている．

　同様にSegreto［1990］もイタリア化学工業史に関わる詳細なサーベイを行っている．また，戦後の同国化学工業については，Zamagni［2010］が金融機関と石油化学部門で発展し始めた化学工業の関係を描き出した．これらの成果によりモンテカティーニ社の全貌が明らかになったことで，各化学分野と関連の深い産業との関係を描くことが可能となりつつあるが，現段階ではそのような試みはなされていない．したがって，本章は化学工業の一分野である染料工業に焦点を当て，繊維関連産業である染色工業との関係について検討を試みたい．

 第2節　イタリア化学工業の成長と染料工業

　本節では，戦間期のイタリア化学工業を概観した後，同国染料工業の特徴をみていく．イタリアにおける化学工業の成長は，第1次大戦後から始まったというのが通説である［Aftalion 1991：200；Zamagni 2010：2-3］．表2-1からわかるように，第1次大戦から1930年代にかけて世界的に化学製品生産額が増加した．また，1920年代に各国の化学製品輸出が大きく増加したが，1930年代になるとイタリアの化学製品輸出額は減少している（表2-2）．このことから，同国の化学製品輸出は1929年をピークに減少し，1930年以降生産された製品は国内消費にまわっていたと考えられる．

　第1次大戦前に関税の恩恵から除外されていたイタリア化学工業は，第1次

第2章　流行の色を創る技術　77

表 2-1　世界の化学工業生産額の国別構成（1913-1938 年）

(10 億マルク，%)

年	1913		1927		1935		1938	
アメリカ	3.4	(34.0)	9.45	(42.0)	6.8	(32.3)	8.0	(29.7)
ドイツ	2.4	(24.0)	3.6	(16.0)	3.7	(17.6)	5.9	(21.9)
イギリス	1.1	(11.0)	2.3	(10.2)	1.95	(9.3)	2.3	(8.6)
フランス	0.85	(8.5)	1.5	(6.7)	1.6	(7.6)	1.5	(5.6)
イタリア	**0.3**	**(3.0)**	**0.7**	**(3.1)**	**0.9**	**(4.3)**	**1.1**	**(4.1)**
ロシア・ソ連	0.3	(3.0)	0.8	(3.6)	1.2	(5.7)	2.2	(8.2)
ベルギー	0.25	(2.5)	0.45	(2.0)	0.4	(1.9)	0.45	(1.7)
スイス	0.2	(2.0)	0.3	(1.3)	0.3	(1.4)	0.2	(0.7)
オランダ	0.15	(1.5)	0.35	(1.6)	0.3	(1.4)	0.3	(1.1)
日本	0.15	(1.5)	0.55	(2.4)	1.3	(6.2)	1.5	(5.6)
カナダ	0.1	(1.0)	0.5	(2.2)	0.4	(1.9)	0.4	(1.5)
スウェーデン	0.1	(1.0)	0.2	(0.9)	0.2	(1.0)	0.3	(1.1)
ポーランド	—		0.2	(0.9)	0.2	(1.0)	0.25	(0.9)
チェコスロヴァキア	—		0.2	(0.9)	0.2	(1.0)	0.4	(1.5)
その他	0.7	(7.0)	1.4	(6.2)	1.55	(7.4)	2.1	(7.8)
合計	10.0	(100.0)	22.5	(100.0)	21.0	(100.0)	26.9	(100.0)

(出所) 工藤 [1999：18].

表 2-2　世界の化学工業輸出額の国別構成（1913-1938 年）

(百万マルク／ライヒスマルク，%)

	1913		1925		1929		1933		1936		1938	
ドイツ	847.7	(26.7)	958.5	(21.1)	1424.1	(26.0)	697.3	(28.0)	690.6	(28.1)	749.4	(24.4)
イギリス	503.2	(15.8)	669.5	(14.7)	726.4	(13.3)	347.7	(13.9)	327.8	(13.3)	478.5	(15.6)
アメリカ	312.1	(9.8)	636.7	(14.0)	780.6	(14.2)	319.5	(12.8)	337.2	(13.7)	452.4	(14.7)
フランス	297.3	(9.4)	474.6	(10.4)	510.4	(9.3)	285.7	(11.5)	237.4	(9.7)	252.2	(8.4)
オランダ	183.6	(5.8)	146.7	(3.2)	185.7	(3.4)	116.1	(4.7)	91.7	(3.7)	121.4	(3.9)
ベルギー	177.2	(5.6)	142.8	(3.1)	180.8	(3.3)	113.9	(4.6)	101.8	(4.1)	137.2	(4.5)
イタリア	**75.2**	**(2.4)**	**162.0**	**(3.6)**	**234.2**	**(4.3)**	**107.4**	**(4.3)**	**87.9**	**(3.6)**	**148.4**	**(4.8)**
スイス	60.4	(1.9)	133.2	(2.9)	175.1	(3.2)	123.0	(4.9)	121.8	(4.9)	132.3	(4.3)
日本	56.9	(1.8)	92.9	(2.0)	70.2	(1.3)	51.8	(2.1)	78.4	(3.2)	112.1	(3.6)
カナダ	15.2	(0.5)	103.5	(2.3)	134.3	(2.4)	55.6	(2.2)	70.4	(2.9)	110.0	(3.6)
その他	645.2	(20.3)	1024.9	(22.7)	1059.3	(19.3)	276.2	(11.0)	315.7	(12.8)	379.8	(12.2)
合計	3,174.0	(100.0)	4,545.3	(100.0)	5,478.1	(100.0)	2,494.2	(100.0)	2,460.7	(100.0)	3,073.7	(100.0)

(出所) 工藤 [1999：19].

大戦と 1919 年の短いブームで大きな刺激を受けた．国内化学企業の多くは，手厚い関税保護を政府に求めつつ，設備更新と再編の機会を得た [Toniolo 1980：邦訳 50]．したがって，第 1 次大戦直後の化学工業における需要の落ち込みは，繊維や機械などの部門と比較してそれほどでもなく，人絹や電力の分野

表 2-3　イタリア主要工業の生産量 (1923-1943 年)

年	セルロース糸	硫酸	合成染料	電力
1923	5	993	1,815	5,610
1924	10	1,011	1,685	6,450
1925	14	1,280	2,000	7,260
1926	17	1,317	2,140	8,390
1927	24	1,312	1,895	8,740
1928	25	1,127	2,987	9,630
1929	32	1,335	3,324	10,380
1930	30	1,330	3,107	10,670
1931	34	1,012	2,630	10,470
1932	33	899	3,250	10,590
1933	38	1,085	5,023	11,650
1934	49	1,239	4,941	12,600
1935	69	1,287	6,441	13,800
1936	89	1,532	5,169	13,648
1937	109	1,642	7,576	15,430
1938	119	1,721	6,222	15,544
1939	140	2,055	8,798	18,417
1940	163	2,008	9,642	19,430
1941	181	1,818	8,705	20,761
1942	144	1,225	7,197	20,233
1943	102	875	6,392	18,247

（注1）合成染料は硫黄を使用するものを除く. 硫黄を含む製品は戦前から
　　　既に製造されていた.
（注2）セルロース糸, 硫酸, 合成染料の単位は 1000 トン, 電力の単位はキ
　　　ロワット時.
（出所）Zamagni [2003：278].

は 1920 年代を通じてふたたび急速に拡大した (表 2-3).

　イタリア化学工業で最初に発展した部門は, 肥料である. 1930 年代を境に, 小麦の増産を目的として, 窒素肥料の輸入代替が起こり, 肥料化学の研究開発が急速に進んだ [Petri 1998]. 肥料製造で大きな役割を果たしたのは, モンテカティーニ社である. 同社は 1950 年代にイタリア最大の化学企業として, ほとんど独占状態となった. 戦間期に, 肥料だけではなく大恐慌後本格化した「アウタルキー (自給自足) 政策」を転換点として, 同社は外国から技術を移転し応用研究を進めただけではなく, 多角化する過程で様々な部門を手中におさめた [Fauri 2000：279-314].

　ここでモンテカティーニ社の拡大経緯に触れておきたい. 同社は 1888 年フ

ィレンツェに設立され，設立当時の同社の主な事業は鉛と銅の採掘であった．1908 年に硫酸の原料となる黄鉄鉱が発見されると，硫酸の製造が同社の主な事業となった［Amatori 1990：23］．1917 年頃まで同社の事業は著しく控えめであったが，その後拡大を続けた．

　戦間期のモンテカティーニ社の多角化は，経営者ドネガーニ（Guido Donegani）の手腕によるところが大きい．1920 年代前半に，同社は多数の過リン酸石灰工場を買収するや否やイタリア最大の過リン酸製造業者となり[2]，硫酸銅（当時同国は世界第 1 位の生産国）の製造も拡大した．続いて同社は，国産小麦の増産政策，いわゆる「小麦闘争（battaglia del grano）」にうまく適応しながら事業を拡大した[3]．同社はまた，肥料製造とぶどうの病害防止のための農薬製造で多角化を目指し，その過程で 1922 年から 1924 年にかけて国内の火薬製造企業を手中におさめた．肥料製造に関連して，同社はイタリアで最初の合成アンモニア工場を建設した．1921 年，同社に入った技術者ファウザー（Giacomo Fauser）は，ハーバー・ボッシュ法（Harber-Bosch process）[4]を改良した合成アンモニア製造を行った［Petri 1998：277］．

　その後 1927 年から 1935 年にかけて，モンテカティーニ社はイタリア商業銀行の支援を受けて急速に拡大した［Giannetti and Segreto 1990：484-485］．同社は大理石工場とアルミニウム製造事業にも参入し，大恐慌直前にこのグループの事業分野が完成した［Haber 1971：邦訳 467］．モンテカティーニ社は，1921 年に 55 工場を所有し，そのうち 36 工場が化学部門であった．1936 年になると，同社の工場は全部で 168 に増加し，そのうち 84 工場が化学部門であった．同社は，大理石，人絹，鉱山，金属，アルミ，黄麻，火力発電，水力発電，肥料，工業化学製品，合成窒素，工業用燃料・潤滑油製造，染料・火薬・医薬品を手がける巨大な企業体となった［Giannetti and Segreto 1990：483］．

　モンテカティーニ社の傘下企業 ACNA 社は，イタリアの中で最も重要な染料製造企業であった．染料と火薬は製造工程が同一であるため，戦間期の染料には色を染めるという本来の機能以外にも一定の重要性があった［Toniolo 1980：邦訳 116］．一方，イタリアでは大恐慌後の貿易収支を均衡させるための外貨獲得手段として繊維製品輸出が必要とされ，そのための製造設備の拡大も平行して続いた．

80

　国内では大小合わせて 100 社ほどの化学企業が染料の生産に携わっていたが，小規模工場が大半を占め，近代的な設備と資本蓄積を欠いていた [Zamagni 1991：95]．**表 2-4** は，染料製造企業のみを示したわけではないが，1927 年時点で国内に小規模な化学企業がいかに数多く存在していたかを示している．染料製造企業も小規模であったが，1920 年代にイタリアではこれらの企業の合併が続いた．それはドイツによる厳しい販売姿勢に耐え，生き残るための方策であった [Haber 1971：邦訳 467]．

　ACNA 社の他に染料を製造する企業は，サロニオ社 (Industria chimica Dottor Saronio)，ピエモンテ・アニリン染料工業会社 (S. A. Industria Piemonte Colori Anilina) などがあり，そのうちの 5 社がロンバルディア州のミラノ県に位置し，他の企業も大半は同州ベルガモ県，ピエモンテ州トリノ県に位置した[5]．1935 年になると，第 1 次大戦時の火薬製造施設から転換した主要な染料製造企業が国内に 10 社ほどとなった (**表 2-5**)．

　次に染料製造企業の中で最も重要な地位を占めた ACNA 社について触れたい．同社がモンテカティーニ社の傘下に入った経緯は，やや複雑である．1926 年時点の重要な染色企業は 6 社で，そのうち規模の大きいものは，イタリカ社 (Italica di Rho)，ボネッリ社 (Bonelli)，ビアンキ社 (Società Chimica Lombarda A. E. Bianchi)[6] の 3 社であった[7]．イタリカ社は国有企業で，アゾ染料生産を専門とし[8]，幾分の塩基性染料を生産していた[9]．同社は中間物を製造していた SIPE 社 (Società Italiana Prodotti Esplodenti) と関係が深かった[10]．ところが，1925 年に高性能爆薬トリットの生産を終えた SIPE 社がトリノのイタルガス社 (Italgas) に買収されると，続いて財政難に陥っていたイタリカ社もイタルガス社に吸収された．その後 1927 年に SIPE 社と中間体および酸と顔料用のベンジジンの製造[11]を専門としたボネッリ社が合併し[12]，1929 年に ACNA 社 (Aziende Chimiche Nazionali Associate) が誕生した [Zamagni 1999：94]．

　大恐慌期に ACNA 社を管理していたイタルガス社の経営が悪化すると，結果的に ACNA 社は清算に追い込まれた．しかし，ファシスト政府の要請で，モンテカティーニ社に圧力がかけられ，同社から 3100 万リラ，そして IG ファルベンの支援 2900 万リラを受けることで[13]，1931 年に頭文字は同じだが社名を変更して，新しく ACNA 株式会社 (Società Anonima Azienda Coloranti Nazionali

表 2-4　イタリア化学工業の地域別事業所数と従業員数 (1927 年)

州	事業所数					従業員数		
	10 人以下	11-50 人	51-100 人	101 人以上	合計	10 人以下の事業所	その他の事業所	合計
ピエモンテ	323	89	17	26	455	1,155	8,401	9,556
リグーリア	265	76	9	13	363	856	5,455	6,311
ロンバルディア	722	215	55	44	1,036	2,720	20,767	23,487
ヴェネト	165	60	12	16	253	592	6,085	6,677
ヴェネツィア・トリデンティーナ	39	6	2	1	48	129	841	970
ヴェネツィア・ジューリア	74	14	5	4	97	288	2,347	2,635
エミーリア	150	40	14	7	211	575	3,517	4,092
トスカーナ	323	83	28	14	448	1,037	7,506	8,543
マルケ	60	13	1	5	79	180	1,049	1,229
ウンブリア	34	11	2	7	54	85	2,528	2,613
ラツィオ	175	41	7	6	229	591	3,062	3,653
アブルッツィ	121	4	2	3	130	250	1,555	1,805
カンパーニャ	340	41	4	7	392	949	2,771	3,720
プーリア	206	33	12	2	253	601	1,853	2,454
バジリカータ	20	—	—	—	20	26	—	26
カラーブリア	192	22	1	2	217	691	736	1,427
シチリア	444	82	8	5	539	1,468	3,048	4,516
サルデーニャ	32	4	2	1	39	88	496	584
王国全体	3,685	834	181	164	4,864	12,281	72,017	84,298

(注1) ゴム工業と人絹工業を除く。
(注2) 事務労働者、技術者、経営者を含む。
(出所) Banca Commerciale Italiana [1930：497].

表2-5　主要染料製造企業の特徴（1935年）

企業	販売代理店	研究所	アニリン及びアニリン副産物	合成有機染料	その他合成染料
ACNA Boletti e C. Soc. An.	ARCA	○	○○	硫化染料	媒染染料, 人工藍など 酸性染料, 塩基性染料, 直接染料, ワニス
Bottazzi Romano e Figli	○				下糊, 防水, 仕上, 石鹸, 乳剤など繊維工業用化学製品
Consorzio Colori Anilina			○		直接染料, 酸性染料, 塩基性染料, 天然藍, 石鹸など. ○
Erba Carlo Soc. An.				液体, ペースト, 粉状黒色染料	
Fabbrica Lombarda Colori Anilina					絹用直接染料, 羊毛用酸性染料
Industria Naz. Colori d'Anilina I.N.C.A.				硫化染料	直接染料, 酸性染料, 媒染染料, 塩基性染料など
Industria Piemontese Colori di Anilina I.P.C.A.			○	硫化染料	塗染染料, 酸性染料, 媒染染料など
Ledoga Soc. An.	○		○	暗褐色染料	暗褐色染料用抽出液 黒色染料, その他染料
Soc. Bergamasca per L'Industria Chimica			○		酸性染料, 媒染染料, 絹用直接染料など
Soc. Chimica Lombarda A. E. Bianchi e C.			○	暗褐色染料	中間体製造, 絹および羊毛用酸性染料, 媒染染料など
Soc. Ind. Chimica Dott. Saronio Soc. An.					
Tacconi Angelo S. A.	○				プリント仕上用化学製品, その他染料, 石鹸, 染色用油脂, ドライクリーニング用石鹸

(出所)　'I coloranti e i prodotti chimici per tintoria'. Tinctoria. N. 10 (Ottobre 1935). pp. 419-420 より筆者作成.

e Affini）が誕生し［Zamagni 1990：95］，モンテカティーニ社の傘下企業となった．ドイツの IG ファルベンが同社の救済に関わった理由として，1920 年頃ヘキスト Hoechst のカセラ社（Cassella Farbwerke Mainkur Aktiengesellschaft）の子会社がビアンキ社の株を買収していたことが挙げられる．このため，IG ファルベンはビアンキ社と ACNA 社の間での株の交換を有利に行うことができ，ACNA社を国際カルテルに結びつけた［Schröter H. G. 1988：136］.

　表 2-1 にあるように，イタリアの化学工業生産額は，1913 年から 1938 年にかけて大きく増加し，フランスや日本に次ぐ規模に成長した．しかし，染料工業を取り巻く環境は，イタリアや日本のような後発工業国には厳しいものであった．というのも，当該期にドイツ，イギリス，フランス，スイスの染料製造企業グループが「秩序ある方法で」販売カルテルに加盟し，これらのグループが事実上全世界の染料貿易を支配していたためである［Haber 1971：邦訳 419］.

　1929 年 4 月に IG ファルベン，バーゼル利益共同体（Basel IG），そしてフランスの染料会社（CMC Compagnie des Matières Colorantes）が加わり，ドイツ71.67％，スイス 19％そしてフランス 9.33％の販売比率で三国カルテルが出現した．1932 年になると，イギリスの ICI 社 Imperial Chemical Industries も当カルテルに加わり，ドイツ 65.602％，スイス 17.391％，フランス 8.540％そしてイギリス 8.467％の割合で四国カルテルが結成された．結果的にこの四国カルテルは，輸出の 90％を支配した［工藤 1999：194-195］.

　イタリアは 1928 年に本格的に染料カルテルに加わり，モンテカティーニ社は染料をドイツから 70％，フランスから 20％，スイスから 10％輸入することに合意した[14]．ACNA 社とビアンキ社は一方で独立性を保ちながらそれぞれの生産量を維持し，他方でビアンキ社は 10％の手数料で同社の染料をイタリアに販売した．また 1931 年のカルテルの交渉では，ACNA 社に対して輸出量が予め決定され，イタリアに輸入する染料の条件も決められた．IG ファルベンは ACNA 社に 60-70 万リラに相当する染料を輸出し，技術協力を行うことで，高関税で守られたイタリアの市場に入り込もうとしたが失敗に終わった．イタリア企業に対して技術提供のみに終わった IG ファルベン側の不信感は大きかった．1932 年時点でもイタリアはこれに加盟していたが，染料製造の発展という政府の目的のために将来的には脱退の意向を持ちながらも，IG ファルベ

ンが所有する株式を買収するまでには至っていなかった[15]．それはイタリアが染料の輸入代替をすすめていたためである．1937年になるとACNA社はイタリア市場だけではなく，カルテル加盟国の輸出合計の5％の枠を獲得した[Schröter, V. 1984：428-429]．

　政府は輸入代替を実現するために，国内の染料販売や輸入割当・販売のためのカルテルの結成を促した．1934年1月になるとイタリア政府は，緊急勅令にて組合省内に合成有機染料委員会設置および，国内外の合成有機染料の国内一手販売を行う目的で法人格の合成有機染料販売所の設立を決定した[16]．また，政府は貿易収支赤字削減のために，国内主要産業に対してカルテル結成を義務づけた．イタリアの化学工業は，国内産業の中でもっともカルテルが発達し，とくに肥料と染料の分野で結成された[Department of overseas trade 1930：51]．工業カルテルは，1940年時点で約300存在したが，そのうち150カルテルはエチオピア戦争開始以前に設立され，残りは1935年以降に設立された．化学工業はそのうち最も多い34のカルテルを組織した[17]．このカルテルの組織化により，地方の製造業者の意思決定権は徐々に取り除かれた[Sarti 1971：102]．

　また，分業適正化を目的として「工場施設規制法」により工場新設・拡充の認可制を定めた．生産を自給自足に必要な産業に向けるため，1933年8月に一般の工場の新設および拡張の際，政府の許可が初めて必要となった．1933年8月から1934年12月まで繊維，金属機械，化学，建築資材，ガラス製造，製紙，その他の部門の許可数合計408のうち，一番多かったのは化学工業の157であった．その後1935年1-3月の間も化学工業の許可数は金属機械工業のそれと同数で最も多く[18]，1936年139，1937年158，1938年269と，イタリアの化学製品製造設備は，拡大の一途を辿った[Confederazione fascista degli industriali 1939：53]．

　これらの輸入代替をすすめる過程で起こった染料の研究開発と技術革新について，次節で検討する．

第3節　染料の研究開発と染料価格の低下

　本節ではイタリア染料企業の技術的な成り立ちとその研究開発に焦点を当て，

国内の染料価格の動きを検討する．当該期に中心的だった石炭化学の分野で製造される染料の化学的な説明は，簡略ではあるが，以下のようにまとめられる．石炭を乾留することによって生じたコールタールを分溜して得られる，ベンゾール，トルオール，ナフタリン，石炭酸が染料の原料となる．これらの原料に，助剤（主に無機物）を作用させ，1段もしくは数段の処理を経て，いわゆる中間体を製造し，最後に数個の中間体を組み合わせて化合することで複数の染料が得られる［谷口 1991：72-74］．

戦間期には染料の研究開発が活発におこなわれ，酸性染料，直接染料，建染染料，ナフトール染料で品目が拡充された．1923 年にはイギリスの4つの化学会社からアセテート染料（分散染料）が発表された．これは油溶性染料を分散化したものであるが，その後のポリエステル繊維用分散染料の基礎となった．1938 年になると，IG ファルベン社からアセテート用カチオン染料が発表され，これがその後のアクリル繊維用カチオン染料に繋がった．1940 年にも同社から蛍光増白剤が発売され，スイスのガイギー社では金属錯塩酸性染料が開発され，第2次大戦終戦までに，反応染料を除くすべての染料が出揃った［安部田 2013：34］．

火薬製造と染料製造の工程が共通していることは先に述べたが，これらの製造工程の実際の転換について言及したい．1846 年にシェーンバイン（Shōnbein），1867 年にノーベル（Nobel）らによって新しく無煙火薬が発明されたことで，火薬工業は新しい局面を迎え，19 世紀半ばから急速に発展した．戦争や侵略が度々起こることが想定された戦間期に，火薬製造と染料の工程は互いに容易に転換することが可能であったため，各国政府は戦時に活用できるように染料工業に資金援助を行った［Toniolo 1980：邦訳 116］．ドイツの場合，第1次大戦時に染料大企業が火薬製造企業に転換したが，イタリアの場合，火薬製造企業 SIPE 社（Società Italiana Prodotti Esplodenti）（以下 SIPE 社と略）などの工場を第1次大戦後に商業転用する過程から[19]，合成有機染料企業が派生した［Zamagni 1990：74］．

イタリアの火薬製造には，初期に2つの流れがあった．1つは，1873 年に設立されたダイナマイト・ノーベル社（Dinamite Nobel）である．ノーベルは 1896 年にイタリアで亡くなったが，彼の死後イタリア政府はフランスに販売

を拒否された無煙火薬の一種であるバリスタイトの特許の提供を受けた．これ
をもとにフォンターナ・リリ（Fontana LIRI）という人物が中心となり，政府主
導の火薬製造が始まった．もう１つは，先に触れた SIPE 社という民間主導の
流れである．SIPE 社は 1891 年に設立され，技術者フェルディナンド・クァル
ティエーリ Ferdinando Quartieri が経営にあたった．この企業は，２つの火薬
工場と，リグーリア州のチェンジョ Cengio に硝酸と硫酸の製造工場を有した
［Zamagni 1990：92］．

　このようなイタリアにおける火薬製造から染料製造への転換における技術的
な発展は，1930 年代の IG ファルベン社とイタリア資本の提携に負うところが
大きい．その他，鉱物染料・顔料・ワニスの分野では，主に IG ファルベンや
デュポン社などの国際的な大企業の技術提携により，技術革新を達成した．染
料の技術革新に大きな役割を果たしたのは，以下のような大企業であった．顔
料製造のリトポーネ社（Società del Litopone）は，モンテカティーニ社，IG ファ
ルベン，ザハトレーベン社（Sachtleben AG）のジョイントベンチャーとして設
立され，1929 年にモンテカティーニ社によって買収された［Zamagni 1990：95］．
また，ニスとエナメル製造を行っていた DUCO 社（ダイナマイト・ノーベル社
（Dinamite Nobel）とデュポン社（Du Pont）のジョイントベンチャー）は，それまでイ
タリアになかった化学関連技術を定着させる役割を果たした．[20] イタリア国内の
染料製造や販売については IG ファルベンだけではなく，ヨーロッパ諸国の化
学企業が参入していたが，この点については第４節で触れる．

　染料の研究開発は，1926 年に始まった政府による化学研究機関への支援が
影響している［Karachalios 2001：80］．大きな役割を果たしたのは，モンテカテ
ィーニ社のモンテカティーニ化学研究開発科学機関（Istituto scientifico per le ri-
cerche e sperimentazioni chimiche della Montecatini）であった．その他，開発研究を
行った主要染料製造企業は，以下の通りである．ACNA 社は，染色実験室
（Laboratorio ricerche e Tintoria sperimentale）を持ち，1934 年にチェザーノ・マデ
ルノ（Cesano Maderno）に染色，薬品，写真などを中心とした有機化学研究所を
開設した．ここで，イタルガス社の支配下では達成できなかった，石炭乾留工
程から中間体・染料・医薬品製造まで垂直統合された基礎研究を行った
［Zamagni 1990：95］．その他基礎研究を行った企業として，ビアンキ社，サロニ

オ社が挙げられる. ACNA 社は, 1935 年にビアンキ社と協定して染料販売を一手に引き受けることになった[21].

一方, 染料消費側である染色・プリント・仕上加工業にも変化があり, 染色・プリント産業は 1930 年代にひとつの産業として確立したと考えられる. 1968 年の繊維工業構造改善事業協会調査報告書 [1968：21-23] によれば,「イタリアの染色整理業に属する企業数は約 350-400 (毛織物の染色整理を含む) で, このうち約 90％が機械染色, 残りの 10％が手工染色 (中略) 染色加工高の推移を数量的に示す統計はないが, 業界関係者の話によると最近 50 年間 (1918 年から 1968 年の間) に 30％の伸びをみているとのことである. 特に浸染に比べて捺染の方が伸びているとのことであり, これは他国にみられない特色である」(鉤括弧内引用者) と記されている. 1920 年代にイタリアの染色業が近隣のヨーロッパ諸国と比較して遅れていたことを考慮すると [Lorenzini (a cura di) 1994：54-55], 1930 年代を中心とする同産業の変化は顕著であったと推察される[22].

IG ファルベンによる染料製造の技術導入の結果, 染料価格は低下したと考えられる. 同業組合である, コモに拠点をおく染色・プリント・仕上加工協会は, 1927 年に「化学製品や染料価格がリラ高の為替の影響で安くならない」[23]ことを報告しているが, つまりこれは絹・人絹用の化学製品や染料を, 1920 年代後半に輸入に頼っていたことを示している. 1930 年代の初めになると, イタリアで最大の染色企業であるコメンセ社は, 人絹の汚れ落としに以前はイタリア国内で製造されていなかった苛性ソーダを使い, ACNA 社で製造された安価な染料を使った [Lorenzini 1994：63].

このような染色工業の成長とともに, 染料を含む繊維関連の化学製品価格は 1932 年から 1935 年に下落し, その後徐々に上昇した. 繊維関連化学製品の価格は, 1928 年と比較して 1932 年に半分以下にまで低下した (表 2-6). 1937 年以降繊維関連価格指数は上昇しているが, 理由として先に述べたようにイタリアは染料輸出の枠を獲得したことから, より多くの染料輸出が可能となったため, 国内の染料価格が上昇したことが背景として考えられる.

表 2-6　イタリアにおける化学製品価格指数
(1929-1939 年)

(1928＝100)

年	肥料	繊維関連
1929	100.8	91.3
1932	77.8	47.5
1935	78.7	49.7
1936	83.7	61.9
1937	97.7	79.0
1938	104.5	83.0
1939	104.3	84.7

(出所)　'I prezzi dei prodotti chimici in Italia', Tinctoria, N. 5 (Maggio 1939), p. 169.

第4節　イタリアにおける染料輸出と輸入

　本節では，イタリアにおける染料輸出と輸入，および最終的に輸入代替が可能となった染料について検討する．第1次大戦前のイタリアでは染料の製造は行われず，ドイツからの輸入が少量ながら1914年12月まで続いたが，この頃には輸入は微々たるものとなり，1915年春，中欧諸国との開戦と共に完全に途絶した．その後2年間，供給は全てスイスおよび連合国からの購入によらなければならなかった［Haber 1971：邦訳 300］．1919年，1920年に行われたドイツの賠償である在庫染料の配分で，フランス，ベルギー，イタリアの染色業者，染料商は比較的好い目にあったが，良質の染料に対する需要は1921年まで続いた［Haber 1971：邦訳 383］．先に述べたように，1920年代前半まで，イタリアは染料をドイツやスイスからの輸入に頼るだけであった．

　イタリアでは中間物および染料製造のためのコールタール原料はドイツから輸入され，とくに中間物製造について第1次大戦直後から急速に製造量を伸ばした．これは，モンテカティーニ社が主導した輸入代替で，1920年代に適切な関税による保護貿易が実施されたことにより，国内産染料製造が増加したためである．しかし，大恐慌期に，染料の主な消費産業である国内の繊維製造・販売は停滞した．このため，順調に成長していた国産染料は輸出に向かった (表2-7)．この時期，染料輸出量は増加したが，染料輸出額は輸入額より小さ

第 2 章　流行の色を創る技術　*89*

表 2-7　戦間期における合成有機染料の生産量と輸出入量・額（1924-1938 年）

（金額：100 万リラ）

年	生産量（t）	輸入量（t）	輸入額	輸出量（t）	輸出額（t）	輸出量／生産量（%）
1924	5,645	2,736	54.6	245	8.7	4.34
1926	6,988	1,530	51.7	309	11.7	4.42
1928	6,985	1,908	67.7	361	8.7	5.17
1930	5,834	1,583	67.0	610	13.5	10.46
1932	5,990	988	39.6	1,043	11.8	17.41
1934	8,178	980	45.5	933	10.4	11.41
1936	8,468	404	32.1	710	6.4	8.38
1938	10,678	376	31.1	1,006	14.9	9.42

（注）生産量は硫黄有機染料とその他の有機染料を含む.
（出所）Zamagni [1990：94].

く，高価な製品を製造・輸出していたわけではない [Zamagni 1990：93-94]．こ
れらの高価な染料は，主にドイツとスイスから，次いでフランスから輸入され
た[25]．また，染色用防腐剤について，1930 年 2 月に緊急勅令を出し，従来 1 キ
ンタルにつき 290 金リラの輸入関税をかけていたものを免税にする措置をとっ
た[26]．

　ザマーニは，表 2-7 にあるように，イタリアでは戦間期に国内で製造できな
い高価な染料が常に輸入されており，染料の輸入額が輸出額を上回っていたこ
とを指摘している．しかし，国内の染料需要に対して，国内の技術力がどこま
で向上したのか，また輸入に頼らなければならなかったものをさらに見ていく
必要がある．

　1930 年代前半のイタリアにおける染料製造は，硫化染料（絹向けではなく，綿
および／あるいはヴィスコース法人絹向け）が主流であった[27]．しかし，表 2-3 でみら
れるように，イタリア国内における硫化染料以外の染料生産も 1930 年代前半
順調に増加し[28]，合成染料の輸出は順調に伸びた．1930 年頃の国産染料は国内
需要の 85-90％を満たした[29]．表 2-8 でさらに内訳をみてみると，硫化染料のな
かでも黒色以外の硫化染料の輸入額が上回っている．また，その他有機染料
（乾燥または水分量 50% 未満）の輸入額が圧倒的に大きく，輸出額も 1936 年から
増加していることがわかる．

　実際，イタリアの染料製造で主な製品となったものは以下の通りである．建
染染料に分類される人造藍（インディゴ）の製造は，イタリアでは 1926 年にミ

表2-8 合成有機染料輸出入量 (1934-1938年)

染料の種類	輸入量（キンタル）					輸入額（1000リラ）				
	1934	1935	1936	1937	1938	1934	1935	1936	1937	1938
黒色硫化染料	—	55	50	62	40	—	120	285	409	264
その他硫化染料	92	296	399	259	192	287	1,375	2,420	2,001	1,315
その他有機染料（乾燥または水分量50％未満）	9347	6825	3447	4313	3429	44,056	41,794	28,891	36,477	29,046
その他有機染料（水分量50％以上）	365	194	145	239	113	1,161	638	455	997	530
合計	9804	7370	4041	4873	3774	45,504	43,927	32,051	39,884	31,155

染料の種類	輸出量（キンタル）					輸出額（1000リラ）				
	1934	1935	1936	1937	1938	1934	1935	1936	1937	1938
黒色硫化染料	487	550	263	269	224	606	384	298	405	191
その他硫化染料	32	63	1265	1392	504	53	126	934	1,441	1,042
その他有機染料（乾燥または水分量50％未満）	3503	4011	2355	4066	4643	7,686	8,299	4,181	9,463	11,417
その他有機染料（水分量50％以上）	5335	4749	3307	4115	5203	2,098	1,761	1,004	1,828	2,647
合計	9357	9373	7190	9842	10574	10,443	10,570	6,417	13,137	15,297

（出所）Confederazione Fascista degli Industriali [1939 : 145-147].

ラノ県（現モンツァ・エ・ブリアンツァ県）のチェザーノ・マデルノ（Cesano Maderno）で行われた．また，濃紺やチアントレン黒のようなインディゴと性質や構造が類似したインジゴイド系建染染料製造は，1927年コンコ・ファッラータ（Conco Fallata）で始まり[30]，国内需要を十分満たす程であった[31]．イタリアのACNA社は，世界にある7つの有力な人造藍工場のうちの1つであった．人造藍製造は，1932年頃に年産6000トンに達し，イタリア国内の需要量500トンを超過しているため中国・インド・日本へ輸出されていた[32]．

　1920年代にイタリアで製造量が急増したのは，染色用有機触媒であった[Banca Commerciale Italiana 1930：513]．またACNA社は，1928年以降，色素，塗料，医薬品，香料などの原料として重要な無水フタル酸を月産2万5000 kgで製造し，副生物として，アントラキノン，メチルアントラキノン，クロルアントラキノンをつくることで，建染染料の種類の1つインダンスレン系染料の原料に使用した[33]．

　1935年にイタリア国内の染料製造は，拡大の傾向にあった．国内染料生産は，1924年に約5600トンであったが，1938年には約1万トンに増加した．一方で，生産量に対して染料輸出量の割合は1932年にピークを迎えるが，その後低下していることから，国内産染料は国内消費にまわったと推測される．さらに，第3節で指摘した国内繊維関連化学製品価格が上昇していたことを考慮すると，染色業における染料の国内需要は好調であったと考えられる．

　モンテカティーニ社の系列で，国内最大の染料製造業者であるACNA社は，エチオピア戦争のために軍需工場として動員され，中間体の輸出は一切行わなかった[34]．一方で，同社は，1935年時点で資本金3000万リラ，ロンバルディア州のロー（Rho）にあるビアンキ・ロンバルディア化学会社と協定して，その染料販売を引き受けることとなった[35]．その他の化学会社では，先に触れたように工場の拡張や新設がみられた．1935年にピエモンテ・アニリン染料工業会社は，中間体製造のために工場拡張の許可を得た[36]．また，サロニオ化学工業会社（Industria Chimica Dott. Pietro Saronio）は，「メレガノ［原文ママ］」に工場を増設する許可を得た．その目的は染料の中間体，染料，とくに建染染料のアンスラキノン系染料の製造であった[37]．

　イタリアにおける染料の自給自足は着々とすすんでいた．1931年に輸入さ

れた合成有機染料は国内需要の 70%に相当したが，1937 年には国内生産で国内需要の 80%を満たした［Giustiniani 1938：439］．1935 年における染料は，国内全体で 6000 トン，その半分は綿業，1200 トンは羊毛業，1800 トンは絹および人絹業に見積もられた．1937 年になると，受注で染色を行う工場で使用される化学製品は，必要な製品のうち 4 分の 3 以上を国内製品の消費で賄うまでになった．1937 年 9 月に化学組合と中央協同体委員会によってアウタルキー最高委員会（Commissione Suprema per l'Autarchia）が組織され，繊維業界で使用される染料の自給自足はほぼ達成する見通しとなった[38]．

　1938 年の雑誌（*Tinctoria*）に，イタリアにおける自給自足を達成した染料と今後達成すべき染料とについて，ネルヴィアーノ漂白染色社（S. A. Candeggio e Tintoria di Nerviano）のアリモンティ（Arimonti）へのインタビューが掲載されている．そこでは，国内で製造される直接染料や硫化染料，人造藍，アニリンオイルから造られる酸化黒色染料については国内需要を満たし輸出する水準であるが，建染染料の一分野であるインダンスレン系染料の製造が弱いことが指摘された[39]．

　このように，1930 年代のイタリア染料は，国内需要を上回る製品もあった一方，自給自足が達成されておらず，非常に高価な染料であるインダンスレン系染料は，ドイツやその他の国からの輸入に頼らざるをえない製品もあった．イタリアに販売代理店を置く外国化学企業は，1935 年時点で 21 社あり，ドイツの企業が 9 社と一番多く，その他スイス・フランス・アメリカ・オランダの企業名が上がっている．そのうちいずれもスイス・バーゼルの企業であるチバ社（Ciba），ガイギー社（Geigy），サンド社（Sandoz）はミラノに現地法人を設立していた[40]．

　1930 年代を通じて，イタリアの染料企業は，ドイツやアメリカなどの資本・技術支援を受けながら，染料を繊維製品に応用する環境を整えた．また政府は，自給自足（実際は輸入代替であった）という目標に向かうため，国産染料を消費する染色・プリント・仕上加工工業に注目していた．

おわりに

　本章で結論づけられる点は以下の通りである．

　1920 年代から 1930 年代のイタリアにおける染料企業は，ドイツ資本との提携によってのみではなく，その他のスイス・フランス・アメリカの化学企業の技術的な提携によっても，人絹およびその他の繊維原料への化学的応用研究をすすめた．その結果，染料や繊維関連化学製品の価格が低下し，以前には輸入に頼っていた染料や化学製品が国内で安価に製造されるようになった．大恐慌後の絹織物製造業者が目指していた高付加価値製品製造への流れと合流し，単価のより高い，多彩でデザインに優れた染色・プリント製品の輸出を可能にしたと考えられる．

　ファシスト政府は ACNA 社を通じた巧みな輸入代替戦略によって一定水準の染料や繊維関連化学製品を提供することに成功した．イタリア最大の染料会社 ACNA 社は，モンテカティーニ社と IG ファルベンの支援を受けた後，モンテカティーニ・グループの傘下企業となり，研究開発体制を整えながら染料の生産を増加させた．とくにインダンスレン系染料以外の建染染料が 1930 年代後半までに国内で製造されるようになったことがわかった．

　結果的に，イタリアの化学製品輸出は増加したものの，国内で製造できない染料の輸入額は輸出額を超えており，完全な輸入代替には至っていない．しかしながら，改良され，価格が下がった国産染料と繊維加工用化学製品は，一産業として確立しつつあった染色企業に様々な染色加工の可能性を与えたと考えられる．ここから，今後の課題として，消費者である染色工業側について産業の確立に関する理解を深める必要がうかびあがる．

　次章では，絹織物業の工程として含まれる染色・プリント工業が 1930 年代において重要になっていった過程について，染色・プリント業をめぐる国際環境や加工賃・賃金について注目し，検討する．

　　［付記］本章は，科学研究費補助金若手研究（B）（研究課題番号：60735314）による研究
　　成果の一部である．

注

1）同時期に実施された人絹カルテルについては，Cerretano［2014：83-107］を参照.

2）1924 年にイタリアで消費されたリン酸塩 1280 万キンタルのうち，60％をモンテカティーニ社が生産した［Department of overseas trade 1926：46］.

3）蔵相ヴォルピ（Giuseppe Volpi）は，1925 年に就任早々小麦 1 キンタルにつき 7.5 リラの穀物保護関税復活に踏み切った．しかし，農業不況による価格下落と大恐慌期に重なり，1920 年代後半から小麦生産は減少し，国内自給率も下がった．小麦増産の動きは，畜産と果樹栽培の不振を招く一方，農業機械（トラクターを含む）や化学肥料の導入を促し，農業雇用の減退，賃金引き下げをもたらし，とくに北部の大農場経営者ならびに富裕な小借地農に有利に働いた［ファシズム研究会編 1985：166；169-170；185］.

4）アンモニア合成法の代表的な方式で，窒素と水素からアンモニアを合成する．ハーバーが工業化のための条件を明らかにし，ボッシュが工業的に完成した.

5）「輓近イタリアの染料工業」『染織』54，1932 年 11 月，36(604)頁.

6）ビアンキ社はフランクフルトのカセラ社と関係があるといわれ，イタリア人による所有が要求されたが，イタリア人による所有が要求されていた株式所有の 7 割はドイツ人によって占められた．両社の契約条件は，ドイツ人が製造方法および技術員を提供し，イタリア人は同国およびその植民地以外で販売をしないというものであった［木村 1926：23］.

7）その他，ミラノのインカ社（Società Anonima Industria Nazionale Colori d'Anilina）は，1916 年 12 月に英レヴィンシュタイン社（Levinstein Ltd.）の援助によって資本金 240 万リラで設立され，イギリスの英国染料会社（British Dyestuff Corporation）と関係があるといわれた．同じくミラノのロンバルディア・アニリン製造社（Fabbrica Lombarda Colori Anilina）は，バーゼルのサンド社（Sandoz）と関係しており，硫化黒のみを生産するミラノのフェッリ社（Enrico Felli & Co.）はスイスのチバ社 Ciba と連絡をとっていると言われた［Haber 1971：邦訳 300；木村 1926：22-23］．スイス IG は 1925 年に合弁事業として小規模に硫化染料を生産するベルガマスカ化学工業会社 Società Bergamasca per l'Industria Chimica を設立した［Haber 1971：邦訳 469-470］.

8）アゾ染料は，合成染料の半数以上を占め，現在最も使用されている染料である．応用の幅が非常に広く，綿から合成繊維を対象に，直接染料および酸性染料となる．近年発がん性物質を含むことから一部のアゾ染料について規制が始まった.

9）分子中にアミノ基やイミノ基などの塩基をもち，水溶液中で陽イオンとなる染料．絹・毛などの動物性繊維には直接染着し，木綿などには媒染する．オーラミン・マラカイトグリーン・メチレンブルーなど，カチオン染料ともよばれる.

10）木村［1926：22-24］.

11）ベンジジンは芳香族アミンの一種で，黒色染料の中間体であるが，発がん性物質であ

るため，戦後製造が禁止された［日本皮革産業連合会 2017］．

12）ボネッリ社はフランス CMC 社とインディゴ製造に関する契約を結んでいるといわれ，その契約条件はドイツ染料工業中央会と結んだものと同じであった．その契約条項では，フランス人は製造方法・技術員を提供し，イタリア人は同国およびその植民地以外において販売しないことに合意し，利益は等分することになっていたが，1923 年時点では実施されることはなく，合成インディゴはイタリアで生産されたことがなかった［木村 1926：22-24］．

13）"News of the industry," *The dyer & calico printer, bleacher and finisher*, 65(13)（June 1931），p. 743.

14）"Joins chemical cartel", *New York Times*, April 20, 1928.

15）「イタリア染料工業の苦悶」『染織』61，1933 年，40(380)頁．

16）「海外事情」『染織時報』571，1934 年，46 頁．

17）1922 年ソーダおよび塩素販売カルテル，年次不明リン酸協定・クエン酸および酒石酸カルテル，1934 年圧搾炭酸，写真紙，フィルムおよび乾板販売カルテル，1935 年石炭，銅，ニッケル，錫専売，1936 年植物性油脂工業，油性種子買付カルテル，1936 年人絹貿易会社（セルロース輸入，ヴィスコース糸統制），1938 年チリ硝酸ソーダ販売カルテルが設立された［ピティリアニ 1940：39-40］．

18）"Quali nuovi impianti od ampliamenti sono stati autorizzati nell'industria tessile italiana nel 1933-34?" *Tinctoria*, N. 11, Novembre 1935, p. 47.

19）硝酸，グリセリン，ダイナマイトを製造した BPD 社（Bombrini Parodi-Delfino）は1913 年に，ローにあるビアンキ社，およびロー Rho のサロニオ（dott. Piero Saronio）によるイタリア人造染料社（Società italica colori artificiali），チェザーノ・マデルノのボネッリ社（Società Coloranti Bonelli）はともに 1917 年に設立された．ミラノのアニリン染料社（Anonima industrial nazionale colori d'anilina）は 1916 年に設立された［Zamagni 1990：73］．

20）この分野には，国内に約 250 の工場が存在し，3500 人の労働者と 900 人の事務員がいた．製造は主にロンバルディア・リグーリア・ピエモンテ州で行われた［Ragno 1938：117］．

21）「イタリア染料工業」『染織時報』577，1935 年 10 月，23 頁．

22）この報告を裏付けるように，絹織物産地であるコモ県では，1872 年に染色 6 社，仕上加工 2 社の状態から，1965 年には両業種を合わせて 100 社を超えた［Camera di commercio 1965：36］．中でも機械プリント工業は第 1 次大戦後コモで始まり［Buss ed. 2001：71］，現在もなお同工業と関係が深いファッション産業はイタリア経済において主要な産業であり［JETRO 2014］，機械プリント工業はコモ地方の中核産業である［小川 1998：31］．

23）ASC, "Associazione Nazionale fra gli Industriali Tintori, Stampatori ed Apparecchiatori Serici," 11 Maggio 1927, CCC, c. 497.

24) イタリアの染料輸入関税について，1913 年には無関税であったが，1926 年には従価
で，インディゴ 53-100％，黒色硫化染料 59％，アニリン染料 59-79％で設定されて
いる［工藤 1999：118］.

25) "Italian dye industry," *Textile colorist*, 56(666), June 1934, p. 406.

26) 外務省通商局「イタリー輸入染色用防腐剤免税」『海外経済事情』29，1930 年，78 頁.

27) 「1933 年イタリーの染料生産量について」『染織』75，1934 年 8 月，10(398)頁.

28) 硫黄を使用した硫化染料は，1930 年以前もイタリアで製造されていた.

29) 「1931 年伊太利の染料産量」『染織』62，1933 年 7 月，5(409)頁.

30) "The expansion of the Italian dyestuffs industry," *The Dyer, calico printer, bleacher and finisher*, 65(6), September 1933, p. 287.

31) 「イタリーのインヂゴイド系染料製造の現在」『染織』96，1936 年 5 月，27(251)頁.

32) 「輓近イタリアの染料工業」『染織』54，1932 年 11 月，36(604)頁.

33) 「伊国Ａ・Ｃ・Ｎ・Ａ 工場で無水フタル酸製造」『染織』86，1935 年 7 月，125(373)頁.

34) 「伊太利染料の内地進出困難」『染織』95，1936 年 4 月，14(182)頁. ACNA 社の日
本代理店は，中外貿易であった.

35) 「イタリア染料工業」『染織』89，1935 年 10 月，29(523)頁.

36) 「イタリア染料会社拡張」『染織』84，1935 年 3 月，7(233)頁.

37) 「イタリアの建染染料新製造家」『染織』89，1935 年 10 月，30(524)頁. 原文では
「メレガノ」とあるが，恐らくミラノ郊外の「メレニャーノ（Melegnano)」を指すも
のと思われる.

38) "Il problema dell'autosufficienza presso le tintorie," *Tinctoria*, N. 10 (Nov., 1937), p.
331.

39) "L'autarchia nei coloranti e il pensiero d'un tintore," *Tinctoria*, N. 6 (Giugno 1938), p.
221. インダンスレン系染料とは，建染染料のうち，インジゴイド染料および顔料と
して非常に重要なフタロシアニン系染料を除いた，多環式キノンを母体とするものの
総称である. セルロース繊維用の染料として最高の堅牢度をもつ高級染料で，構造・
製法が複雑で，したがって値段も高い. 色調も黄〜橙〜赤〜紫〜青〜緑〜灰〜黒と非
常に広く，鮮明である.

40) "I coloranti e i prodotti chimici per tintoria," *Tinctoria*, N. 10 (Ottobre 1935), p. 421.

第3章

流行の色で製品を創る
―― 1930 年代の染色・プリント工業の形成と
製品の変化

はじめに

　本章では，染料の開発と関係の深い染色工業について検討をすすめる．イタリア繊維工業は，世紀転換期から現代にいたるまで同国経済の中で重要な地位を保っている．絹織物産地のコモ地方は，染色（とくにプリント部門）において世界でも最高水準と評される［丹野 1993：2］[1]．また，染色やプリント部門，品質管理部門が産地の企業の中心となることで，イタリアは繊維機械王国と呼ばれている［米長 2003］．染色整理業は，消費者のニーズに適合した色・柄などの美しさ，触感などの風合い，防縮防水などの機能を付与し，商品価値を高める重要な産業である．

　イタリアの繊維王国としての地位は，高付加価値製品を生み出す過程で確立された．中小企業総合研究機構は，平成8年度に行った「イタリア型中小企業に関する調査研究」の中で，現代日本とイタリアの繊維およびアパレル産業の競争力の違いを指摘している．そのなかで，両国の繊維産地の構造や工程間分業にそれほど違いはみられないが，イタリアから日本に輸入された高級製品が売れる理由が指摘されている．それは，着心地や風合いのように数値では表しにくい感性的な部分，すなわち「感性要因」に優れた製品をつくっている点である［中小企業総合研究機構 1996：5-22］．この「感性要因」の強化がどのように可能になったのかについては，デザインだけではなく，デザイン実現のための製造段階における染色・仕上工程の技術力も重要である．

　イタリアでは染色工程のうち，プリント工業の発展が著しかった．日本の繊維工業構造改善事業協会によるヨーロッパの染色工業に関する1968年の調査

報告書によれば，1968年イタリアでは染色整理業に属する企業数は約350-400（毛織物の染色整理を含む）で，9割が機械設備を利用して生産を行っていた．この時点でロンバルディア州のベルガモのレッジャーニ社（Reggiani）とコモのティコーザ社（Ticosa）が，イタリアの二大染色会社であった．同報告書には，「染色加工高の推移を数量的に示す統計はないが，業界関係者の話によると最近50年間に30％の伸びをみているとのことである．特に浸染に比べて捺染の方が伸びているとのことであり，これは他国にみられない特色である」と記されている［繊維工業構造改善事業協会 1968：21-23］．つまり，第1次大戦後から第2次大戦後にかけて染色・プリント工業のうち，プリント部門の顕著な発展が指摘されている．

　戦後から現在に至るまで，イタリアはファッションの中心として注目されているが，このようなイメージの形成の発端は戦間期にあった．第2章でみたように，当該期に化学工業が発展し，布を染めるための国産染料が技術的に改良され，染料価格も1920年代と比較して下落した．これらの染料や関連製品を消費する国内染色・プリント・仕上加工業者においては，様々な製品の開発の可能性が広がったと考えられる．実際，ファッション史研究では，1930年代の衣類におけるデザインの広がりが指摘されている．1930年代は，流行を生み出す染色や布加工の新技術が次々と生まれた時期である．大恐慌期に世界的な輸出市場の縮小に直面し，絹織物製造業者は流行のプリント物や室内装飾など新製品の開発を，生き残りをかけて地道に続けた．

　しかしながら，従来の経済史研究では，通説として捉えられている当該期の八絹工業の好調さ，染料工業の発展，絹業の低調がみられた状況から，デザインの多様性がうまれた要因については説明されてこなかった．つまり，イタリアの繊維製品の付加価値を上昇させるために重要な役割を果たすようになった染色・プリント工業の発展過程の分析には，注意があまり向けられてこなかったのである．この理由として，当該期の繊維工業を含む消費産業に対する研究の寡少さ，および，繊維工業の工程の複雑さから，関連する産業分野の分析無しには，研究を進めることが難しい点が挙げられる．

　染色・プリント工業を観察するための本章の構成は，以下の通りである．初めに，染色・プリント工程を中心に先行研究をサーベイする．第2節では，こ

れまで独立した産業・企業部門として把握されることがなかったイタリアの染色企業について，地域，企業規模などを概観する．この作業によりイタリアにおける染色・プリント工業の特徴を明らかにする．第3節では染料消費産業としての染色工業が，どのように仕事を受注していたのかをみていく．具体的には，1930年代後半の「受託染色」に注目する．最後の第4節では，1930年代に染色工業の成長に伴う染色工業の労働者の賃金体系と工賃の設定を検討し，染色工業が一産業として成立する過程において染色工業における費用の変化を観察する．

第1節　染色工業に関する先行研究

　本節は染色工業に関する先行研究に触れる．[2] 合成染料およびそれに伴う染色・プリントの技術的な改良によって，天然染料を使用していた時代よりはるかに容易に多色の織物や衣類を製造できるようになり，製品が多様となった．この製品の多様化の背景には，クルーグマンが指摘するような，消費者は多様な製品に囲まれることで効用が高まると仮定する消費者の多様性選好に他ならない［Krugman 1980：953］．イタリアでは，工業化が進展する当該期に，繊維製造業者は，大規模化した化学工場で大量生産された染料を用い，織機の自動化によって生産性を高めるなど規模の経済を実現して，消費者に対して多様な商品を供給した．したがって，戦後多品種少量生産に向かう過程で，製造業者側ではそれまでの分業関係が変化したはずである．製品の多様性を生み出す装置として，染色・プリント・仕上加工工業の変化を説明することは，戦後の繊維工業の繁栄を説明する重要な視点となる．

　また，このような消費者側の需要を受けて，現代では生産者側においてますます染色・仕上加工の重要性が増していることを指摘しているのが，Holme［1992］である．具体的には製造のグローバル化とより多様化する市場で素早く製品として反応するための前処理の重要性である．また，Schofield［1984］は，Fothergill［1934］の言葉を引用しつつ，キャリコ捺染を説明するなかで，染料の開発とその進歩による繊維工業への応用について触れ，キャリコ捺染と1930年代に起こった染色の技術的進歩は本質的に異なることを指摘し，絹と

人絹の捺染の重要性を指摘する[3]．

ファッション史からイタリアの染色企業に言及したのは，Rosina［2001］である．ここではイタリア・コモ地方において1930年代にプリント織物の興隆があったこと，そのうち中心的な役割を果たした企業名が記されている．しかしながら，プリント工業の成長要因として関連産業や経済を関連付けたものではない[4]．

同時代研究から，レーヨンの登場によって染料と染色技術開発に大きな影響があったことがわかるが，実際の染色工程に関する研究は，染料工業に着目したものは多少存在するものの，染色企業を対象としたものは管見の限り寡少である．したがって，染色企業に焦点を当てることで，1930年代のイタリアのコモ地方でプリント工程が発展した要因を観察し，当該期の主要輸出商品に与えた影響を明らかにする．

第2節　染色・プリント・整理企業の概要とその数量的な把握

イタリアにおける染色・プリント・仕上加工整理工程は，第1次大戦後に急速に増加するが，戦間期の染色工程に関連する企業については，統計から実態を把握することが非常に困難である．これは，統一した統計基準で継続的に情報が収集されていないことが主な理由であるが，本節では様々な史料を用いて，労働者の数と企業の数，立地について把握を試みたい．

1920年代のヨーロッパ諸国における染色の中心は，労働者数で見た場合，中心は，主に英国（1921年約9万7000人），ドイツ（1925年約7万2000人），フランス（1921年約4万人）やスイス（約1万人）などであった[5]．これらの国々と比較した場合，1920年代のイタリアの染色業の規模は約4000人と比較的小規模であった[6]．

1929年の調べになるが，表3-1から，綿，羊毛，絹，人絹など加工を行う糸の種類別にイタリアの染色企業を数えると，綿と羊毛を扱う企業数が多いことがわかる．しかし，絹の染色企業は1929年に一工場あたり平均230人が雇用されており，綿業の染色企業の一工場当たり平均61人と比較すると，大規

第3章 流行の色で製品を創る　*101*

表 3-1　染色企業の種類 (1929 年)

業種	工場数	従業員数	1 工場あたり 従業員数	全体に占める 労働者数の割合
綿染色	257	15,691	61	19.0
羊毛整理加工仕上	238	8,674	36	18.0
羊毛染色	176	2,611	15	5.0
絹染色	21	4,837	230	5.0
人絹染色	30	2,746	92	9.5
ニット染色	21	245	12	3.9
靴下染色	32	557	17	5.4
帽子	39	293	8	2.0

(注) 単位は，工場数，人数，%．1929 年 5 月，協同体省調べ．
(出所) 'L'industria della tintoria in Italia', *Tinctoria*, N. 8 (Agosto 1939), p. 307.

模な工場が多かったことがわかる．

　染色企業の調査は，1920 年代の後半に集中して行われている．まず，1926 年 10 月の時点で，コモ市には，絹織物企業 121 社，リボン製造企業 15 社，染色・プリント・仕上加工企業 35 社，製糸および撚糸企業 61 社，レース製造企業 33 社，綿織物企業 48 社が存在していた[7]．

　1927 年に実施された産業国勢調査では，染色工業に関わるいくつかの項目が抜けており，その後の時代に調査された項目と完全に一致しないことから比較が難しい．しかし，繊維工業に含まれる「防水加工・織布ステンシル染色など」の項目に，89 社に属する 4271 人の労働者が含まれる．この項目は，明らかに繊維の仕上工場も含んでいる．その他，「クリーニング・アイロン・かけはぎなど」の工程には，織布の仕上工程が含まれており，1126 社で働く 7558 人の労働者が存在した[8]．

　1928 年に繊維連盟 (Federazione Tessili Varie) に含まれる，イタリア国内で生産設備を有する染色・プリント・染み抜き業者は 295 社，1 万 6000 人の労働者がいたが，その後 1935 年 10 月に行われた調査では，210 社，約 1 万 1000 人と減少している．このうち 119 社，1 万 200 人の労働者は，染色およびプリント業である．この 119 社のうち 98 社 (全体の 82.4%)，7500 人 (73.5%) の労働者がロンバルディア州に集まり，その他ピエモンテ州に 14 社 485 人，ヴェネト州に 7 社 364 人，カンパーニャ州に 3 社 164 人，それらにトスカーナ州が続いていた[9]．

表 3-2　ロンバルディア州県別絹関連企業数（1940 年）

	養蚕	製糸	撚糸	絹紡糸	刺繡	その他製糸	製織	靴下	ニット	染色・プリント・仕上整理加工
ベルガモ	1	48	24	1	2	1	7	3	2	1
ブレシア	1	32	1	1	0	0	4	13	0	0
コモ	3	33	65	2	1	1	135	1	0	19
クレモーナ	0	30	6	0	0	0	1	0	0	0
マントヴァ	0	6	1	0	0	0	0	2	0	2
ミラノ	0	24	19	0	4	2	41	26	3	16
パヴィア	1	8	0	1	0	0	1	3	1	1
ソンドリオ	0	0	0	0	0	0	2	0	0	0
ヴァレーゼ	0	4	13	0	0	0	24	15	1	3
州合計	6	185	129	5	7	4	215	63	7	42
全国合計	99	473	155	20	10	10	307	93	14	51

（出所）Ente Nazionale Serico ［1940］より作成.

　1929 年 5 月には，絹織物製造施設に加えて染色部門を持つ企業の調査が行われた．21 の染色工場で働く 4837 人の労働者のうち，3652 人は男性であった．そのうち 12 工場は 101 人の現場主任（ロンバルディア州に 100 人，ナポリに 1 人）をおいており，そのうち 88 人が男性，13 人が女性であった．染色部門では，2438 人の労働者（うち女性労働者 580 人），プリント部門（6 工場）では 464 人，整理仕上加工部門（12 工場）には 1155 人の労働者がおり，その他の部門に 103人，サービス部門に 585 人がいた．

　プリント部門 6 工場の内訳は，ロンバルディア州に 4 工場，2294 人の労働者（うち 444 人がプリントに従事），ピエモンテ州に 2 工場，51 人の労働者（そのうち 20 人がプリントに従事）がいた．国内で 12 工場が整理仕上加工を行い，そのうちロンバルディア州に 11 工場，4308 人の労働者がおり，実際整理仕上加工をしているのは，767 人の男性労働者と 387 人の女性労働者であった[10]．これらのデータから，ロンバルディア州を中心としたイタリア北部が染色・プリント工業の中心であり，染色業労働者の男女比は男性の方が高いことがわかる．

　染色が最も盛んに行われたのは，ミラノより北に位置するヴァレーゼやコモ地域であった[11]（表 3-2）．イタリアで労働者数・資本金ともに最大の染色企業は，コモにあるコメンセ染色仕上社（労働者数約 1500 人，資本金 2000 万リラ）であり，

表 3-3　染料・染色企業の新規開業数（1931-1939 年）

| 年 | ロンバルディア | | ピエモンテ | リグーリア | フリウーリ=ヴェネツィア・ジューリア | トレンティーノ=アルト・アディジェ | ヴェーネト | エミリア=ロマーニャ | トスカーナ | ラツィオ | カンパーニャ | バジリカータ | アブルッツィ | シチリア | 合計 |
	ミラノ・コモ・ヴァレーゼ	他県													
1931	9	3	4	1	2	0	0	0	0	1	0	0	1	0	21
1932	1	5	5	0	0	1	1	2	0	4	0	0	0	0	19
1933	4	2	4	0	3	0	0	1	3	1	0	0	1	0	19
1934	7	2	4	1	0	0	0	0	6	2	1	0	1	0	24
1935	3	5	1	0	0	0	0	1	2	1	0	0	1	0	14
1936	0	2	6	0	0	0	0	0	3	0	1	0	1	0	13
1937	4	3	1	0	0	0	0	0	8	1	0	1	2	1	21
1938	0	3	0	0	0	0	0	2	7	0	0	0	2	0	14
1939	2	5	4	0	0	0	0	0	5	0	0	0	0	0	16
合計	30	30	29	2	5	1	1	6	34	10	2	1	9	1	161

（出所）'Vita delle aziende', Tinctoria, 各号より, 開業企業数から作成.

同時にイタリア国内最大の受託染色（受託染色については次節で触れる）を行う企業であった．国内第 2 位は，600 人を雇用するペッシーナ染色社 Tintoria Pessina であり，この企業もコモにあった[12]．

　次に表 3-3 の 1931 年から 1939 年までの染料・染色企業の新規開業企業数をみると，ロンバルディア州の新規開業企業数はイタリア国内の中で一番多く，ミラノ・ヴァレーゼ・コモ地域に限るとその半数を占めた．また，表 3-4 の同州の倒産廃業数も，開業企業数と同程度あり，新規参入と退出が活発であった．

104

表3-4 染料・染色企業の倒産廃業数 (1931-1939年)

年	ロンバルディア ミラノ・コモ・ヴァレーゼ	その他の県	ピエモンテ	リグーリア	フリウーリ=ヴェネツィア・ジューリア	トレンティーノ=アルト・アディジェ	ヴェーネト	エミリア=ロマーニャ	トスカーナ	ウンブリア
1931	7	2	0	0	0	0	1	0	3	0
1932	1	0	0	0	1	1	1	0	3	0
1933	3	4	3	0	0	0	0	1	2	3
1934	5	5	1	2	0	0	0	1	2	0
1935	3	1	2	0	0	0	1	1	2	0
1936	2	0	1	0	0	0	1	0	1	1
1937	4	1	2	0	0	0	0	3	0	0
1938	5	1	3	0	0	0	0	1	2	0
1939	2	2	0	0	0	0	0	1	1	0
合計	32	16	12	2	1	1	4	8	16	4

ラツィオ	プーリア	モリーゼ	カンパーニャ	マルケ	バジリカータ	アブルッツィ	カラーブリア	サルデーニャ	シチリア	合計
7	0	0	0	2	0	2	0	0	2	26
1	0	0	0	0	0	0	0	0	0	8
9	0	1	1	0	0	2	0	0	1	32
1	0	0	0	0	0	0	0	0	0	17
0	0	0	0	0	0	0	0	0	0	10
0	1	0	2	0	0	1	0	0	0	10
0	0	0	0	0	1	0	1	0	2	14
0	0	0	1	0	0	1	1	0	0	15
0	0	0	0	0	0	0	0	2	1	9
18	1	1	4	2	1	7	1	2	6	141

（注）1933年の合計は所在不明企業2社を含む.
（出所）'Vita delle aziende', *Tinctoria*, 各号より, 廃業企業数を計算し作成.

コモ県に限って染色企業の設立をみた場合，1933年に株式会社設立が1件，
倒産廃業した企業は，1938年に株式会社の解散が1件，1939年に倒産が1件
みられた．また，1935年時点における国内で主要な染色企業は31社あり，そ
のうちミラノ県・ヴァレーゼ県・コモ県に拠点をおく企業は20社あり，うち
9社がコモ県（うち株式会社は4社）にあった.[13]

　以上のことから，コモ地方の染色企業は国内染色業の中心的な存在であった.

1930年代後半になっても染色企業の新規参入は続いており,産業に活力があったといえる.また,1930年代のコモ産地は,製織から染色・プリント・仕上加工までを一貫して行うのではなく,製織業と専業染色企業が分業を行う形態が主流になっていたことがわかる.

次に,自給自足が目指される中,染料工業の成長とともに染料消費者としての染色企業の増加がどのように起こったのかに焦点を当てる.

第3節　染料消費産業としての染色工業

本節では,1920年代後半から1930年代の染色工業がより付加価値の高い絹織物製品を製造することを可能にした,染色・プリント工程における技術的向上や研究開発の導入について検討する.この動きは,「アウタルキー」を標榜して統制経済の色が濃くなる1930年代後半に,政府や染料工業が,国内で製造する化学製品を消費するための産業として染色企業をとらえる時期と重なっている.

染色同業組合で,コモに拠点をおく染色・プリント・仕上加工協会は,1927年に「化学製品や染料の価格がリラ高の為替の影響で安くならない」ことを報告している[14].つまり,この時点で染色企業は化学製品や染料を輸入に頼っていたことを示唆している.しかし,1930年代の初めになると,イタリアで最大の染色企業であるコメンセ社は,人絹の汚れ落としに苛性ソーダを使い,ACNA社で製造された安価な染料を使っていた[Lorenzini 1994:63].また,リヨンのジレ社 Gillet et Fils グループにより経営されていたコメンセ社は,1931年に繊維に応用する化学実験室を開設した.その中で中心的な役割を果たしたのはアウグスト・ブラナー August Brunner で,彼が選んだ11名によって実験室が運営された.コメンセ社の実験室は,スイスの化学企業チバ社が調査と研究のために利用するなど,高い水準にあった[Lorenzini 1994:64].

1935年頃,イタリアにおける繊維加工の3分の1は「受託染色（tintorie per conto terzi）」業者によって行われ,その加工量は約100万キンタルにのぼるといわれた[15].この「受託染色」という言葉は,1930年代を通じて専門雑誌や染色企業の史料で散見され,一定の重要性を持っていたと考えられる[16].なぜなら

ば，「受託染色」が盛んになるということは，それまで補助的な加工であった
染色工程の市場が成長し，完全に分業の体制に移行していたことを意味するた
めである．

　「受託染色」とは，小規模な製造企業の必要性に応じ，あるいは設備をもた
ない企業に対して特別に染色作業を行うことである[17]．そして，このような「受
託染色」業者の大半の仕事は，大きく分類して以下の2つである．①ニット・
靴下・飾り・手袋など，一般的に専門の染色部門を持たない企業から注文され
る，糸あるいは布，あるいは衣類など小ロットの染色．②織布の「プリント」．
この加工は，高価なプリント設備を持たない製造企業に対してプリントを行う．
いくつかの企業は特殊な加工（防水加工，ニットや靴下の仕上げとアイロン，単純な漂
白，マーセライズ加工など）に特化している．その他に，特定の糸（レーヨン，羊毛，
絹など）を染めることに特化した企業がある[18]．

　1935年11月に始まった対伊経済制裁により，パガーニ社（Pagani）やペッシ
ーナ染色社（Pessina）といったコモの大手専業染色企業のいくつかの部門は，
週3日という操業短縮を余儀なくされた [Lorenzini 1994：67]．この時期，コモ
地方の製糸企業の閉鎖が続いたため，糸染めに大きな影響があったと考えられ
る．一方で，経済制裁後の染色・プリント製品の輸出は急激に伸び，高級絹織
物を製造する中小企業を中心に染色・プリント工程の技術的な改善がみられ，
新製品が次々と開発された．

　1930年代，イタリアにおける染料の自給自足は着々とすすんでいた．1935
年における染料は，国内全体で6000トン，その半分は綿業，1200トンは羊毛
業に，1800トンは絹および人絹業に見積もられた．1937年になると，「受託染
色」で使用される化学製品は，染色に必要な製品のうち4分の3以上が国内製
品となった．1937年9月に化学組合と中央協同体委員会によってアウタルキ
ー最高委員会（Commissione Suprema per l'Autarchia）が組織され，繊維業界で使
用される染料の自給自足はほぼ達成する見通しとなった[19]．

　このように，染料自体は国内で自給自足がほぼ可能となった．しかし，輸出
産業である繊維製造企業家は，政府に販路の保護を求めるのではなく，競争が
ある地域へ出て行くことが必要であるという意見を持ち，自給自足の概念に沿
わない産業である，ということが染色専門誌 Tinctoria の中で指摘されている[20]．

実際，1937年の絹および人絹製品の輸出額は，全輸出額の14.5%，1938年の14.4%を占めた．また，1937年頃には整理加工仕上工程の研究が盛んとなり[21]，クリーニング技術の改良が確認される[23]．これは，消費者に不評であった人絹織物製品に関する補修を改善するものであった[24]．国内で保護された染料製造とは対照的に，絹および人絹織物は，競争的な市場を前提に最終製品として付加価値を高める方向に向かっていたことがわかる．

また，染色部門にかかわる動きで重要となるのは，国内における靴下産業の成長である．1929年の調査では，216の靴下製造業者のうち，染色部門を併設していた企業はたった32社であった．靴下以外のニット産業も同様で，182社のうち21社が染色部門を持っていたにすぎない[25]．靴下業組合に属する企業は，国内生産の95%を占め，綿業組合に属していたが，生糸を使用する重要な産業であった．同産業は，1935年に約42万足を生産し，そのうち生糸の使用は8万5000 kgであったが，1938年には約55.5万足，11.1万 kgに増加した［Ente Nazionale Serico 1939：50］．このように，靴下製造企業は生糸を使用し，「受託染色」業者にとってはこのような企業は重要な顧客であった．

イタリアにおける染色企業において，靴下やニットなど「受託染色」という専門設備を持たない産業からの受注の普及が，染色・プリント・仕上加工工程の成長を促したと考えられる．また，繊維製品の普及や長期的な使用といった観点から，製品に合わせたクリーニング技術まで同時に改良された[26]．

次に，染色工業の賃金と工賃について考察を行う．この「受託染色」の成長は，染色・プリント業における工賃と労働者の賃金が低下することにより，産業として確立を促したと考えられるためである．

第4節　染色工業の賃金と工賃の設定

本節では，染色企業の発展につながる2つの要因，すなわち，当該期における賃金と加工賃について検討する．染色企業は，改良が進む国内産染料を使用する成長産業となった．それと同時に，後に述べるように，1920年代後半になると，為替安定化を目指したデフレ政策から，国内の賃金が低下し，それに伴い加工賃が低下していた事実がある［Toniolo 1980：邦訳 78-82］．

108

　第1次大戦前後に染色・プリント・仕上加工に従事する労働者は，以下の理由のために，絹業の他部門である製糸や製織工程と比較して高い賃金を得ていた．それは，染色という仕事が専門的な作業であり，当時としては比較的高い就学率を誇ったこと（小学校の3年間を終えていた[27]），家内工業が多かった製織工程と比較して，染色・プリント・仕上加工は工場労働が主であったためである[Lorenzini 1994：60]．

　また，すでに触れたように，染色企業で働く人々は男性が中心であった．比較的高いとされた染色工の賃金は，ファシスト期に団体協約で定められ，徐々に低下していた（詳細は第4章第2節で述べる）．しかし，織布工と比較すると依然高い賃金を得ており，当時の化学技術の急速な発達を考慮すると，成長産業である染色業で働くことを志す労働者は多かったと考えられる．

　染色・プリント工程の中心地であるコモ地方の染色企業は，先染と後染を含む技術的に困難な染色とプリントの工程を外国，とくにスイスやフランスなどの企業に委託し，1920年代前半においてもまだ染色技術が遅れていた[Lorenzini 1994：54-55]．このため，市場に適合した製品として価値を高める必要から，これらの工程を国内で成長させることが重要であった．1920年代半ばからファシスト工業総連盟（Confederzione Generale Fascista dell'Industria）を通じて染色・プリント，整理加工と製織の各工程を担う業者間会議が何度も開かれ，緊密な連携をとるために，価格，割引や労働条件など具体的な解決策が話し合われた[28]．

　1926年時点の賃金は，経験年数を基に賃金が支払われており，この賃金制度は少し修正もされているが，1930年代も基本的に同じである．絹染色・プリント・仕上加工組合（Associazione nazionale fra gli Industriali Tintori, Stampatori ed Apparecchiatori Serici）は，1927年1月1日から採用される労働者を対象に，**表3-5**にあるような賃金制度を採用した．男性の場合，年齢に応じて賃金が支払われた．労働者として14歳を1年目の賃金と数える．しかし，20歳以上で初めて採用された労働者は，勤続7年目の賃金が当初から支払われ，7年目の経験に応じた働きをするまで7年目の賃金水準が支払われる．9年目まで染色工補助であり，仕上加工工補助は13年目，プリント工補助は12年目まで昇進したのち，それぞれ染色工，プリント工，仕上加工工となる．染色工では，色彩

第 3 章　流行の色で製品を創る　　*109*

表 3-5　染色・プリント・仕上加工工の賃金体系 （1927 年）

	職種	労働開始年齢	補助工期間	昇給	資格職
男性	染色工	14	9 年	年齢に応じて	色彩調整工
	プリント工	14	13 年	年齢に応じて	
	仕上工	14	12 年	年齢に応じて	
女性		14		16-19 歳の昇給なし	

（出所） 'Associazione Nazionale fra gli Industriali Tintori, Stampatori ed Apparecchiatori Serici', 3 Dicembre 1926, ASC CCC. c. 497.

表 3-6　染色工の賃金 （1927 年）

（リラ）

種別	最低	最高
染色工 （variante）	32.93	36.21
補助染色工 （un aiutante tintore）	26.14	32.66
染色荷物運搬人 （un facchino di tintoria）	25	31.46
女性染色工 （una donna di tintoria）	17.14	21.85
19 歳の見習い工 （un'apprendista di 19 anni）	23.64	

（注） 賃金は 8 時間労働で日給ベース.
（出所） 'Associazione Nazionale fra gli Industriali Tintori, Stampatori ed Apparecchiatori Serici', 11 Maggio 1927, ASC CCC. c. 497.

調整と呼ばれる資格があり，企業によって認められた者が関連作業に配属された．仕上加工工についても企業に選ばれた労働者に資格が与えられた[29]．

　女性については，14 歳が 1 段階目，15 歳が 2 段階目，16-19 歳で 3 段階目の賃金が支払われ，20 歳以上で雇われた女性は 4 段階目の賃金が支払われ，勤続 7 年目の水準に達した後，10 段階目まで昇進する．選ばれた労働者だけが 11 段階目の賃金を得ることが定められた[30]．

　1927 年の染色工の賃金は，一番高いカテゴリーで日給 36.21 リラから 32.93 リラに引き下げられ，表 3-6 は引き下げ後の賃金を示している．その後，大恐慌期にかけて 32.93 リラからさらに賃金が引き下げられた．1927 年の賃金引き下げで大きく意識されたことは，染色工の賃金がリヨンの水準より高いと，競争力を維持できないという点であった[31]．1932 年 3 月に，政府によって染色工も賃金引き下げの団体協約のカテゴリーに入れられた．染色工は，絹織物製造の賃金とは異なるカテゴリーで設定され，「諸繊維工業連盟 （Federazione Industrie Tessili Varie）」に組み込まれた．ここには，衣類の染色，ドライ・クリ

ーニングを行うものも含まれた（蒸気および手作業のリネンクリーニングは含まれない）.

　ミラノ市では，1932年2月1日に4.4%，1932年7月1日，二度目のさらに4.4%の賃金引き下げが実施された．その他の県においても，1932年2月1日に2.7%，1932年7月1日にさらに2.7%の賃金引き下げが行われた[32]．しかし，20歳以上の染色・プリント・仕上加工工の最低賃金は，日給25リラに設定され，織布工（1931年12月のコモ市内織布工賃機日給14.32リラ）と比較すると[日野 2012：65]，染色工の賃金は比較的高い.

　また，染色・プリント工業が本格的に拡大する背景に加工賃の低下がある．1931年に小ロットで受注する際の統一的な料金に対する議論があり，染色やプリントの加工生産設備を持たない製織企業に対して染色の料金を定める動きがみられた．これに関して，実際の染色料金の設定は，自由で競争的であった[33]が，コモには大手染色企業が多く，賃金引下げの経済政策から賃金の団体協約が結ばれていたため，中小企業と比較すると，コモの染色企業は料金の値下げに対して不利であったと考えられる.

　ここで染色料金の低下を明確に示すことは，史料の制約上困難であるが，いくつかの記述から推測が可能である．大恐慌期の初め頃，1931年のコモ県知事史料によれば，「ここ最近でとくに人絹織物の染色加工において顕著な料金の低下がみられた」とある[34]．第5章で詳しくみるFISAC社の1935年の史料によると，「人絹織物の染色の相場は，反物染めで1メートル当たり約0.50リラ，プリントで約1.10リラであり，他の染色企業と競争する場合，このような「低い単価」が要求された」と記されている[35].

　この理由として，原材料の価格低下と加工賃の低下の2点が考えられる．まず，染料を含む繊維関連の化学製品価格の下落である．繊維関連化学製品の価格は，1928年と比較して1932年に半分以下にまでなっていた（表2-6）．2つ目の理由は，綿染色企業との競争によって染色加工賃が低下したことである[36]．コモ地方の絹織物製造企業は，大半が人絹糸を使用しており，綿織物染色企業も先に述べたように，染色技術がそれほど異ならないことから，人絹製品の加工に参入することが容易であった．綿織物企業で染色工場を併設している場合，綿織物が生産過剰であることから，低価格で人絹と綿の交織物の仕事を請け負

うケースがあった[37]. また, 1929 年にコモの染色企業組合は, スイスの同業企業との競争もあることを指摘しており, 国内の染色企業を確立することが重要であるという意見もみられた[38].

1930 年代におけるイタリアの染色に関する問題は, 次々と開発される染料を天然繊維や同様に次々と開発される新しい種類の人絹織物に応用することであった. また, クレープ・ド・シンのような交織の薄織 (経糸が人絹, 緯糸が生糸の交織物が一般的) に関して, 天然繊維の絹と人絹に対して異なる染色を行わねばならず, 加工は複雑であった[39]. コモの染色・プリント・仕上加工業は, 1923-24 年頃には純絹織物を加工することがほとんど全てであったが, 1927 年の終わりに絹以外の加工が 50% を占め, 1930 年になると 60%, 1931 年には 80%, 1932 年には約 90% に増加した[40]. また 1930 年代の終わりには, コモでナイロンの研究開発と加工が導入された[41].

輸入量を示すデータがないため詳細を明らかにすることができないが, コモの染色企業は, 1920 年代後半にスイスとポーランドから一時的な加工のための絹織物染色を請け負っていた. しかし, 大恐慌期になるとこれらの国との貿易で為替や支払いの問題が起こり, またスイスやポーランドで絹染色加工賃が安くなったことから, 一時的な輸入による加工も徐々に減少した[42].

1934 年, 絹および人絹の半製品を最終加工するために, イタリアから一時的に外国に委託加工するため輸出された額と量が判明する. そこでは, 絹および人絹の糸と織物の一時輸出額は約 567 万リラにのぼる. そのうち染色のために人絹糸と人絹織物の一時的に輸出された額は約 483 万リラ (絹と人絹を合わせた輸出額の 85.2%) を占めていた[43]. この事実は, 1934 年頃までイタリア国内の人絹織物の染色加工が割高であった, あるいは, 人絹織物の染色加工品質が悪かったことを示唆している. 既に触れたように, 1935 年からこの状況が変わり, スイスの業者がコモへ染色工程を委託し始めた. 1936-38 年の間も, イタリアで最終加工を行うための一時輸入は, リラの切下げもあり増加した[44].

経済制裁後に発展した絹織物の染色・プリント加工は, 第 1 章で触れたように, 中小企業による高級絹織物の加工であり, また人絹織物の新しい加工技術であった. 厳しい経済状況下で, コモの染色企業は, 絹製品の輸入が禁止され, 国内でも生産が減少しつつあった生糸よりも, 1930 年代半ば, 国内需要が見

表3-7 イタリアにおける一時的な絹・人絹織物輸出入 (1936-1938年)

		量 (kg)			額 (1000リラ)		
		1936	1937	1938	1936	1937	1938
輸入							
絹織物	一時的な加工	1,647	6,073	6,141	174	780	770
	最終的な仕上のための加工	586	2,049	2,324	151	627	750
絹交織物	一時的な加工	–	1,391	4,720	–	84	323
	最終的な仕上のための加工	–	–	13	–	–	45
絹あるいは絹交織の平織チュール・クレープ	一時的な加工	2,528	4,714	5,937	269	660	777
	最終的な仕上のための加工	851	2,232	564	202	609	223
人絹織物	一時的な加工	45,589	25,060	28,735	1,444	1,199	1,238
	最終的な仕上のための加工	2,704	2,841	7,816	306	299	735
人絹交織物	一時的な加工	n.a.	1,183	1,842	n.a.	103	69
	最終的な仕上のための加工	n.a.	–	–	n.a.	–	–
人絹あるいは人絹交織の平織チュール・クレープ	一時的な加工	26,435	41,023	22,739	905	1,919	1,295
	最終的な仕上のための加工	14,480	38,277	107,369	716	2,360	6,555
輸出							
絹織物	一時的な加工	2,377	3,311	1,459	313	518	338
	最終的な仕上のための加工	796	5,456	7,238	64	759	909
絹交織物	一時的な加工	–	–	49	–	–	13
	最終的な仕上のための加工	–	3,039	1,909	–	324	157
絹あるいは絹交織の平織チュール・クレープ	一時的な加工	773	2,578	1,305	107	386	231
	最終的な仕上のための加工	1,307	2,425	7,384	158	303	303
人絹織物	一時的な加工	2,081	8,215		46	414	
	最終的な仕上のための加工	47,514	16,078		2,467	1,040	
人絹交織物	一時的な加工	n.a.	1,535	147	n.a.	144	–
	最終的な仕上のための加工	n.a.	–	–	n.a.	–	10
人絹あるいは人絹交織の平織チュール・クレープ	一時的な加工	27,478	37,849	135,470	910	1,224	10
	最終的な仕上のための加工	18,148	25,825	18,995	898	1,696	1,435

（出所）絹織物、絹交織物、絹チュール・クレープについては、'Il movimento commerciale serico' Annuario serico 1937-38. p. 67. Annuario serico 1939. p. 55. 人絹織物、人絹交織物、人絹チュール・クレープについては、Istituto centrale di statistica del regno d'Italia. Statistica del commercio speciale di importazione e di esportazione dal 1mo gennaio al 31 dicembre 1938. pp. 56-61 を参照.

込まれた人絹織物が重要となった．コモ産地の染色企業は，大恐慌期に高水準の賃金を引き下げつつ，短期間のうちに，絹・人絹そしてその他の繊維原料の加工に次々と従事しなければならず，国内外において価格競争にさらされ，新素材への応用を繰り返すなかで，産地の染色企業の競争力が高まったと考えられる．

 おわりに

　本章で結論づけられる点は以下の通りである．1930年代のイタリアの染色・プリント・仕上加工工程は，国内化学工業の発展にともない，生産性を向上させた．この結果，染色・プリント企業はイタリア発の新しい繊維製品を誕生させる原動力となった．

　イタリアの国内染色・プリント・仕上加工工業は北部ロンバルディア州が中心に発展していた．なかでも絹染色は他の繊維の染色と比較して企業の規模が大きく，コモとミラノが中心的な役割を果たしていたことが明らかになった．染色企業で大規模な工場を有していたのは，絹の加工を主とするコモの企業であった．これらの企業のなかには，1930年代半ばに研究室を備え，新製品の開発にあたる企業もあった．同時に，染色業界は，染色設備をもたない靴下を含むニット産業からの「受託染色」の増加によっても発展が促された．

　統制経済の色が濃くなる1930年代の後半に入ると，政府や染料工業は，国内で製造する化学製品を消費するための産業として染色企業をとらえ始める．1930年代半ばには，イタリアの染色企業は「受託染色」という形態が大きな割合を占めた．この染色形態が増加した背景には，靴下やニット産業といった専門設備を持たない産業の成長と受注の普及が，染色・プリント・仕上加工工程の成長を促した．また，繊維製品の普及や長期的な使用といった観点から，製品に合わせたクリーニング技術まで同時に改良され，輸出製品としての魅力を高めた．このような動きが，輸出重量単価の高い絹織物・人絹織物・靴下・ニット製品の輸出へつながったと考えられる．

　また染色工業が発展した他の理由として，織布業と比較して専門性が高く，高水準の賃金であったこと，また加工賃が低下していたことが挙げられる．加

工賃の低下の理由は，染料など繊維関連化学製品の価格が低下したこと，さらに，国内綿織物染色企業あるいはスイスの染色企業との激しい価格競争があったことが明らかになった．また染色企業は 1920 年代半ばまで絹の加工しか行っていなかったが，1920 年代の半ばから 1930 年代にかけて短期間のうちに新素材へ応用し続けるなかで産地の染色企業の競争力が高まったと考えられる．

　次章では，絹織物産地であるコモ地方を中心に，通商環境の変化および技術的な革新に対してどのような反応をみせていたのかについて考察をすすめる．

注
1 ）2014 年にはコニカミノルタ社によってコモ産地の捺染企業の買収が行われ，イタリアのデジタル捺染市場が期待されている（コニカミノルタ社ニュースリリース 2014 年（http://www.konicaminolta.jp/about/release/2014/1014_01_01.html，2016 年 2 月 15 日閲覧）．同工業は現在もなおコモ産地の中核産業である［小川 1998：31；繊維工業構造改善事業協会 1968：21-23］．
2 ）染色工業に関するもので研究の多い分野は，労働災害に関するもので，主に染色工程で働くことによる人体への悪影響が議論されている．その他，染色で大量に使用する水を中心とする環境問題がある．
3 ）インドの捺染はヨーロッパにも伝わり，フランスがインドの東岸を所有したことから，フランスは最初にヨーロッパにおいてキャリコ捺染を実践した先駆者である．キャリコは日本で金巾とも呼ばれた平織の綿織物で，これをプリントした．初期には木版ブロックプリントがおこなわれたが，19 世紀に入ると銅版が標準的に使用されるようになった．これがドイツにも伝わり，17 世紀も近くなった頃，アウグスブルクでいち早くリネンの捺染が行われるようになった．インド更紗の模倣を試みたのはオランダでオランダ東インド会社はキャリコ捺染を紹介し，その後イギリスとベルギーに 1676 年に導入された．キャリコ捺染の実施は 1738 年にスコットランドで見られ，その後イギリス全土に広がり最重要産業となっていった（Robinson［1969］, *A history of printed textiles*, p. 20.; Knecht & Fothergill［1912］, *The principles and practice of textile printing*, pp. 7-8）.
4 ）Blaszczyk［2012］は，色の普及に関して，第 2 次産業革命によって誕生した「色のマネジメント」が国策によって追及されたものであり，このような色が様々な製品に応用されたことに着目している．
5 ）"Numero degli operai impiegati nella stampa, tintoria e finitura dei tessuti nei diversi paesi," *Tinctoria*, N. 4（Apr. 1931）, p. 185.
6 ）"L'industria tintoria in Italia," *Tinctoria*, N. 10（Ott., 1935）, p. 393.
7 ）ASC, "Ill.signor dott. Laurindo Riberio," 12 Ottobre 1926, CCC, c. 477.

第3章　流行の色で製品を創る　*115*

8) "L'industria tintoria in Italia," *Tinctoria*, N. 10 (Ott., 1935), p. 393.

9) "L'industria tintoria in Italia," *Tinctoria*, N. 10 (Ott., 1935), p. 393.

10) "L'industria della tintoria in Italia," *Tinctoria*, N. 8 (Agosto, 1939), p. 307.

11) "L'industria tintoria in Italia," *Tinctoria*, N. 10 (Ott., 1935), p. 393.

12) "L'industria tintoria in Italia," *Tinctoria*, N. 10 (Ott., 1935), p. 393.

13) "I dirigenti industriali nelle tintorie italiane," *Tinctoria*, N. 2 (Febbraio, 1935), 頁番号無し.

14) ASC, "Associazione Nazionale fra gli Industriali Tintori, Stampatori ed Apparecchiatori Serici," 11 Maggio 1927, CCC. c. 497.

15) "L'industria tintoria in Italia," *Tinctoria*, N. 10 (Ott., 1935), p. 393.

16) 企業の経営形態として，受託加工専業者，紡織段階からの一貫企業，原反を購入し自己のリスクで加工販売を行う自営加工業者（マーチャント・フィニッシャー）の三種類がある［繊維工業構造改善事業協会 1968：iii］.

17) コミッションダイヤーとも呼ばれ，1990 年代に日本では染色整理業の地位が低く，この形態から脱することが求められているのに対し，イタリアではコミッションダイヤーで十分生き残りうるとされた．産官学システムの連携もイタリアの繊維工業界はとれており，その特徴は川上と川下企業との密接な関係にあると指摘されている［繊維総合研究所編 1991：77］.

18) "L'industria tintoria in Italia," *Tinctoria*, N. 10, Ott., 1935, p. 393.

19) "Il problema dell'autosufficienza presso le tintorie," *Tinctoria*, N. 10, Nov., 1937, p. 331.

20) "I problemi dell'autarchia nel campo dei coloranti e dell'industria tintoria," *Tinctoria*, N. 9, Settembre 1937, p. 299.

21) *Annuario statistico italiano, 1941*, Bishops Storford: Chadwyck-Healey, 1975, p. 167.

22) "Ascesa delle fibre artificiali," *Tinctoria*, N. 12, Dic. 1937, p. 407.

23) "Italy: market report," *Silk & Rayon*, August 1937, p. 758.

24) 学術書に分類されないが，Venè［1988］による本は，ファシズム体制下の人々の生活について多数のインタビューによって構成され，当該期の人絹織物に関する興味深いエピソードを綴っている.

25) "L'industria tintura in Italia," *Tinctoria*, N. 10 (Ottobre 1935), p. 393.

26) クリーニング技術については，Walker［1934］の記述がある.

27) イタリアの文盲率は 1901 年に，北部で 32%，中部 52%，南部は 70% にものぼった［ファシズム研究会編 1985：262］.

28) "Rapporti tra industriali tessitori e tintori serici," *Bollettino di sericoltura*, N. 5, Feb., 1928, p. 65.

29) ASC, "Associazione Nazionale fra gli Industriali Tintori, Stampatori ed Apparecchiatori Serici," 3 Dicembre 1926, CCC, c. 497.

30) ASC, "Associazione Nazionale Industriali Tintori, Stampatori ed Apparecchiatori

Serici," 3 Dicembre 1926, CCC, c. 477.

31) ASC, "Associazione Nazionale fra gli Industriali Tintori, Stampatori ed Apparecchiatori Serici," 11 Maggio 1927, CCC, c. 497.

32) "L'industria tintura in Italia," *Tinctoria*, N. 10, Ottobre 1935, p. 393.

33) "Sono possibili intese economiche tra i tintori" *Tinctoria*, N. 9, Sep., 1931, p. 427.

34) ASC, "Tessitura serica," 7 Dicembre 1931, PG, c. 70.

35) ASC, "Considerazioni sulla FISAC," 1935 年月不詳, PG, c. 38.

36) ASC, "Società Fabbriche Italiane Seterie A. Clerici," 15 Ottobre 1931, PG II, p. 2.

37) ASC, "Relazione trimestrale, Unione Industriale Fascista della Provincia di Como," 28 Dicembre 1932, PG, c. 6., p. 7.

38) ASC, "Industriali Tintori, Apparecchiatori e Stampatori Serici," 16 Gennaio 1929, PG, c. 63, p. 5.

39) "Celluloce acetate and natural silk mixture cloths," *The Dyer, calico printer, bleacher and finisher*, 66(1), July 1931, p. 43.

40) ASC, "Relazione trimestrale, Unione Industriale Fascista della Provincia di Como," 28 Dicembre 1932, PG, c. 6., p. 7.

41) コメンセ社のブランナー（Brunner）は，アメリカ視察でナイロン導入を考えた [Lorenzini 1994：64].

42) ASC, "Relazione trimestrale, Unione Industriale Fascista della Provincia di Como" 28 Dicembre 1932, PG, c. 6., p. 7.

43) "Esportazioni temporanee nel 1934," *Tintoria*, N. 10, Ott., 1935, p. 415.

44) "Il movimento commerciale serico," *Annuario serico 1937-38*, p. 67; *Annuario serico 1939*, p. 55.

45) 1935 年に牛乳タンパク質繊維「ラニタル」が開発されたが，1937 年時点においてもこの繊維に対する染料は研究途中であった [Giustiani 1937：388-389].

第4章

付加価値の高い製品を創る
―― 絹織物産地コモ地方の変遷と技術への対応

 はじめに

　本章の目的は，序章や第1章で触れたような戦間期の技術革新と通商環境の変化への対応について，イタリア絹織物製造の中心であるコモ産地の視点から明らかにすることである．戦間期に，イタリア・ファシスト政府は繊維工業を重要視するにつれ，関税，生糸買上げ制度，生糸・絹織物の輸入禁止，国内での人絹消費増加キャンペーンなど，絹織物業に大きな影響を与える政策を実施した．同時に，産地の企業家も政府側に働きかけ，製造環境を整えていった．政府による繊維工業に対する政策は，地域レベルでの対応と明示的に関連づけて，現在に至るまで包括的に論じられてこなかった．イタリアの繊維工業が，地域レベルで繁栄し，戦後も持続的な産業発展を実現しつつ自律的な成長を遂げたことを明らかにするためには，1920-30年代の展開の把握が不可欠である．

　本章の構成は以下の通りである．まず初めに，イタリア中小企業と繊維工業，コモ産地を対象とした先行研究に触れる．さらに，イタリアにおける地域的な差異と北西部の工業化と繊維工業の関係，産地研究，また，日本におけるイタリア産地の中小企業振興の事例調査について先行研究を整理する．

　第1節では，コモ産地における人絹糸導入への対応を明らかにする．まず，第1次大戦以前の生糸取引について，ヨーロッパにおけるイタリア市場の優位性と重要性を説明した後，産地における1920年代の生糸生産・消費の衰退と輸入人絹糸の採用，1930年代における国産人絹糸の活用について産地の対応を検討する．

　第2節では，大恐慌期の貿易縮小で輸出を主とする絹織物業産地が危機に瀕

し，世界的な不況の中でとられた絹織物製造側の対策を観察する．具体的には，1920年代の後半から協議されていた染色・プリント業との連携の強化，触媒規制における国際会議への提案，消費者に対する品質表示の設定，政府が推し進めていた賃金引下げ政策における絹織物業への影響である．

　第3節は，専門的な知識を持つ労働者の育成に焦点を当て，主に1930年代の技術教育を考察する．ファシスト政府は，文部相にジェンティーレ（Giovanni Gentile）を起用し，彼は1923年の教育改革の基本となった中等教育制度改革の実施を通じて，イタリア国内の教育水準を上昇させようとした．地域のレベルにおいては，急速に発展する科学的な知識を実際応用するために，コモ産地の職業技術学校「セティフィーチョ Setificio」が，産地で必要とされた化学の技術に対応していく様子を明らかにする．

　第4節では，イタリアの流行発信に関わる政策と産地における流行への対応を観察する．最初にファッション研究における主な先行研究に触れ，1920年代におけるファッション創出への動きと産地の対応，最後に1930年代に重要となるファッションと繊維工業を繋ぐ中間団体の設立と産地の対応について検討する．

第1節　イタリアの産地および中小企業研究への関心

　2010年時点のイタリアは，ヨーロッパのなかでも最も中小企業（従業員250人未満）の多い国であり，その企業数に占める割合は99.9％，従業員10名未満の零細企業が全体の約95％である．これらの中小企業が生み出す付加価値額は，全体の7割近くに達しており，イタリア経済の重要な役割を果たしている．しかしながら，他のヨーロッパ諸国と比較するとイタリアの従業員一人当たりの付加価値は低く，とくに零細企業の収益性の向上がイタリアの景気回復の鍵を握っている．

　イタリアの製造業業種別就業者数では，多い順から金属，機械，食品，ファッション産業（繊維・皮革・毛皮も含む）と続き，繊維工業は現在も同国経済の中心を担う重要な産業である［日本貿易振興機構 JETRO 2014：1；7-12］．後に示す様々な研究からわかるように，戦後のイタリア繊維工業に対する注目度は高い．

それにもかかわらず，戦前からの繊維工業の流れについて言及はあまりなされていないのが現状である．

　イタリアの経済発展における地域的な差異は，様々な研究により指摘されている．イタリアでは序章で述べたような南北格差の要因を説明する中で，産業集積の議論が発展してきた．カファーニャ Cafagna [1989] は，19世紀のロンバルディア州に焦点を当て，電力・化学・自動車など新産業に代表される大企業と，伝統的部門である軽工業中心の中小企業との対立の構図を描いた．この研究は以後，伝統的部門の産地および中小企業研究を促進させる契機となった．

　またバニャスコが同時期に「第三のイタリア」モデルを提唱した．これは，発達した北西部地域と，近代化から取り残された南部地域という従来の南北問題の二分に加えて，戦後新たな経済発展がみられた北東・中部に注目したものである．北東・中部地域の小企業家の人的資本と企業家の形成において，農業の役割（特に折半小作制度の契約による）が強調されている．さらに，ブルスコの地域産業振興について基礎自治体が政策のスキームやフレームワークなどに責任をもつ「エミリアンモデル」も提唱され，その後急速にこの地域を題材とする中小企業研究が増加した[1]．

　続いてジャンネッティらは，イタリアの中小企業の発展とビッグビジネスでは発展経路が異なるとして，その原因を推測している [Giannetti, Federico and Toninelli 1994]．その後コッリは地域研究の結果をもとに，製造業，とくに軽工業を中心に中小・零細企業を包括的に捉え直すことを試みた．その中でアウタルキーの局面における議論の複雑さを記している．大企業と中小企業の格差が開いた一方で，1930年代に大企業が発展したように，機械工業を含むいくつかの中小企業の部門も発展の少なくない恩恵を被ったことを指摘した [Colli 2002：218-219][2]．また，イタリア国内に多数存在する中小企業に関しては，コッリやヴァスタが中心となり，時系列的に「産地」の成長を，部門，技術水準，利益性，所有形態，産地分析など，マクロの視点から多角的に把握する研究が近年すすみつつある [Colli and Vasta 2010]．また，アマトーリとコッリはイタリアだけではなく，ビッグビジネスに焦点を当て現代までの世界的な動向を視野に入れた経営史研究を行っている [Amatori and Colli 2014]．

　また産地の資金調達について言及している研究もある．1950年代から70年

代にかけて発展する北東・中部のエミリア=ロマーニャ，トスカーナ，ヴェネト州の「第三のイタリア」に属するプラート，エンポリ，カルピのような繊維産地企業は，主に自己資金で発展し，小規模を維持し続けてきた［Amin and Robins 1990：196-197］．一方で，「第一のイタリア」である北西部地域は，カルネヴァリが指摘するように，金融機関によって支えられた北西部の中小企業のダイナミズムが存在した［Carnevali 2005：67-69］．

北西部の成長を支えた金融機関の存在とは，兼営銀行とよばれる短期貸付・預金と長期投資・発起の役割を担う株式銀行である．兼営銀行から取引企業に「被信託者（fiduciario）」を役員派遣し，経営を安定させる方式は，戦間期に商業の発達したロンバルディア州の地方銀行においても次第に一般的となり，役員派遣された企業の半分以上が同州に存在した[3]．当該期の大きな特徴は株式会社の増加にあり，イタリア全体で1911年に約2845社の株式会社が存在したが，1927年は約1万3210社，1936年には約1万9318社を数えた[4]．

中小企業を中心とするイタリアの繊維関連産業の競争力については，様々な文献で取り上げられているが，代表的なものはピオリ=セーブルによる分析である．この研究では，大量生産方式の危機に際して，多品種少量生産，受注生産，分散型経営組織といったものを含意した柔軟な専門化を目指した技術選択を行ったことで，イタリアは成功した事例として取り上げられている［Piore and Sabel 1984：邦訳 287-89］．このように，現代においてイタリアのファッション・繊維工業の成功は広く認識されている．

また，中小企業研究は，産業集積の研究とも密接に関連しており，産地の競争力の分析が必要となる．過去における市場の動向，法制度などは，現在の経済活動や現代を生きる我々の理解とは背景が異なる．したがって，企業活動を観察することにより，企業経営の歴史を丹念に紐解かねばならない．第2次大戦後のイタリアにおける経営史研究の熱は1980年代に高まったが[5]，当初その研究の対象は主に，重工業や金融中心のビッグビジネスであった．しかし，近年ではそうした研究の偏りへの反省から，イタリアを研究対象とする経済史家の多くは，消費材産業である繊維工業または食品工業などの軽工業の観察の必要性を認めている．

絹織物産地であるコモ地方を対象とした先行研究は，世紀転換期や同時代研

究を含め数多くの文献が存在する．なかでも，コモ地方の絹織物業の発展を数量的に明示したフェデリーコは，イタリアの絹織物の国内需要および輸出が拡大したこと，原材料が豊富にあったこと，低賃金労働者の存在を指摘した [Federico 1992 : 27-62]．残念なことに，フェデリーコの分析は，その他の多くの文献と同じく第1次大戦前で終わっており，戦間期の分析は空白となっている．

　また，低賃金労働者がコモ地方に存在していたことに関係して，ブル＝コーナーは，同地方の工業化と農村の変化を明らかにした．19世紀後半におけるコモ地方を含むミラノ北部の地帯は，農業，とくに養蚕と工業，つまり製糸や製織が完全に分離した地方ではなかった．しかし，生糸の重要性が低くなった1920年代および1930年代に，養蚕を営んでいた農業従事者が農業から小規模自営業者に転換したことが指摘されている [Bull and Corner 1993 : 82]．

　日本では，中小企業庁が1990年代半ばにイタリアの産地に着目し，企業集積地における中小企業の分業体制の研究を行ってきた．コモ地方の説明に移る前に，日本でイタリア経済史研究が進まなかった理由について一言触れておきたい．日本ではイタリア法制史や政治史が主体となってイタリア・ファシズム研究が行われてきた経緯がある[6]．イタリアを対象にした近現代の経済史および経営史研究があまり盛んではなかった理由のひとつとして，重化学工業中心の天然資源の賦存を重視する文脈では，イタリア経済に関して研究者の注目を惹かなかったのではないだろうか[7]．繊維工業のように流行の変化が大きい場合，中小企業の方が柔軟性を発揮するという指摘をもって [Broadberry 2004 : 80]，大企業中心の視点とは異なる発展経路があるという可能性が示唆された1980年代以降，日本においては中小企業研究という分野で，主に産地の戦後の発展とネットワークに主眼をおいて研究が進められている[8]．

　以上の先行研究から，戦間期における絹織物産地コモ地方は，北西部の工業化の波にさらされていたことがわかる．しかしながら，重工業に比して消費産業の研究は寡少であること，コモ産地の研究は，時期的に第1次大戦以前および戦後の研究が充実しており，戦間期が空白になっていることがわかった．人絹導入や染色・プリントに関する研究は管見の限り寡少である．

　したがって，戦間期のコモ地方を観察するうえで，製糸業の衰退局面と人絹

糸導入，繊維製品の消費を増加させるための対応，染色・プリント工業の発展とファッション創出という流れを仮定し，検討をすすめる．以下，生糸から人絹糸導入までの経緯を明らかにする．

第2節　コモ地方における絹業前史

本節では，まずコモ地方について説明した後，絹織物業の原料となる生糸製造の状況と国内産生糸不足・高騰と絹織物業の関係について触れ，その後の人絹糸の導入について明らかにする．コモ地方における絹業は，18世紀にハプスブルグ家領であった時代に，マリア・テレジアが桑栽培と養蚕を導入したことから始まった．その後，ロンバルド=ヴェネト王国の時代（1815-1866年，ロンバルディアは1859年イタリア王国に併合）も，コモ郊外の農村で養蚕が行われ，製糸業，撚糸業の企業も存在した．隣県ミラノにはヨーロッパで最大の生糸取引市場があり，原料を近隣から調達できる体制が整っていた．製織部門の中心は，古くはジェノヴァ，その後ミラノに存在したが，次第に賃金の安いコモ地方に移り，19世紀半ばにはコモ産地の名前が知られるようになった [Zamagni 2003：17-18]．世紀転換期前後の絹織物業は，少数の大企業と多数の中小企業から成っており，その構造は現代と共通している [Chezzi, Mauro; Osservatorio Distretto Tessile di Como 2012]．

1911年の地域別推計によると，北西部3州は国内製造業付加価値額の40.4%を生産し，うちロンバルディア州は国内最高の22.4%を占めた [Fenoaltea 2003：1066]．1911年のロンバルディア州における製造業生産額約9億300万リラのうち約1億9950万リラ（約22%）は繊維工業によるものである．コモ地方は統一以前から絹産業の歴史を誇り[9]，ヨーロッパの中でも重要な商業都市ミラノと隣接し，ドイツへ抜ける南北ヨーロッパを繋ぐ鉄道が通る，地理的に恵まれた環境にある（図4-1）．

表4-1からわかるように，戦間期のイタリア製造業を事業者数の割合でみたとき，繊維工業が縮小し，機械工業の割合が大きくなったことがわかる．ロンバルディア州の傾向もほぼ同じである．戦間期におけるイタリアの産業構造は，鉄鋼業，機械工業，化学工業などの少数の大規模重工業と多数の在来的中小企

第 4 章 付加価値の高い製品を創る　*123*

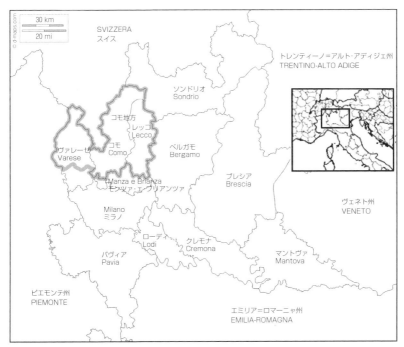

**図 4-1　イタリアにおけるロンバルディア州 Regione Lombardia 12 県
（2018 年現在）とコモ地方**
（出所）http://d-maps.com/carte.php?num_car=8181&lang=ja（閲覧日 2018 年 6 月 15 日）を加工.

業によって構成されている．1927 年の全産業の就業人口の約 6 割は，従業員 100 人以下の中小企業に属し，絹・人絹織物企業を事業規模別でみた場合，従業員 10 人以下の企業が最多の約 40％ を占め，次いで 11-100 人の企業が約 37％ を占める［Istituto Centrale di Statistica del Regno d'Italia 1975：201］．

ここで，イタリア国内における絹織物企業がどの程度コモ地方に集中していたかを示す．**表 4-2** の 1923 年のデータによると，整経等準備工程（コモ県 105 工場／イタリア国内 163 工場・以下同様），織布（102/162），仕上げ（20/29），染色（8/14）と，製織工程にある国内工場の約 3 分の 2 がコモ地方に存在していた［Taborelli 2004：244］．また，1921 年のコモ県全人口約 45.6 万人中就業人口は約 25.2 万人（48.4％），そのうち商工業部門の就業人口は約 12.2 万人，さらにそのうち繊維工業に従事する者は約 5.2 万人で，商工業部門就業人口の

表 4-1 イタリア工業センサスにおける製造業事
業者数の割合（1911，1927，1937-1939 年）

(%)

	1911		1927	1937-1939
	(a)	(b)		
食料，飲料	13.9	13.8	11.4	14.0
タバコ	1.0	0.9	0.9	1.4
皮革，製靴	5.9	7.6	7.5	6.3
繊維	24.8	22.9	23.0	17.6
衣料	8.2	8.9	10.9	8.3
家具	10.8	11.9	10.1	8.3
製紙	1.8	1.6	1.6	1.6
印刷，写真	2.3	2.1	2.3	2.4
金属	2.1	1.9	3.2	3.0
機械	16.9	16.7	18.0	24.9
レンガ，ガラス，タイル	8.9	8.5	6.1	6.0
化学	2.8	2.6	3.0	4.5
ゴム	0.1	0.1	0.1	0.7
その他	0.5	0.5	0.5	1.0

（注）(a)は1人の労働者だけの事業所を除く.
　　　(b)は1人のみの事業所を含む.
（出所）Zamagni [1994：254].

表 4-2 ロンバルディア州におけるコモ県織物業各工程の工場数
の比較（1917，1923 年）

(数)

部門	コモ県		ロンバルディア州		イタリア	
	1917	1923	1917	1923	1917	1923
整経等準備工程	102	105	127	135	156	163
織布	95	102	121	133	150	162
仕上げ	12	20	16	24	19	29
染色	4	8	7	11	10	14
合計	213	235	271	303	335	368

（出所）Taborelli [2004：244] 表より作成.

42.6％を占めた．また，そのうち約 4.4 万人が女性（繊維工業従事者の 84.6％）
であった [Taborelli 2004：217；228；233-234]．以上のことからコモ地方の絹織物
業は国内，県内の基幹産業であったと考えられる．
　商工会議所の委託によるガッリ（Galli）らが行ったコモの産業史研究は，戦

第4章　付加価値の高い製品を創る　　*125*

間期前後を中心に，それまでの研究に欠けていた地域金融史を検討しながら，
絹織物業，その他産業も含めたコモ地域全体の産業史を構築するものである[10]．
本章は，このガッリらの成果を踏まえ，当該期イタリア絹織物業の輸出拡大の
背後にある生産体制の解釈を地域の視点から試み，輸出市場の拡大がどのよう
なプロセスを経て実現したのかを明らかにする．

　結論としてコモ地方は，1920年代から人絹を導入し，本来の「絹」織物産
地ではなくなることによって，新市場を拡大して生き延び，1930年代におい
ては染色・プリント技術の向上によって製品を高付加価値化することに成功し
た．

　次に，生糸から人絹糸の導入について詳しく見ていくが，まずコモ地方にお
ける生糸製造とその使用について観察をすすめる．

（1）　イタリアにおける生糸製造・取引前史

　ここでは，戦間期にコモ地方の絹織物業産地で使用された原料の変化を明ら
かにする．まず初めに，イタリアにおける生糸の重要性について，第1次大戦
以前を含めた国際的および国内的な側面に沿って説明しておきたい．ヨーロッ
パにおける絹織物製造の先駆となったのは，フランスのリヨンである．フラン
スは19世紀に入りすぐに繭生産量を急増させ，フランス産の繭を使用して製
造されたフランスの絹織物は，1830年代にはアメリカの絹織物輸入額の72%
（1837-39年）という割合を占める程の勢いであった［松原 2003：48］．

　しかし，1850-60年代にカイコガの幼虫が病気にかかる微粒子病（pébrine）
が流行したため，1850-1900年にかけてフランスの養蚕業が衰退し，フランス
では生糸生産が減少した［Federico 1993：202］．イタリア産生糸は1850年代に，
日本産生糸は1865年から，フランスの生糸輸入において存在感が増した
［Lévy-Leboyer 1848：邦訳 161］．また，**表4-3**からわかるように，ヨーロッパの
生糸消費国としてフランスの他にイギリスもあったが，その消費は1870年代
から減少し，同時期に代わって戦間期まで絹織業の隆盛を誇ったアメリカの
消費が伸び続けた［Federico 1993：213］．

　1850年以降イタリア産生糸が台頭した理由は，生糸取引の場がリヨンから
ミラノに移りつつあったことにある．1850-60年代に流行した蚕の病気を経験

表4-3　主要国における生糸消費量

（キンタル）

年	英国	ドイツ	スイス	アメリカ	フランス
1829-33	14,770				
1834-38	16,120				[4] 17,070
1839-43	15,580				[5] 24,980
1844-48	18,070				[6] 35,370
1849-53	27,250				[7] 39,470
1854-58	22,640				[8] 33,050
1859-63	24,800				33,240
1864-68	14,080			[3] [9] 2,010	33,880
1869-73	13,950	[1] 23,720		[9] 4,210	36,980
1874-78	8,890	21,270		[9] 5,100	45,730
1879-83	8,760	13,540		[9] 11,920	40,360
1884-88	10,470	16,020	[2] 10,620	[9] 19,230	35,860
1889-93	7,760	19,960	13,360	[9] 28,270	36,290
1894-98	5,130	23,360	15,260	36,720	38,310
1899-03	4,130	26,880	14,780	52,370	41,500
1904-08	6,980	29,360	15,330	75,600	41,940
1909-13	5,570	34,940	14,890	105,590	43,800
1914-19	6,190		14,730	[9] 152,800	10,730
1920-24	3,600	12,150	12,310	[9] 213,800	30,820
1925-29	6,610	22,230	12,060	[9] 332,890	37,720
1930-34	12,500	9,940	3,740	[9] 324,140	16,250

（注）[1]1872-73，[2]1885-88，[3]1865-68，[4]1831-40，[5]1841-45，[6]1846-52，[7]1853-55，[8]1856-58，[9]会計年
　　度（7月1日-6月30日）．
（出所）Federico［1997：213］．

しながらも，1882年のサン=ゴッタルド（San Gottardo）トンネルの開通を契機
として，イタリアからスイスあるいはドイツへの輸送が拡大した[11]．また，
1870-90年に急速に増加した鉄道貨物輸送など［Clough 1964：71］，ミラノ市場
で取引する条件が次第に形成された．財政危機に陥っていたフランスが1892
年に設定した保護関税により，ミラノ市場の生糸取引は20世紀転換期前後に
リヨンの生糸取引量を上回る[12]．

　上述のようにイタリア産生糸の市場占有率は低下するが，一方で，第1次大
戦以後にはミラノがヨーロッパ最大の生糸取引の場所としての地位を確立する
に至った［Schober 1930：100］．イタリアの撚糸加工は，1890年まで撚糸市場を
98-99％とほぼ独占し，その後フランスとドイツに独占を崩された［Federico
1993：42］．1900年前後に起こったコモ地方の絹織物製造の第1次の発展は，

第4章　付加価値の高い製品を創る　*127*

このようにミラノにおける生糸取引が増加する時期とほぼ同時期である.

（2）　コモ地方絹織物業における原料の変化——生糸から人絹へ

ここで，戦間期における産地の生糸から人絹への原料の変化をみていく．当該期，原料となる生糸と人絹はどちらも価格下落の傾向にあった．絹織物製造企業にとって，原料の下落は好ましいはずであるが，大恐慌期に向けて実際に起こったことは，人絹織物製品の供給過剰よる過当競争と廉売であった．人絹と綿の交織生産へも向かっていた絹織物業企業は，国外では日本やイギリスなど人絹織物生産国との価格競争，国内では綿織物業企業との価格競争に苦しみ，また後の第2節でみるような賃金引下げ政策による綿織物業の優位性から，原料の下落はコモ産地にとって有利な状態とならなかった．産地企業が原料価格の下落を享受したのは，1930年代後半のことである．

イタリアの生糸輸出は，第1次大戦を契機に貿易量が急激に減少していった.[13] 1920年代においても生糸は同国の主要輸出商品として一定の重要性を保っていたものの，養蚕および製糸業の衰退が明らかになっていた．一方，イタリアの絹織物業にとって，第1次大戦の勃発は，他のヨーロッパ絹織物製造国の市場を奪う絶好の機会となった.

第1次大戦直後のイタリア絹織物業がおかれた状況にまず触れておこう．ヨーロッパの代表的な絹織物産地として，北イタリア以外には，まず，フランスのリヨン，ドイツのクレフェルト，スイスのチューリッヒなどがあげられる．1913-18年の間に，リヨンとクレフェルトが戦争により生産活動を低下させた一方，コモ地方を中心とするイタリアの絹織物輸出は拡大した．しかし，戦後のリヨンは良質な絹製品の生産をいち早く回復させ，1919年のフランス絹織物生産額は1918年の2倍以上にのぼった.[14] イタリアにおいても絹織物輸入先は，1917-19年の間圧倒的にフランスが占め（65-70%），1917年の約1900万リラから1919年には約7700万リラに増加し，イギリスからの絹織物輸入額も1917年の約300万リラから1919年の約2000万リラに急増し，イタリア絹織物業は先行きが不安な状態にあった（図1-1）.[15]

戦争直後，絹織物製造の注文は盛況であり，とくにアメリカは日本産とイタリア産の良質な生糸を買い占める勢いで，ヨーロッパでは生糸不足がおこって

いた. 戦後直後の生糸価格の不安定さは，製糸業者だけではなく，絹織物業者にも影響を与えた.

価格の変動幅が大きいために，イタリア銀行（Banca d'Italia）を中心とした政府機関である生糸取引中央局（Ufficio Centrale per il Commercio Serico）が，価格暴落の際，製糸業に対して国内産生糸の買い上げを実行した. 外貨獲得のために，生糸取引中央局は買い上げた生糸を原則輸出用とし，国内織布業者に対する生糸販売を二の次とした. このため，絹織物業者は値下がり時に国内で自由に生糸を購入することができず，織布業者と製糸業者の間に摩擦が起こった[Martano 2001：36].

1918 年，国内生糸価格の深刻な不安定さから，ダヴィデ・ベルナスコーニのような絹織物生産者は，「東洋の半製品価格がイタリアのそれの 3 分の 1 から約半分であるから，最低限の費用で，そして関税をかけずに日本産生糸を輸入することが必要だ」と語っている[Cova 1992：69]. イタリアの生糸輸入は，日本，中国，レヴァント諸国からが主であった. とくに日本からの生糸輸入は多く，1922 年 404.5 トン，その後も年によりばらつきがあるものの，1924 年 466.3 トン，27 年 228.8 トン，28 年 268.8 トンで首位であった[Ente Nazionale Serico 1932：48]. このように，絹織物製造業者は安価な国内産生糸の調達に苦慮し，輸入生糸を利用した.

生糸価格下落は 1920 年代後半からみられたが，第 1 次大戦後の生糸価格の不安定さから，既に 1920 年代初めに政府が製糸業を支援する動きがみられた. 政府機関である生糸取引中央局が養蚕業と製糸業の利害を調整しつつ生糸輸出を維持した. とくに 1926 年の全国絹工業連合会 Ente Nazionale Serico の設立は重要である. この団体の当初の目的は，主にロンバルディア州とピエモンテ州の北部で行われていた養蚕と製糸業の奨励と増産計画の遂行であった.

1920 年代後半になると，生糸の輸出不振により養蚕業および製糸業の急速な衰退が顕在化する. 補助金により投入価格が硬直化し，1930 年代に入ると，イタリアの製糸業の競争力はすでに回復し難いまでに低下していた[Toniolo 1980：邦訳 114]. 1931 年に繭生産および生糸生産が急激に減少し，1932 年に少し回復するが，その後 1934 年まで減少し続けた[Ente Nazionale Serico 1937：31]. 1931 年 4 月の時点では，国内産生糸の約 25％のみが国内の絹織物産業で利用

され，残りは主にヨーロッパへ輸出されていた[20].

　1920 年代前半の国内外の人絹糸製造の拡大によって，生糸不足の絹織物産地に，まず，輸入生糸よりさらに安価な輸入人絹糸，1920 年代後半から国産人絹糸が入り込んだ[21]．人絹糸製造は 19 世紀後半からヨーロッパで本格的に始まり，イタリア国内でも生産が開始されていたが，1922 年の時点で，国内産人絹糸は国内需要を満たす程ではなかった．

　イタリア最大の人絹糸製造業者は，トリノに拠点をおくズニア・ヴィスコーザ社（ocietà Nazionale Industria Applicazione（SNIA）Viscosa）あった．同社はイタリア・コートールズ社（ourtaulds）同じヴィスコース法の製造工程をもち，生産量は日産 14 トンといわれた［山崎 1975：20］．日産 20 トンの新工場建設に合わせて行われた増資は，イタリアの金融グループとフランスの人絹糸製造グループのジレ社 Gillet によって行われた[22]．国内産人絹糸のうち良質のものは輸出され［Department of Overseas Trade 1923：30］，1923-24 年に国内産人絹生産量が急激に増加した［Confalonieri 1997：170］．

　人絹糸の輸入量は，1924 年の 607.4 トンが最大であり，その後減少した．イタリアの人絹輸入先国は，ベルギーが 1923 年の 431.7 トンから 1926 年には 226.4 トンと減少傾向にあったが首位で，第 2 位のスイスは 1924 年の 75.7 万トンから 1926 年の 134.8 万トンに増加していた［Caizzi 1957：93］．イタリアに輸入された人絹糸は主にシャルドネ特許式によるもので，特に靴下製造に使用された．1927 年に国内人絹製造業者 16 社（うち 7 社が 1925 年に設立）の間で激[23]しい競争と技術的な改良があり，高級糸を製造するまでに品質が向上した[24]．この頃，国内第 2 位の人絹製造企業シャティヨン社（Châtillon）は，次の章で触れるように，コモ地方の大手織布製造 FISAC 社と資本関係を結び，人絹工業と織物産地は密接な関係となっていた[25]．同時にイギリスが保護関税を設けたため，輸出用人絹糸の在庫が増加し[26]，国内利用が一層すすんだ[27]．

　次に，生糸と人絹糸のコストを比較してみよう．1923 年に生糸価格はキロあたり 405 リラ，人絹糸価格は 89.56 リラで，生糸の 4 分の 1 以下であった[28]．1920 年代初め，国内産人絹糸は，生糸以上にコスト管理が容易で便利な糸であったが，まだこの時点では品質の面から輸入人絹糸や生糸が好まれた［Galli 1998：282］．1924 年になると，コモの絹織物製造で使用される原材料の 40-

50％を輸入人絹糸が占めるほどの増加がみられ［Galli 1998：282］，国内販売で人絹を利用した織物は純絹織物を圧倒し，外国では販売が順調に伸びた[29].

チュールやクレープをはじめ，絹織物と絹レース製品に人絹糸が利用され，大衆商品となった．ショールを製造した場合，30％ほど人絹糸を混ぜれば，純絹ショールの価格より 25％ほど安く供給できたことから，低価格商品の製造[30]が促され，人絹糸の利用は増加傾向にあった．

1926 年以降，生糸と人絹糸の価格は下落し続けた（図1-3・表4-4）．人絹糸価格下落の発端は，1927 年までイタリアが主に生産していた低品質人絹糸の国際競争の激化であった．このことから国内人絹製造者は素早く高級糸の製造に切り替え，蓄積した在庫を一掃するために低品質の人絹糸を極端な低価格で販売した．1925 年にイギリスの関税引き上げにより販売先を失っていたイタリアは，アジア市場へ向けダンピング輸出を開始し，それは折しも日本のダンピング輸出が始まる直前であった［山崎 1975：301］．このように，国内外の人絹糸の在庫が溢れることで，人絹糸の価格は 1927 年以降徐々に値崩れを起こしていった．

人絹糸価格低下の状況で，織物業では生糸離れと人絹糸採用の動きが進んだ．国内産人絹糸のうち，60-65％は綿織物企業，10-12％はニットと靴下企業，28-30％は絹織物企業で利用された［Banca commerciale Italiana 1930：575］．1927-28 年にかけて，国内産絹撚糸 22 万トンのうち，国内絹織物業者が利用したのはわずか 10％で，残りは輸出された［Tremelloni 1937：198］．コモ生糸倉庫検査所を経た織物製造用経糸は，1922 年の約 14 トンから 1927 年の約 5.2 トンへ，緯糸は 1922 年約 77 トンから 1927 年約 12 トンへと減少した［Ente Nazionale Serico 1932：42］．

1930 年代になると，コモ産地の絹織物業者の生糸離れ傾向はますます強くなり，絹織物業者が使用する糸は人絹糸がほとんどを占めた．1930 年にイタリアで製造された絹織物のうち，人絹糸を使用した割合は，織物の 84％，チュール・クレープのうちで 63％，ビロードのうちで 90％，リボン・組紐のうちで 87％であった[31]．

補助金に支えられた養蚕業と製糸業は，1920 年代半ばから国際競争力を失った．一方で，国内人絹製造工業の成長は急激で，1920 年代後半，大恐慌期

第4章 付加価値の高い製品を創る　*131*

表4-4　生糸と人絹糸ミラノ市場1kgあたり年平均価格（1923-1933年）

年	生糸	生糸値下がり率	人絹糸	人絹糸値下がり率
1923	405.0		89.56	
1925	365.0		69.62	
1927	247.0		42.40	
1928	216.0		30.38	
1929	200.0	−7%	27.55	−9%
1930	133.0	−34%	27.03	−2%
1931	92.0	−31%	26.00	−4%
1932	67.4	−27%	18.15	−30%
1933	50.0	−26%	17.59	−3%

（注）1933年は初めの4か月間の数値．生糸は1928年までsublime 10/12，1929年からclassi-ca 13/15の価格．人絹糸は1923-25年：1a qualita'，140/170，1927-29年140/165，1930年から150の価格．生糸と人絹糸の単位はリラ．値下がり率は生糸，人絹糸とも前年比．
（出所）Memoria Difensiva per le Unioni Industriali Fasciste delle Provincie di Como，Varese e Milano, ASC Prefettura Gabinetto c. 109.

　も増産を続けた．大恐慌期に経営不振が明らかになった国内主要兼営銀行と密接に結びついた人絹糸製造業者は，人絹糸の消費先を国内産地に求めた．このため，コモ産地は，1920年代後半から人絹糸と綿糸からなる織物を本格的に製造し，恐慌下にはその傾向がより強まった．
　大恐慌期になると，生糸と人絹糸の価格がさらに下落した．まず，生糸の価格について触れる．生糸の値下がりは，1930年1月190リラ／1kgから同年6月130リラ，12月にさらに120リラと顕著であった［Department of Overseas Trade 1931：56］．**表4-4**によると年平均価格は1933年にかけて下がり続けた．
　生糸も人絹糸も価格の下落が続くことによって，顧客は織物に対する注文をキャンセルし，新たな安い価格で注文をし直すということが相次いでおこり，製造の調子を狂わせた．**表4-4**に示されるように，人絹糸と生糸の価格は1920年代半ばから下落傾向にあり，1929年から1933年までさらに値下がりし続けた．イタリアの人絹糸ダンピングは，1925年から始まっていたが，その後も続いた．
　イタリアの人絹工業は1920年代後半に急成長した．大恐慌期も増産を続けていたが，1930年代に入るとイタリア最大手のズニア・ヴィスコーザ社Snia Viscosaは，11億リラから3億4500万リラへ減資を実行した［Tremelloni 1937：179］．また，アメリカとイギリスが高率の保護関税を実施したことで，

イギリスのマンチェスターとニューヨークの支店を閉鎖した［Department of Overseas Trade 1931：56］．これを機に，人絹製造業者は国内市場のあらゆる要求に応えるように製造を行い，国内需要を重要視していくようになる［Department of Overseas Trade 1931：57］．イタリアの人絹糸生産は，大恐慌下においても 1930 年約 3014 万 kg から 1931 年約 3458 万 kg に増加した．そのうち，1931 年に国内市場向けの人絹糸は約 1200 万 kg であった［Department of Overseas Trade 1932：42］．

　人絹織物製品も価格競争が激しく，とくに日本との競争は深刻であった．日本産の製品はイタリア産のそれより約 50％低い価格であったためである［Ente Nazionale Serico 1933：39］．1933 年 12 月には絹織物業に関する状況が改善したが，実際のところ，生糸を扱っていた絹織物企業が人絹糸と綿糸で織った商品を生産し，それに対する需要が回復したためであった．しかし，生糸を利用した絹製品は決定的に需要がなかったわけではない．表 4-4 に示されているように，生糸の値下がり率は人絹糸に比べると大きく，人絹織物の重量単価が 1932 年に 35.15 リラ／kg に対し，絹織物は 180.7 リラと単価が高く，付加価値を加えうる製品であった．

　その後，経済制裁をきっかけに，イタリアでは新しいタイプの人絹糸の開発が進んだ．同国の人絹生産は 1920 年代ほどではなかったが，1930 年代においても増加がみられた．とくに，1930 年代後半には短繊維の人絹スフ生産が急増し，イタリアのスフ製造は 1936 年には世界第 1 位となった．このとき，世界全生産量に占める割合は 38％に上り，輸出量 3600 万 kg のうち，人絹糸は 2200 万 kg（イタリア生産高 4000 万 kg の 55％），スフは 1400 万 kg（同国生産高 5000 万 kg の 28％）で，国内需要は人絹糸 1800 万 kg，スフ 3600 万 kg であった．

　図 4-2 にイタリアの絹織物製造企業で使用された生糸と人絹の量が示されており，1937 年にコモ地方では，人絹糸 80％，生糸 10.5％であり［Galli 1998：408］，絹織物産地では人絹糸の使用が大部分を占めるようになった．人絹糸の使用において，大恐慌期に絹織物業者は国内の綿織物業者と住み分けができず，とくに人絹交織物で価格競争に苦しんでいたが［日野 2012：52-69］，スフについては綿織物業者が低中価格帯の製品を製造し，絹織物業者が高価格帯の製品を製造することで住み分けができた．

第4章　付加価値の高い製品を創る　133

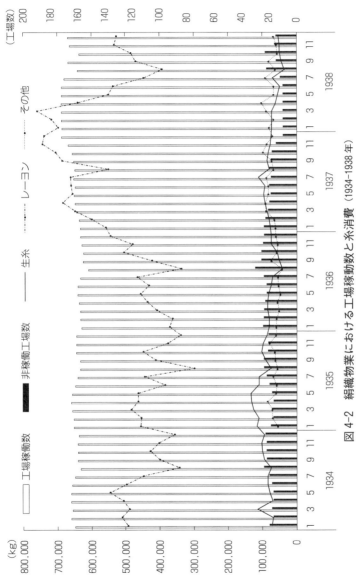

図4-2　絹織物業における工場稼動数と糸消費 (1934-1938年)

(注1) この統計はたった102工場（少なくとも10名以上）に関するものので、それゆえイタリアの絹織物業全体を示さない。
(注2) 生糸は絹紡糸を含む。
(出所) 1934年：Ente Nazionale Serico [1936：54], 1935年：Ente Nazionale Serico [1937：56], 1936年：Ente Nazionale Serico [1937：57], 1937年：Ente Nazionale Serico [1938：66], 1938年：Ente Nazionale Serico [1939：51-52]。

134

（3） 絹織物業の近代化──電化と織機技術

次に，製造設備の近代化は織機技術の発展も伴った．イタリアでは，1920年代に電化が急速に進んだ．そのうち水力発電に富むロンバルディア州とピエモンテ州の電化は著しく [De Rosa 1993：752；797；857][39]，生産拡大に向けコモ県内の織機数，とくに力織機が増加した[40]．表4-5に示されるように，1917年と1923年の力織機と手織機を比較すると，力織機のみを設置する工場が大幅に増加した．1923年には，コモ全体で129の織物工場が存在し，そのうちの67工場が力織機を設置していた．コモの工場の力織機は1917年8295台（国内1万2869台）から1923年1万2271台（国内1万8121台）に増加した．

絹織物業の関連・支援産業の発展は，コモ地方における機械工業の動向からも明らかである．コモ県内における機械工業従事者は，1921年産業全体の6.2%（繊維工業は43.2%）であったが，1927年には8.4%（繊維工業は52.2%）に増加した [Taborelli 2004：234]．コモの織機製造は，とくに，1919年創業のカイローリ・フォンターナ・ランフランコーニ社 (Cairoli Fontana Lanfranconi)，アルバーテ繊維関連機械製作所 (Officine per Macchine per Industria Tessile e Affini di Albate)（以下OMITA社と略）の２社に代表される [Museo didattico della Seta 2000：61-63]．そのうちOMITA社は流行に応える織物生産のための織機開発を行い，積極的な事業展開を図った．同社は1921年ミラノ見本市に力織機を展示，1922年リオ・デ・ジャネイロの国際展にも出展し，1922-23年４シャトル４色の織機，７シャトルの "pik-pik" を開発，販売に乗り出した [Museo didattico della Seta 2000：63]．

OMITA社は商工会議所宛に，絹織物だけではなく機械工業に関する条約の改正も訴えた．織機販売の強力な競争相手であるドイツ，スイスの同業者と争うことが可能で，実際リヨンにおける織機販売が好感触であることを報告した上で，織機の輸出関税の引き下げを陳情している[41]．このように，織布機械生産の発展は著しいものであった[42]．その後OMITA社は1926年にドビー織機を改良した新織機を発売し，1927年には輸出用絨毯織の７シャトル織機，国内向けに絹と人絹の薄生地用織機と，デザイン性に富む布地やネクタイ生地に向いた６色織りの織機などを生産した [Museo didattico della Seta 2000：63]．

1927年５月には，絹産地としてのアピールと，さらなる輸出拡大を目的と

第4章 付加価値の高い製品を創る   *135*

表4-5 イタリアとコモ県の設置織機別工場数と家内
作業場数の比較 (1917, 1923年)

	1917		1923	
工場	コモ	国	コモ	国
力織機のみ	48	67	67	93
力織機・手動織機	15	115	21	41
手動織機のみ	32	50	14	27
家内				
力織機のみ	2	2	2	2
力織機・手動織機	3	3	1	1
手動織機のみ	17	26	24	29
合計	117	263	129	193

(出所) Galli [1998 : 272].

して，コモ出身の物理学者アレッサンドロ・ヴォルタの没後100周年を記念した「電気と絹の展示会」が開催された[43]．展示物は，コモ産絹織物，繰糸機，撚糸機，蚕種，OMITA社による織機が主であった[44]．このように，1920年代に産地における関連・支援産業として織機製造の技術が発展し，産地の競争力を支えたことがわかる．

1920年代のコモ産地では，水力発電による電化がすすみ，これにともない力織機が普及した．また，機械製造の分野でも多くの改良・発明がみられ，産地における絹関連産業の発展がみられた．

第3節　絹織物産地の対応
——高付加価値製品製造へ

コモの産地では，1920年代に新市場向けに大衆商品を製造する大企業と，中小企業を中心とした高級絹織物製造が併存する状況が生まれた．前者は需要がある現地の製品を模倣し，製品を多様化させ，後者は新たな取り組みとしてデザインに力を入れるとともに製品戦略において見直しを図りながら，輸出拡大が実現した．

その後，大恐慌期の繊維工業は，一般に，イタリアの産業の中で犠牲者と評される．絹工業のなかでも，とくに養蚕業と製糸業の打撃は大きく，それゆえ，イタリアの主力輸出商品である生糸輸出に与える影響は深刻であったが，絹織

物業はそれほど影響がなかった［Toniolo 1980：邦訳 204］．その理由として，1920 年代後半，絹織物業は人絹糸を主に利用していたため良好な成果をおさめたと，トニオロは指摘している［Toniolo 1980：邦訳 206］．しかし，人絹糸の利用だけが，絹織物業を支えた要因ではないことを，ここで示したい．

　当該期のコモ産地は以下の３つの困難を抱えていた．① 大恐慌による貿易の縮小，失業問題．② 製品単価の下落と日本との競争．③ 金本位制維持のための賃金引下げ政策による混乱[45]．

　このような問題を克服する動きとして，産地と政府は主に３つの対応をとった．① 付加価値を高めるための染色・捺染業との連携．② 絹製品販売のための品質表示．③ 国内外に向けたファッションに関する宣伝．これらの対応はいずれも市場に向けた動きである．③については，第４節で詳しく検討する．

　まず初めに大恐慌期の問題に触れ，その後の対応について検討する．

（１）　賃金引下げによる絹織物業への影響

　コモ県で調査された産業分類は，製糸，撚糸，織布，染色等を含む繊維工業と，縫製を行うアパレル産業にカテゴリーが分かれている．コモ県内で繊維工業とアパレル産業に従事する労働者数は増加しているが，1927 年繊維工業労働者が県内の全産業に占める割合は，52.2％から 1931 年に 42.7％と減少し，アパレル産業は 1927 年 7.5％から 1931 年 8.8％に増加した［Taborelli 2004：234］．このことから，織布を中心とした製造からアパレル産業に構造が変化していることがわかる．

　図 1-5 はコモ県における失業者数をあらわしたものであるが，大恐慌期のコモ地方における絹織物業は，深刻な失業増加の状況にあり，失業者が多く見られる時期は 1932-33 年であった．このような失業問題は，大恐慌の影響だけではなく，イタリア国内事情である賃金引下げによっても深刻となった．1920 年代後半から既に始められていたデフレ政策を，金本位制維持のためにさらに強化した．その中で賃金引下げが実施された．これは絹織物企業にも適用されたため，その影響は大きく，賃金が硬直化した［Federico and Giannetti 1999：135］．

　国内の業種別，職種別賃金における地域単位（県，市内）の不均等が賃金引

第 4 章　付加価値の高い製品を創る　137

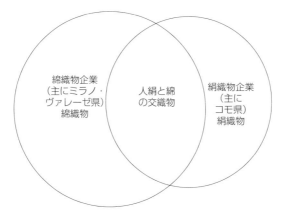

図 4-3　イタリア絹織物業と綿織物業の関係イメージ
（注）いずれの県もロンバルディア州に属する．
（出所）筆者作成．

下げ政策によって発生した．政府はコモ地方の絹織物業に対して，綿織物業よりも高い賃金，他の隣県よりも高い水準の賃金を設定し，絹織物企業は競争に不利な立場にたたされた．これは，賃金の引下げを要求された絹織物業大企業が，人絹と綿の交織物を製造するようになっていたため，図 4-3 に示すように，類似製品を製造する綿織物業と絹織物業は互いに競合関係にあったことが背景としてあげられる．

　イタリアは貿易収支の均衡維持と金・外貨準備の安定のために，1930 年に改めてデフレ政策を選択した．賃金引下げ政策はそのうちの 1 つである．賃金引下げは 1927 年から始まっていたが，ファシスト政府は法令で生産コストを引き下げながら全国規模でデフレ政策を実施しようとした［Toniolo 1980：邦訳108］[46]．この政策は，団体協約（Contratto Collettivo）という形式をとって実施された．

　ファシスト政府は，法相ロッコ（Alfredo Rocco）の登用により労働組合の統制を始める．ロッコは以前から労働組合に対する警戒感を抱いており，生産力の増大と社会秩序を維持するためには，国家が労使関係に介入できる体制の構築が必要であると唱えていた[47]．まず 1925 年 10 月に，ファシストの全国労働組合連合と経営者の全国団体であるファシスト工業総連盟（Confederazione Generale Fascista dell'Industria Italiana）（通称 Confindustria）との間でヴィドーニ館協

定が結ばれ，ファシストの労働組合だけが経営者との交渉権をもつことが決められた．1926 年 4 月に集団的労働関係規正法（通称ロッコ法）を制定し，ストライキとロックアウトを禁止し，労働争議を新設の労働裁判所で処理することが定められた[48]．労使それぞれの組合は，自由意志による 10 分の 1 の加盟者を組織するだけで法により公認され，ファシスト政府は，ファシスト組合のみを承認した．

　政府と労働組合が締結する団体協約は，すべての拘束力を有し，賃金政策はこのシステムを利用して実施された[丸山 1985：123][49]．具体的には，国家協同体的方針のもと，絹織物製造企業はファシスト絹織物業連盟（Federazione Nazionale Fascista della Tessitura Serica）に組み込まれた[50]．政府は，1932 年 1 月に，組織を改変して絹関連業連盟（Federazione Nazionale Fascista dell'Industria della Seta ed Affini）を設立し，下部組織に養蚕，製糸，織物，絹取引の協会をおいて，賃金引下げのために利用した[51]．1930 年末に賃金支払は 5 -10%の範囲で削減された[Toniolo 1980：邦訳 108]．

　これらの関心に沿う先行研究として，G.ガッリは，大恐慌期のコモ地方の企業で起こった労使関係の摩擦に触れ，中央政府側が提案した労働時間短縮や賃金引下げについて，企業家側が度々協定を破っていたことを指摘した[Galli 2004：291-312]．また，ペッリとクァドリーニは，大恐慌がイタリア経済にもたらした影響について，国際貿易の収縮が大きな要因であると結論づけた．この研究はマクロモデルを提示し，賃金の硬直性とともに，国際貿易が収縮することで経済活動の減速がおこったことを示唆している．国内実質賃金の水準は，1920 年代の終わりから 1930 年代の初めにかけて，日給は 1933-34 年まで緩やかに上昇し，時給は大きく上昇した[Perri and Quadrini 2002]．

　コモ県の絹織物業は，賃金引下げ政策によって不利な立場にたたされていた．それは，ミラノ県やヴァレーゼ県のような近隣県における賃金とコモ県内のそれとの比較で，企業者側からみた場合の賃金支払において過度な不平等があったためである[52]．賃金抑制が行われている間，地域の企業家はそれに対抗して，近隣県との賃金の差を解消することを積極的に政府に訴えた[53]．このような地域企業の抵抗は，結果的に，1933 年 7 月，県の組合と周辺地区の控訴裁判所に賃金決定の権限を委ねられた[Jocteau 1978：89]．ミラノ控訴裁判所の判決は，

ミラノ県とコモ県では職種カテゴリーが大幅に違うため，全体を比較すること
は難しいが，やはりコモ県の織布工の賃金は若干高めに設定され，1933年7
月15日から発効した[54]。

　大恐慌期，産業の実状に即さない賃金協定の実施は，イタリアの絹織物業に
おける大恐慌の影響をさらに深刻にし，戦後イタリア経済発展の弊害のひとつ
となった労使関係の混乱と悪化を招いた．以下，コモ地方における賃金引下げ
の実態を明らかにする．

　1930年12月1日，協同体省（Ministro delle Corporazioni）のもとで，ファシス
ト工業総連盟（Confindustria）[55]と絹織物業連盟との間で，労働者の団体協約が締
結された．この団体協約によって決定されたコモ県の絹織物工場に対する賃金
協定の適用が，問題の発端となった[56]。賃金抑制の対象となったのは，比較的大
きな規模の織物企業である．これらの企業は，1920年代，人絹と綿やその他
の繊維を利用した交織物を製造することで顕著に輸出を伸ばしたが，その後，
恐慌下で行われた賃金の引下げに大きく影響されることとなった．

　絹製品を製造する全ての企業は強制的に絹織物業連盟（Federazione Nazionale
della Tessitura Serica）に組み入れられ，絹織物の業種区分に属する企業は，絹加
工であろうと人絹，綿糸のようなどのような糸による織布加工であろうと，定
められた賃金を実施しなければならなかった[57]。コモ県には，これらの協定の対
象となった約1万8000人の織布工が存在し，約1万人が製糸・撚糸工，約
9500人が綿織布工，約2500人がその他（ニット，靴下，ショール，リボン，麻，リ
ネンなど）に属した．対してミラノ県には約5000人，ヴァレーゼ県には約2700
人の絹および人絹の織布工が存在していた[58]。

　1931年12月に持ち上がったコモ県内の業種間，県内と県外の賃金の不公平
さに関する報告書によると，コモ県の絹織布工は綿織布工よりも約45%高い
（コモ市内織布工賃機日給14.32リラ，市内を除くコモ県内13.60リラ，ミラノ県11.96リ
ラ，綿業9.66リラ）．ミラノ県の織布工の賃金はコモ県より約17%低く，準備工
程の賃金もコモ県はミラノ県より約42%高い（コモ市内11.44リラ，コモ県10.96リ
ラ，ミラノ県7.84リラ）．県内でも市内と郊外で賃金が異なり，市内の場合さ
らに賃金が高く設定されていた[59]。

　ミラノに本店を置くトンダーニ社（G.L. Tondani）は，綿・絹織物を加工する

会社で，ミラノ県の2工場，コモ県の3工場で生産を行っていた．従業員約800名を雇用し，絹織物を製造していたコモ県の郊外にあるフェネグロ（Fenegrò）工場を閉鎖し，コモ県に隣接するヴァレーゼ県サロンノ（Saronno）に新工場を建てる計画を企業家側が示した．その理由として，ヴァレーゼ県はミラノ県同様賃金がコモ県より安く設定されていることをあげている．経営者のトンダーニは，コモ県の織布工に対する賃金水準が，売上げが極端に落ちている時期の企業にとって，コストとして耐えうる設定ではないと指摘した．[60]

　同社は，1931年10月に最低賃金日給13.64リラの絹工業の契約を実行中であった．しかしながら最低賃金日給9.60リラという綿工業の契約を適用しなければ，ヴァレーゼ県のガッララーテ（Gallarate）やブスト（Busto）などの綿織物産地との競争において，これ以上太刀打ちできないと申し立てた．

　トンダーニ社は交織，絹，綿の織物を生産しており，大恐慌の少し前から人絹と綿の交織物の生産を開始していた．[61] コモ県のフェネグロとビナーゴ（Binago）に2つの工場を所有し，同社は綿業同盟（Confederazione Cotoniera）に属していたが，コモの2工場は絹を扱っていたため，それらの工場で働く労働者に対しては絹工業に適用される賃金を支払っていた．同社が受ける注文は主にイギリスからであったが，関税が上がり，その発注もこなくなっていた．

　トンダーニ社のように設備が整った施設を持っていても，類似製品を生産する綿織物業は，綿織物業向けのより低い賃金設定が適用されたため，フェネグロ工場，ビナーゴ工場で実現できる製造コストの30％以下で生産が可能であった．この企業は，家内工業である賃機に発注し，工場を二交代で稼働させ，全織布工に平均13.60リラの日給を支払っているが，綿業では平均10リラ前後である．1人当たり日給1.70リラの賃金カットでも1m当たり0.05リラの費用削減にしかならず，次の政府からの契約提案である12.30リラが，それより低い1.30リラの賃金引下げにしかならないため，受け入れられないことを示した．[62]

　またコモで操業するボゼッリ社（E. Boselli & C.）は，約200名の労働者を雇用するガッジーノ（Gaggino）工場での仕事に欠き，1932年6月中に工場を閉鎖する状態となった．その件に関して，ポデスタ（行政長）は政府の対策がうまくいっていないことを指摘した．[63] その後ボゼッリ社の経営者は，賃金の影響に関[64]

して，綿工業と比較して絹業の製品コストが約 10％高いと報告した．注文が製造コストの低いところへ流れ，それはつまり他県の綿織物業または絹織物業へ流れることを意味し，懸念を示した．さらに同社の経営者は，コモ地方のほとんどの企業が人絹織物を製造していることを指摘し（**表4-6**），絹織物の製造に戻るまでにかかる時間，また，人絹糸を使った低いコストでこのまま製造し続けることで絹織物業の活動がさらに縮小することに不安を示した[65]．

　以上のことから，大恐慌期に賃金の削減を要求された絹織物産地企業は，政府から非常に不利な水準の提案が続いていたことがわかる．さらに，綿と人絹糸を交織していた絹織物業者は，類似製品を製造する国内の綿織物業者との競争にさらされ，低廉な人絹糸ではなく再度生糸を扱いたいと考える企業家も存在していた．

（2）　染色・捺染業との連携

　1920 年代において染色技術が遅れていた染色・プリント・仕上加工工程が，戦後，コモ産地を中心に重要性を帯びた要因として，2 つのことが考えられる．1 つは，イタリアに遅れて現れた化学や電気産業を含む第 2 次産業革命と，それまで主要な産業であった繊維工業が，20 世紀転換期から両大戦間期にかけて結びついたことである．これに関連して，もう 1 つの要因として，1930 年代にみられた染色・プリント工程の技術向上である．機械プリントが生み出すデザインの多様性と，仕上工程で施される防水やしわ加工の技術の発展は，繊維工業のその後の将来的な可能性を大きく広げた．

　染色工程は，糸を先染めする，あるいは織布を後で染める工程の 2 つに分けられる．前者は古くから存在するが，後者の反染めについては，イタリア絹織物業の代表的な企業集積地であるコモでは，1889 年に研究が始まり［Pinchetti 1894：128］，機械プリント工程にいたっては，さらに遅く第 1 次大戦後に始まった［Rosina 2001：71］．同産地では，1873 年に染色業者 6 社，仕上業者 2 社と少数の企業がこれらの工程を担っていた．しかし，1965 年になると両業者を合わせて 100 社以上，労働者約 7700 名に増加した［Camera di commercio industria e agricoltura Como 1965：36］．1990 年代には，産地の工程の中ではプリント・染色が中心となり［小川 1998：31-32］，2011 年時点では，全部門 129 社中，約

表 4-6　コモ県絹織物企業の状況 （1933 年 1 月）

	企業名	所在地	労働者数		設置織機数		稼働織機数		加工糸の種類	備考
			1932年1月1日	1933年1月1日	1932年1月1日	1933年1月1日	1932年1月1日	1933年1月1日		
1	アリヴェルティ・エ・ステッキーニ (Aliverti e Stecchini)	ブレニャーノ (Bregnano)	217	180	200	200	180	130	レーヨン	
2	〃	グアンツァーテ (Guanzate)	198	148	220	220	200	80	レーヨン	
3	バルビス・エ・バーリ (Balbis e Bari)	メナッジョ Menaggio	185	180	180	180	180	180	レーヨン	
4	E.ボゼッリ (E. Boselli e C.)	オルジャーテ・コマスコ (Olgiate Comasco)	907	870	670	670	658	630	レーヨン	
5	〃	ファロッピオ (Faloppio)	212	180	112	112	112	80	レーヨン	
6	〃	フィリアロ (Figliaro)	100	100	59	63	59	63	レーヨン	自動織機 4 台に 4 人労働者二交代
7	セテリエ・クニャスカ (Seterie Cugnasca)	コモ (Como)	74	90	74	74	51	51	レーヨン	
8	E.カンピ (E. Campi e C.)	アッピアーノ (Appiano)	181	185	144	142	90	96	絹	2 台の織機は差し引いても役に立たなかった
9	カモッツィ・エ・ベルトロッティ (Camozzi e Bertolotti)	ルチーノ (Lucino)	133	97	160	160	87	75	レーヨン	
10	G.カッターネオ株式会社 (G. Cattaneo S.A.)	コモ (Como)	200	203	540	540	150	144	レーヨン	
11	F.I.S.A.C.	カメルラータ (Camerlata)	148	350	320	320	300	254	レーヨン	
12	〃	チェルメナーテ (Cermenate)	610	351	489	489	400	277	レーヨン	3 または 4 台の織機で労働
13	〃	ヴェルテマーテ (Vertemate)	219	130	252	252	200	230	レーヨン	
14	〃	モンテオリンピノ (Monteolimpino)	149	145	176	176	168	176	レーヨン	
15	フランシス・クリヴィオ (Francis Clivio e C.)	コモ (Como)	180	160	80	100	60	100	レーヨン	ネクタイ
16	フレイ (Frey e C.)	アルバーテ (Albate)	192	192	138	138	63	60	絹	25 台以上の織機は家内工業
17	ルイージ・フェロイ (Luigi Feloy)	ブルガログラッソ (Bulgarograsso)	117	98	105	105	95	90	レーヨン	
18	ファゾーラ・テッタマンティ (Fasola Tettamanti e C.)	コモ (Como)	127	78	96	96	83	42	レーヨン	家内工業用織機が設置された
19	〃	レンノ (Lenno)	83	56	74	74	60	50	レーヨン	工場で 5 人の男性が 3 台の織機を管理
20	テッシトゥーラ・ブルガロ (Tessitura di Bulgaro)	ブルガログラッソ (Bulgarograsso)	148	120	140	165	140	165	絹	ネクタイ
21	フォッサーティ (Fossati e C.)	グラヴェドーナ (Gravedona)	218	55	135	135	54	45	絹	
22	インドゥストリア・セリカ・タローニ (Industria Serica Taroni)	コモ (Como)	254	68	207	207	148	70	絹	

第4章　付加価値の高い製品を創る　143

	企業名	所在地	労働者数 1932年1月1日	労働者数 1933年1月1日	設置織機数 1932年1月1日	設置織機数 1933年1月1日	稼働織機数 1932年1月1日	稼働織機数 1933年1月1日	加工糸の種類	備考
23	〃	マスリアーニコ (Maslianico)	110	110	102	102	102	100	交織	
24	グイド・ラヴァージ株式会社 (Guido Ravasi S.A.)	オルトローナ・ディ・サン・マメッテ (Oltrona S. Mamette)	210	153	106	106	74	93	レーヨン	
25	エレディ・ディ・P.マルツォラーティ (Eredi di P. Marzorati)	カルラッツォ (Carlazzo)	186	175	200	200	163	130	レーヨン	
26	テッシトゥーラ・セリカ・ディ・アルバーテ (Tess. Serica di Albate)	アルバーテ (Albate)	135	120	170	170	50	150	レーヨン	
27	マッツォッキ・バレストリーニ (Mazzocchi Balestrini)	ウッジャーテ (Uggiate)	240	40	152	152	120	20	レーヨン	
28		チヴェッロ (Civello)	110	101	111	111	85	88	レーヨン	
29	E.オズナーギ (E. Osnaghi e C.)	パレ (Parè)	420	380	279	279	279	118	レーヨン	ネクタイ
30	フィリッポ・オスティネッリ (Filippo Ostinelli)	カスナーテ (Casnate)	62	49	70	70	58	58	レーヨン	ネクタイ
31		ローデロ Rodero	107	80	95	95	76	80	レーヨン	
32	ビエトリーニ Pietrini e C.	オッジョーノ Oggiono	280	277	185	185	60	120	レーヨン	
33	フラテッリ・ラッティ Fratelli Ratti	ロージェノ Rogeno	20	108	58	58	15	58	レーヨン	
34	エンリコ・ロザスコ Enrico Rosasco	アッピアーノ・ジェンティーレ Appiano G.	—	181	170	170	—	73	レーヨン	昨年工場は閉鎖されていた
35	〃	コモ Como	400	400	400	400	170	300	レーヨン	
36	株式会社レステッリ S. A. Restelli e C.	フィリアーロ Figliaro	199	180	200	194	180	190	絹	絹生地と帽子裏生地
37	エドアルド・ストゥッキ Edoardo Stucchi	カッチーヴィオ Caccivio	850	400	600	600	450	600	絹	
38	株式会社ドラーラ S. A. Dolara	フィーノ・モルナスコ Fino Mornasco	250	260	226	226	170	150	レーヨン	
39	ラ・セリカ "La Serica"	クッチャーゴ Cucciago	137	130	140	140	130	65	レーヨン	
40	テッシトゥーラ・セリカ・ディ・カントゥ Tess. Serica di Cantù	カントゥ Cantù	165	170	120	120	95	115	絹	
41	ルイージ・タローニ Luigi Taroni	コモ Como	450	320	367	367	287	86	レーヨン	
42	テッラーニ Terragni e C.	コモ Como	55	89	80	80	68	80	絹	
43	テッシトゥーラ・セリカ・ディ・オルジャーテ・コマスコ Tess. Serica di Olgiate Comasco	オルジャーテ・コマスコ Olgiate Comasco	140	125	150	150	148	150	レーヨン	
44	テッシトゥーラ・セリカ・ベルナスコーニ Tess Serica Bernasconi	チェルノッビオ Cernobbio	231	200	220	220	215	200	レーヨン	
45		ピアッツァ (Piazza)	145	100	194	180	170	156	レーヨン	

No.	企業名	所在地	労働者数 1932年1月1日	労働者数 1933年1月1日	設置織機数 1932年1月1日	設置織機数 1933年1月1日	稼働織機数 1932年1月1日	稼働織機数 1933年1月1日	加工糸の種類	備考
46	〃	ソルビアーテ (Solbiate)	212	230	300	300	300	300	レーヨン	
47	〃	カーニョ (Cagno)	171	105	96	96	96	96	レーヨン	
48	ウニオーネ・インドストリエ・セリケ (Unione Industrie Seriche)	コモ (Como)			208	208	186	130	レーヨン	
49	〃	チヴァーテ (Civate)	210	190	536	536	60	174	絹	
50	インプレーゼ・セリケ・イタリアーネ (Imprese Seric. Italiane)	マリアノ・コメンセ (Mariano Comense)	812	120	70	70	50	50	レーヨン	
51	〃	オルジャーテ・カルコ (Olgiate Calco)	85	46	39	39	39	39	レーヨン	
52	テッシトゥーレ・セリケ・ディ・アルベーゼ (Tess. Seriche di Albese)	アルベーゼ (Albese)	98	103	66	77	66	75	レーヨン	二交代
53	マッシオッタ (Massiotta e C.)	アルベーゼ (Albese)	200	145	18	36	15	24	絹	不規則の仕事
54	L.ボシージオ (L. Bosisio fu P.)	モルテノ (Molteno)	30	30	34	34	28	30	レーヨン	
55	オットリノ・フィオリーニ (Ottorino Fiorini)	マッチョ (Maccio)	42	42	72	72	72	72	レーヨン	家内工業は14名
56	テッシトゥーラ・セリカ・ディ・カッチーヴィオ (Tess. Serica di Caccivio)	カッチーヴィオ (Caccivio)	61	61	29	29	27	29	レーヨン	
57	E.デ・ジロラーミ (E. De Girolami)	オルジャーテ・コマスコ (Olgiate Comasco)	43	45	15	28	15	28	レーヨン	
58	アリヴェルティ・エ・ステッキーニ (Aliverti e Stecchini)	ブレニャーノ (Bregnano)	26	38	24	24	24	24	レーヨン	
59	〃	グアンザーテ (Guanzate)	27	20	58	58	48	40	レーヨン	
60	バルビス・エ・バーリ (Balbis e Bari)	メナッジョ (Menaggio)	64	60	58	58	48	40	レーヨン	
61	E.オゼッリ (E. Boselli e C.)	オルジャーテ・コマスコ (Olgiate Comasco)	44	68	26	35	26	35	絹	ネクタイ
62	〃	ファロッピオ (Faloppio)	61	65	33	33	33	33	絹	
63	〃	フィリアロ (Figliaro)	44	45	42	42	35	35	絹	
64	セテリエ・クニャスカ (Seterie Ougnasca)	コモ (Como)	69	60	34	34	34	30	レーヨン	
65	E.カンピ (E. Campi e C.)	アッピアーノ (Appiano)	30	32	20	20	20	20	レーヨン	
66	カモッツィ・エ・ベルトロッティ (Camozzi e Bertolotti)	ルチーノ (Lucino)	30	18	50	50	30	15	レーヨン	
67	G.カッターネオ株式会社 (G. Cattaneo S.A.)	コモ (Como)	27	40	30	30	30	30	レーヨン	

第4章　付加価値の高い製品を創る　　145

	企業名	所在地	労働者数		設置織機数		稼働織機数		加工糸の種類	備考
			1932年1月1日	1933年1月1日	1932年1月1日	1933年1月1日	1932年1月1日	1933年1月1日		
68	F.I.S.A.C.	カメルラータ (Camerlata)	65	55	57	56	29	34	絹	ネクタイ
69	〃	チェルメナーテ (Cermenate)	44	44	40	40	40	40	絹	ネクタイ
70	〃	ヴェルテマーテ (Vertemate)	30	25	20	20	20	15	レーヨン	
71	〃	モンテオリンピノ (Monteolimpino)	48	55	30	30	30	30	レーヨン	
72	フランシス・クリヴィオ (Francis Clivio e C.)	コモ (Como)	39	15	30	30	18	15	レーヨン	
73	フレイ・フレイ (Frey Frey e C.)	アルバーテ Albate	20	28	31	31	15	18	絹	家内工業織機40台 ネクタイ
74	ルイージ・フェロイ (Luigi Feloy)	ブルガログラッソ (Bulgarograsso)	31	31	28	28	28	28	レーヨン	
75	ファゾーラ・テッタマンティ (Fasola Tettamanti e C.)	コモ (Como)	47	49	32	32	20	30	レーヨン	
76	〃	レンノ (Lenno)	45	17	18	20	18	20	レーヨン	
77	テッシトゥーラ・ブルガロ (Tessitura di Bulgaro)	ブルガログラッソ (Bulgarograsso)	59	58	29	59	20	41	レーヨン	
78	フォッサーティ (Fossati e C.)	グラヴェドーナ (Gravedona)	19	12	16	16	12	16	レーヨン	
79	インドゥストリア・セリカ・タローニ (Industria Serica Taroni)	コモ (Como)	20	21	16	16	16	16	レーヨン	不規則の仕事
80	〃	マスリアーニコ (Maslianico)	15	18	24	24	24	24	レーヨン	
81	ダイド・ラヴァージ株式会社 (Guido Ravasi S.A.)	オルトローナ・ディ・サン・マメッテ (Oltrona S. Mamette)	12	12	6	6	3	3	レーヨン	
82	エレディ・ディ・P.マルゾラーティ (Eredi di P. Marzorati)	カルラッツォ (Carlazzo)	30	30	22	22	22	22	レーヨン	
83	テッシトゥーラ・セリカ・アルバーテ (Tess. Serica di Albate)	アルバーテ (Albate)	8	12	5	5	5	5	レーヨン	
84	マッツォッキ・バレストリーニ (Mazzocchi Balestrini)	ウッジャーテ (Uggiate)	—	33	—	22	—	22	レーヨン	二交代

（出所）ASC, Unione Provinciale Sindacati Fascisti Industria Como, "Dati Statistici Tessitura Serica. Situazione al Gennaio 1933", Prefettura-Gabinetto, c. 109.

3割がプリント・染色部門の企業となっている［Chezzi, Mauro; Osservatorio Distretto Tessile di Como 2012］.

20世紀にイタリアの絹織物業は急速に成長したが，製織の前後工程である染色工程は製織工程と同時に発展したわけではない．ここで，初期の絹織物産地における染色工業をめぐる状況をみていく．染色工程は，常に製糸・製織工程とともに存在してきた．1870年代に年間20万kgの絹が染められたが，全生産量のたった6-8％を占めるだけであったように，コモで製造された絹織物製品の大半は，染色工程のためにリヨンに送られていた［Lorenzini 1994：19］.染色・プリント工程の量的または技術的な不十分さに加えて，イタリアでは1898年に絹織物を一時的に輸出するための免税が許可され，これが外国の染色業者を有利にした．コモだけでも，フランス，スイス，ドイツ，イギリスなどの染色企業，少なくとも12社がイタリア国外で染色するための代理店をおき，イタリアの染色加工のための絹織物輸出量は1881年に9500kgだったが，1902年には47万4280kgへと増加した［Lorenzini 1994：33］.

この需要の増加にともなって，染色工程に利益を得る機会を見出した同産地の企業家は，染色・プリント・整理工程を専門に加工を行うコメンセ社 (Società Anonima Comense di Tintoria ed apparecchiatura)（資本金50万リラ，額面250リラ，2000株）を1872年に設立した[66]．当時，コモには染色企業が6社，仕上加工整理企業は2社存在していたが，同産地で技術革新を担った企業は以下の3社である．最新の機械が導入されたコメンセ社，黒色染色を得意とするフス社 (Huth Pietro)（1852年設立），カスターニャ社（Castagna）（1891年染色企業に改編）である［Pinchetti 1894：121］.

1929年の調査では，製織と染色を一貫で行う施設を持っていた企業は国内に21社あったが，1940年になると6社に減少した．その全ての企業がロンバルディア州に位置し，そのうち5社が株式会社であった．コモ県の染織一貫企業は2社であり[67]，1930年代において絹織物輸出量が全体的に伸び悩むなかで，1930年代後半に染色およびプリント部門が興隆したが[68]，コモ地方においては，染色と製織の垂直統合はすすまなかった.

1930年代後半におけるコモの絹織物企業家の論調は，垂直統合よりも製織と染色・プリント工程をそれぞれ分業する方向に傾いた．コモ地方では，第5

章で詳しく見るように，1920年代後半に絹・人絹製織大手製造企業のFISAC社が染色・プリント部門を吸収して，多角化して生産を拡大しようとした．しかし，1935年になると，その考えが明らかに間違いであり，生き残るためには専門化しなければならないことがコモ地域の企業によって認識されている．これらの企業は，アメリカでは染色およびプリントの工程に拡大した大手の製織企業は全て消え，フランスやスイスにおいても製織と染色あるいはプリントを一緒に行う企業はないと主張した[69]．この認識の根拠として，コモ産地には既に大規模な染色専業企業が存在していたため，垂直統合に向かう必要がなかったことが考えられる．

　1940年，絹業の染色・プリント・仕上整理加工業に分類される企業国内51社のうち，コモに19社，ミラノに16社が集まっていた．染色企業は28社（うち株式会社は14社），染色専業は6社（うち株式会社3社）であった．プリント加工を行う企業は，国内に5社あったが，そのうち4社はコモに位置した．

　イタリア国内の絹織物業者は，絹織物の販売を増加させる対策を練った．絹織物製造業者は製品に対する品質を改善する提案を行い，実行に移した[70]．具体的には織物業と染色業の連携改善に関するものであり，製織業者は染色業が加えうる付加価値に可能性を見出していた．染色業が絹織物に与える付加価値については，1931年に調査が行われ，下がり続ける生糸の価格に対して，絹織物自体の販売価格は堅調でかつ，付加価値が大きいことが報告されていたためである[71]．

（3）　ヨーロッパ諸国への触媒規制のアプローチ

　染色業者は，織布業者からの注文を忠実に実行しなければならない．織布の最終的な品質を決定するのは染色業であり，最終的に品質決定の役割を果たす点で織物業者との連携が必要かつ重要であった．イタリア絹染色・捺染・整理仕上加工業企業家組合（Consorzio tra gli Industriali Tintori Stampati ed Apparecchiatori Serici Italiani）は，1927年3月，絹織物業者へ向けて，堅牢度を低め織布の見栄えを良くする触媒の利用に対する警告を既に行っていた[72]．しかし，織布業がその動きに同調するのは絹織物の販売が減少に直面した大恐慌期であった．

　この触媒制限に対する動きは，イタリアが主導し，その後国際的な触媒の制

限を求める動きが強まった. 織布業は堅牢度が低くても見栄えの良い布を求める
ため, 染色業はヨーロッパ諸国の全ての染色業者が同時に基準を遵守するよ
うに, 1929 年 9 月のチューリッヒで開かれた絹国際連盟 (Federazione
Internazionale Serica) の会議において, ヨーロッパ内の国際的な触媒の制限が設
定された[73]. この会議にはヨーロッパの主な絹織物製造国, スイス, イタリア,
フランス, ドイツ, イギリス, チェコスロヴァキア, オーストリア, スペイン,
ハンガリーの代表が参加した. イタリアの代表者は, 全国絹工業連合会 (代表
16 名全員ミラノ), 王立絹試験場であり, 織物部門および染色部門の代表は, コ
モ の 企 業 家 が 中 心 で[74], そ の 他 コ モ 県 経 済 協 議 会 (Consiglio Provinciale
dell'Economia di Como)[75], コモ県ファシスト工業連盟も参加した[76]. ヨーロッパ諸国
の絹織物業者は, 絹織物の将来を築くためには消費者に対する絹織物製品のイ
メージ向上が重要であることに気づき, イタリアの触媒規制に関する提案を採
択した[77]. 規格を通じて純絹織物のイメージを守ることを主眼とした.

1930 年に絹織物業団体で問題となっていたのは, 絹織物に関する規格であ
った. この規格とは, 業者間の商品取引に利用することを目的とせず, 布の品
質を消費者に証明することを主眼としている. 1920 年代後半からこのような
提案がなされていたが, 具体的な提案が出たのは 1930 年であった. ここで言
う品質とは, 染色に関するもので, 濃色の織布販売における触媒に関する議論
である. 良質の黒色織布の場合, タンニンなどの触媒を表示し, 織布の堅牢度
保持のために触媒の制限を行うことが必要であった. また, 絹織物では, 傘生
地に利用するシリコン防水の生糸を利用したものとは区別されなければならな
いという提案がなされた[78].

（4） 品質表示の是正

次に行われた改善は, 絹織物の呼称に関するものであった. 多様な用途に利
用された人絹糸であったが, 絹織物業者は曖昧さを引き起こすとして, 販売す
る人絹織物と絹織物の織布およびニット製品を区別することを求めた. それま
で人絹と絹は区別なく扱われていたが, 1931 年に人絹 (Seta Artificiale) の呼称
を禁止し, レーヨン (Rayon または Raion と表記) とすることを法律で義務づけた[79].
絹織物製造業者は, 生糸で織られた布に規格を付すことで, 消費者が混乱せ

ず耐久性に優れた絹織物を選択できると主張し，呼称適用の規制を求めた．この要求は，1931年6月に絹の名称に関する法律発布という形で実現し，1932年5月に更に具体化された．この法律は，繭を原料とする絹布または生糸およびその加工品に絹の名称を許可し，絹布に必ず検印を押すもので外国においても登録されるというものであった．純絹の名称は植物性または鉱物性の増量剤を含まない絹にのみ使用した．絹とその他の繊維による糸・織物は交絹布とした[80]．この議論は，先に触れた織布の染色堅牢度の議論に通じるもので，消費者が安心して製品を購入できるという観点にたったものであった．

　以上のように，コモ地方では，付加価値を高めるためにより一層重要となりつつあった，化学やその他の技術の知識が重要となっていた．次節では，コモ地方の絹織物業に対して，産業のニーズに合った労働者を供給するための，職業教育について観察をすすめる．

第4節　専門教育による人的資源の確保

　戦間期のコモにおける職業教育に関する史料の乏しさは，ここで主に利用する二次文献の中でも指摘されている [Severin 1961：101]．本節では，国内の動向とコモの染色に関する化学技術教育に焦点を絞り，できうる限りの像を描いてみたい．

　戦間期のイタリアにおいて，ファシスト政府は教育水準を上げることを試みた．エチオピア戦争による再軍備によって，イタリアの機械・化学・電力のような成長産業は，若い労働者を大量に雇うことができた [Barbagli 1982：142]．ミラノ工科大学（Politecnico di Milano）のような高等教育機関が，イタリアの産業界において企業家精神に富む人々を生み出したことは，周知の事実である [Bigazzi 1994：380]．

　1936年における化学研究者の職業をみてみると，独立起業していたのは，合計で299人（うち女性36人），マネージャー591人（うち女性34人），事務員4194人（うち女性574人）であった [Barbagli 1982：185]．大学の学部別の入学者数をみてみると，工業化学の分野では1930-31年に121人であったが，1938-39年に207人，1940-41年には450人に増加した [Barbagli 1982：145]．理系学

150

表4-7　全国国公立および私立中等学校入学者数（1926-1939年度）

年度	上級ジンナシオおよび文科リチェオ Ginnasi e Licei classici	理科リチェオ Licei scientifici	師範学校 Istituti magistrali	技術学校 Istituti tecnici
1926-27	83,458	5,921	27,139	74,865
1927-28	82,864	6,263	27,178	70,736
1928-29	83,098	6,179	28,202	71,576
1929-30	88,617	6,271	32,935	76,657
1930-31	90,837	6,300	37,878	73,227
1931-32	104,781	6,619	48,155	84,811
1932-33	124,422	7,239	62,507	92,558
1933-34	137,718	7,561	79,757	84,787
1934-35	149,721	7,994	99,578	86,756
1935-36	171,133	8,601	123,969	89,447
1936-37	190,145	9,887	154,168	95,542
1937-38	196,542	10,209	159,254	117,115
1938-39	208,078	12,039	168,743	134,122
1939-40	222,039	14,074	167,799	147,552

（出所）Barbagli [1982：144].

部の入学者数は，1930年代を通じて文科系学部よりも相対的に少ないが，ファシスト期に高等教育を受ける人数は着実に増加した（**表4-7**）．

　一方，管理職向けではない，技術的な専門知識を持つ労働者の養成も行われた．中等教育にあたる技術学校 Istituti tecnici に分類される学校への入学者数は，**表4-7**にあるように，1926-27年度7万4865人から1938-39年度13万4122人に増加した．

　コモ地方には，現在も公立工業専門学校として絹織物関連の学校があり「セティフィーチョ（Setificio）」[81]という通称で親しまれている．この学校は，コムーネとコモ商業会議所の支援により1866年に設立され，1872年に王立技術学校（Regio Istituto tecnico）の一部門となった．1904年には王立絹織物学校（Regia Scuola di Setificio）に改変し，1912年にコモ絹芸術博物館を併設した[82]．

　19世紀の半ば，コモ産地は染色の技術的な遅れに対処するために，コモの若い染色工を染色の先進地であるチューリッヒやバーゼルに送り込んでいた[Caizzi and Broggi 1967：111]．しかし，この方法だけでは十分な数の技術者養成には繋がらず，「セティフィーチョ」では1871年に「デザインと化学」という

コースを，1899 年にデザインコースを，第 1 次大戦の途中の 1916 年に染色・プリントコースが専門学校教育に組み込まれた．この染色・プリントコースは，私的な職業訓練校であった 1883 年設立のカステッリーニ学校（Scuola Castellini）が，1901 年に職長用に染色とプリントのコースを開設したものを分離し，「セティフィーチョ」に組み込んだものである［Severin 1961：67］．

　戦間期のイタリアの教育制度は，短期間で変化していった．「セティフィーチョ」は 1921 年に王立絹織物専門学校（Regio Istituto Nazionale di Setificio）に昇格し，絹織物産地であるリヨン・クレフェルト・チューリッヒに設立されたような専門学校と同じ機能を持つにいたった［Museo didattico della Seta 2000：9］．つまり，昼のコースで技術水準の高い専門教育を行い，夕方のコースでは労働者に専門的な知識を教える制度をとった［Severin 1961：60］．「セティフィーチョ」では主に織物に関する教育が行われたが，学業を三年間修めると修了資格が与えられた．そこには，織物製造，染色・プリント・仕上加工，あるいはデザインの 3 つの分野があった[84]．しかし，1923 年にジェンティーレ改革の基本となる中等教育制度改革が行われ[85]，職業技術学校は，職業養成と高等教育への準備段階で 8 年制となり，新設の下級 4 年と上級 4 年の課程からなった［丸山 1985：271-272］．「セティフィーチョ」では上級課程以外にラテン語が必修となり，職業技術的な性格の強いこの学校の教育ではその必要性が疑われた［Severin 1961：61］．

　地元の産業のために専門的な知識を持つ労働者の養成は，このような動きとの戦いであった．1925 年に上級・下級課程の教育科目を統合し，新たにデザイナーのためのコースを備え 21 人が登録した．1926 年度の下級課程の生徒数は，織布部門で 68 人，織布工親方の部門 46 人，染色部門 29 人であった．翌年には労働者の不足から，新たに機械デザインの部門が設けられた［Severin 1961：63］．

　1930 年頃になると，この学校が化学工場見学を行った様子がわかる．1930 年の「セティフィーチョ」は，ミラノのジェロナッツォ社（Geronazzo）に新しくできた化学製品を生糸に応用する実験室の見学を実施し，絹に対する化学製品の応用の可能性が強調された[86]．

　また，コモからそう遠くないロンバルディア州ベルガモにも王立技術学校が

あり，前身の学校は1859年に創立され，1862年に王立技術学校となっている．ここでは，1933年に化学部門から独立して，染色工用の特別な部門が設けられた［Museo didattico della Seta 2000：21］．

しかし1938年になると，「セティフィーチョ」は，労働市場から多くの需要があるにもかかわらず，国家の財政的な問題に直面し資金不足に陥った．同校の校長は十分な実験施設を備えることができずに，産業の要求に応えることができない苦悩を綴り，解決をみないまま第2次大戦を迎え，再興は戦後に持ち越された［Severin 1961：64］．

以上のような限定的な記述の中でも，産地の職業教育は古くから地域の要請に応じて実践されていたことが確認できる．戦間期に生まれた新しい需要に対しても，とくに1930年代における高等教育および中等教育においても化学教育が普及し，全国的に技術学校の生徒数が増加した．また産地のレベルでは，染色工養成は1900年代から始まり，1920年代に直ちに染色やプリントに関する化学の知識，あるいは製品を具体化するためのデザインのコースが設けられるなど，産地の技術者養成に柔軟に対応し，1930年代の変化に先駆けた対応が明らかになった．

 おわりに

もともと養蚕・製糸業が盛んであったコモ産地では，1920年代に国産生糸の入手の難しさから，輸入人絹糸が導入されるようになり，これが輸入代替され，国産人絹糸を使用するようになった．人絹を含む単価の安い製品が製造されるようになり，輸出が拡大した．その後の大恐慌による産地への影響は，賃下げ政策も重なり失業問題を悪化させたが，貿易の縮小による絹織物製品販売縮小を回復させるための対応，化学の技術革新に対応するための産地での産業教育の発展がみられた．また，政府が主導するファッション創出の動きに対して絹織物業産地は地道に新しい技術を取り入れながら，流行に合った製品を製造し，また，他の市場から評価され，流行となるような製品を創り出した．

コモ産地における絹織物業の技術的な対応について，以下のことが言えよう．当該期におけるコモ産地は，生糸だけではなく人絹糸を取り入れ，絹交織物を

輸出することで，純粋な「絹」織物産地であることをやめ，そのことによって
生き延びることができたと解釈できる．

　コモ産地では，1920年代，大企業が製造する人絹織物や交織物が優勢であ
り，その輸出の増加が顕著であったが，一方，デザイン面が改良されつつあっ
た中小企業による高級絹織物製造も確立しつつあった．1920年代半ばになり，
コモ地方の絹織物業は，戦前から一貫して主要輸出先であったイギリスの保護
関税やその他のヨーロッパ市場の状況に危機感を抱いた．これらの危機感から，
販路の拡大に努め，世界各地の市場に適合した大衆商品を供給し，輸出量を拡
大していった．続く1927-29年には，生糸と人絹糸価格が暴落した．これにと
もなって絹織物製品も値崩れをおこし，安価な人絹糸の利用に拍車がかかるな
かで，恐慌期を迎えることとなる．

　コモ地方の絹織物業の発展の背景には，戦後から1920年代前半の株式会社
の増加と力織機の増加による経営の近代化があった．さらに，生糸不足の状況
も重なり，生糸の代替材として導入された人絹糸が，織物製造において非常に
大きな比重を占める素材となった．また戦後コモ地方に誕生した関連・支援産
業である繊維機械業の発展が織物業の競争力基盤となり，絹織物から大衆商品
の交織物まで幅広い商品と大量生産を可能にした．

　大恐慌期に注文が少なくなった絹織物製造企業は，操業短縮や人員整理を行
うことを余儀なくされた．また産地は国内産原材料の生糸と人絹糸に対して，
消費地の役割を担う必要があった．しかし，産地は人絹糸を使って織物を製造
したが，製品単価の下落と日本との激しい価格競争に苦しんだ．大恐慌期，コ
モ産地にとって重荷となったのは，国外の状況だけではなく国内的な状況であ
る．それは，デフレ政策の一環として行われた賃金引下げ政策の実施であった．
絹織物業企業家に政府から提示された賃金は，企業家側にとって非常に不利な
賃金水準の連続であった．というのも，人絹糸および生糸の価格が下落し続け，
人絹糸の利用はますます増加傾向となり，綿と人絹を交織していた絹織物業者
は，類似製品を製造する国内の綿織物業者との競争にさらされたためである．
また，1932-33年にかけても賃金引下げが行われていたが，実際起こった輸出
の収縮に比して高い賃金の提案が続いたため経営状態や失業問題，労使関係を
悪化させた．賃金引下げ政策は，地方と業界のレベルにおける帰結として，製

造の混乱と労使関係の悪化を招いたということができよう.

　売上が落ち込み，その販売の回復を模索するなか，製造業者は織布の仕上げ
となる染色で使用する触媒の規制，絹と人絹の明確な区別を行った．1930年
に入ってから明らかに織物業が製品の品質改善のために染色業の提案を受け入
れ始めた．また，イタリア発の品質改善の提案は，絹織物を製造するヨーロッ
パ諸国にも受け入れられた．絹織物製造業者はこの時期発生した問題に対して，
自発的な提案を行い，法制化を狙いつつ問題の解決を図った．

　政府レベルでの施策と，地方レベルにおける企業家が製品の質を高める方策
を考えることで，内外に宣伝していくという双方一致した動きにまとまってい
ったことが，当該期における大きな特徴であり，戦後の持続的な産業発展に繋
がる重要な動きであったと考えられる．一方，国内消費者の意識改革のため，
イタリア絹織物業界は，コモ地方を中心として高級絹織物デザインに関連した
流行発信を試みた．第1次大戦直後から，フランスの影響に対抗したデザイナ
ーの育成や展覧会等が盛んに行われ，これらの試みによって，1920年代の高
級絹織物中小企業は一定の評価をえるにいたった．このような流行発信の試み
は，その後に続く1930年代，さらに戦後の絹織物業，繊維工業全体の発展に
繋がる動きとして注目すべき点であろう．

　コモ産地における染色工業に対する取り組みは，20世紀転換期前後に端を
発するものである．しかし，とりわけ1930年代における染色企業の成長は，
国内染料工業の成長と統制経済下の自給自足政策に適ったものであり，染料の
改善と応用，費用の低下と国内外の競争により鍛えられた結果であった．また，
染色工業への労働者供給を支える基盤である技術学校が既に存在していたこと
は，産地にとって有利にはたらいた．産地企業からの科学的な専門知識を持つ
人材育成の要請に，職業教育が柔軟に対応していったことが，1930年代とい
う経済的に厳しい環境において絹織物産地に新たな活力を生み出した源泉であ
り，また，戦後の産地の発展に貢献するものであったと考えられる．

　これらの産業の人材育成は，政策によって行われた．技術者の養成は，産地
においてはコモの職業技術学校「セティフィーチョ」が重要な役割を果たした．
19世紀半ばに設立されたこの学校は，戦間期に生まれた新しい技術の知識を
持つ人材の要請に対しても，直ちに染色やプリントあるいは製品を具体化する

ためのデザインのコースを設けるなど産地の技術者養成に柔軟に対応していった.

　様々な変化に対応することが求められた業界であるが,流行を追いかけるだけではなく,自ら創り出すという動きが戦間期にみられた.次章では,国策としてのファッション創出と,それに伴う製造環境の変化,中間団体の設立と製造ネットワークの形成,について観察をすすめる.

注

1) Bagnasco［1977］と Pyke et al.［1990］を参照.産業集積の議論については,稲垣［2003］を参照.

2) 同国中小企業に関する個別事例研究はなお少なく,とりわけ第1次大戦前から戦間期についてのそれはさらに乏しい［Zamagni 2003：292］.

3) 国内の株式会社数はザマーニのデータから算出した［Zamagni 1995：377；386-388］.ロマーノは第1次大戦前のアルト・ミラネーゼにおける綿工業の発展を描き,兼営銀行が果たした役割を指摘した［Romano 1990：243］

4) 国内の株式会社数はザマーニのデータから算出した［Zamagni 1995：377；386-88］.ロマーノは第1次大戦前のアルト・ミラネーゼにおける綿工業の発展を描き,兼営銀行が果たした役割を指摘した［Romano 1990：243］.

5) 経営史研究の必要性が謳われ, *Annali di storia dell'impresa* が1985年に創刊された.イタリアにおいて経営史研究は,それ以前の1930年代から1960年代にかけて以降盛んに行われていたがその後下火になっていた［Bigazzi 1990：11］.

6) 日本のイタリア政治史において,藤岡寛己［2007］,馬場康雄［1999；2010］,石田憲［1994］などがファシズム研究を進めている.移民研究においては,北村暁夫［2012］がいる.

7) 日本では戦間期の経済史研究サーベイを行った丸山優［1985］,戦間期の金融について研究を行っている伊藤カンナ［2001］らがいる.また,南部問題および農業政策に関する視点も含めた戦後改革については皆村武一［1985］が研究を続けている.

8) 産業集積の議論については経済地理学の視点から諸議論を整理した,山本［2005］がある.中小企業論については,岡本義行［1994］が挙げられる.

9) 本書でコモ地方というとき,冒頭で述べた通り,旧コモ県にあたる現在のレッコ県（1992年コモ県から分離）,ヴァレーゼ県の一部（1927年コモ県から分離した旧ヴァレーゼ郡に当たる）を含めた地域を指すものとする（図4-1）.

10) とくに1919-1921年に関するA.ガッリの貢献は大きい.イタリア経済史研究において,一般にこの期間の記述が少ないためである.

11) 一方で,絹織物産地であるコモでは,1850-60年代に流行した蚕の病気と1861年に

ロンバルディアがイタリア王国として独立することによる，旧宗主国オーストリア＝ハンガリー帝国という重要な市場の喪失の2つの危機を経験した［Federico 1993：202］．その後，1870年に普仏戦争によってフランスの絹織物産地リヨンの生産が停滞することで，コモ地方は絹織物増産のきっかけを掴んだ［Pinchetti 1894：118］．

12）1865年に取引された生糸は，リヨンでは2900トン，ミラノで1650トンであったが，1895年にリヨン6250トン，ミラノで6300トン，1910年にはリヨン7950トン，ミラノ9850トンとなった［Federico 1993：153］．

13）世界の生糸貿易量におけるイタリア産生糸の市場占有率は，1908-13年21.7％であったが，1914-20年には13.6％，1921-25年13.3％，1926-29年11.1％，1930-34年7.3％，1935-38年6.2％となった［Federico 1993：200］．

14）外務省通商局「1919年度里昂絹織物工業状況」『通商公報』828，1912年4月28日），419-425頁．

15）*Annuario statistico italiano, 1922-25*, 1975, p. 280.

16）外務省通商局「仏国に於ける絹織物機業の戦後恢復状況」『通商公報』692，1920年1月22日），209-210頁．

17）"Il fabbisogno italiano per le industrie tessili," *Bollettino di sericoltura*, N. 27, Luglio, 1919, p. 235.

18）政府は養蚕業の保護のため，蚕種の管理，養蚕の合理性について宣伝を行い，備蓄倉庫の管理，生糸取引所の設立，奨励金などを設けた．1933年の奨励金は，蚕1kgにつき1リラ，15日以内の繰糸工程への販売について5-8リラの補助金を与えた［Tremelloni 1937：193］．文部省は北部，中部その他の地方でも各小学校に養蚕実習科を特設することを決定した（外務省通商局編纂，「イタリー国小学校に養蚕実習科特設」，『週刊海外経済事情』，第1集第13号，1930年，30頁）．

19）蚕業を保護することを目的とした，組合設立に関する緊急勅令第2334号が1930年2月1日に交付された（「イタリーの蚕業庇護目的の組合設立」『週刊海外経済事情』第1集第12号，1930年，59頁）．短期的に稼ぐことができないため，農家の養蚕離れがおこった（「イタリーの養蚕業不振対策攻究」『週刊海外経済事情』第2集第26号，1930年，71-72頁）．

20）"Italian silk industry", *Silk journal and rayon world*, April 1931, p. 33.

21）人絹糸工業側の戦略および動きについては，Confalonieri［1997］の第2章（Imprese nuove in un settore nuovo: Châtillon e S.N.I.A. Viscosa）を参照のこと．

22）"Italian artificial silk,", *Textile recorder*, vol. 41 no. 491 (Feb. 1924), p. 93.

23）「伊太利人造絹糸工業」『日刊海外商報』第733号，1927年2月2日，155-156頁．

24）"The Italian rayon industry", *Silk journal and rayon world*, (Dec. 1929), pp. 63-64.

25）取引銀行を介した製造コーディネートがあった（ASI, 604 Seterie Clerici, SOF, cart. 213, fasc. 1.）．当該企業の経営に関しては第5章を参照．

26）「世界人絹業の現状と将来」『時事新報』1926年8月27日，神戸大学新聞記事文庫，

第 4 章　付加価値の高い製品を創る　*157*

繊維工業（03-005）.

27）リヨンでも同様に人絹糸と生糸の交織物が多く製造された（「仏国の人絹織物状況」『染織時報』，第 484 号，1927 年，30 頁）.

28）ASC, "Memoria difensiva per le unioni industriali fasciste delle provincie di Como, Varese, Milano," PG, Primo versamento, c. 109, p. 12.

29）"Progress in Italian textile industries during 1924," *Textile recorder*, vol. 42 no. 502 (Jan. 1925), p. 70.

30）「伊太利絹業概況」『日刊海外商報』第 430 号，1926 年 3 月 22 日），486-487 頁.

31）"Federation analyzes Italian silk industry," *Silk market digest weekly*, January 2, 1932, p. 11.

32）原著では 1933 年となっているが正しくは 1931 年に，イタリア人絹製造は，国内 14 社で全資本 8 億 700 万リラの工業となり，価格競争を抑制するために販売カルテル「イタルレーヨン Italraion」を設立した［Tremelloni 1937：179］. このカルテルは，ヴィスコース法のパテントを使用する全イタリア人絹製造業者の利益を目的とした. 価格および販売条件を決定するだけではなく配給売上の集金加盟者への利益分配をも扱うものであった. ヴィスコース法以外で製造する人絹製造業者は，個別協定の下で統制された［ピティリアニ 1940：10-11］.

33）1931 年頃からレーヨン市場は飽和し，スフが中心となる［Confalonieri 1997：165］.

34）"Silk market reports: Italy," *Silk journal and rayon world*, Dec. 1933, p. 35.

35）ASC, *Memoria Difensiva per le Unioni Industriali Fasciste delle Provincie di Como, Varese e Milano*, 10 giugno 1933, PG, c. 109, pp. 2-3.

36）人絹織物は衣類のほか工業用目的として，高周波，撚線（細いケーブル），電話線，電線の二重変圧，さらにオートバイや自転車の車輪，自動車の幌，伝導帯消防用ホース，濾布（濾過材），ランプの芯，包帯などに利用された［秋山 1940：8］.

37）「伊太利人造繊維工業の世界的地位（1936 年度）」『海外経済事情』9，1934，114 頁.

38）"Rayon staple fibre in Italy", *Silk & Rayon*, July, 1935, pp. 375-376.

39）ロンバルディア州の電力消費は，1919-20 年の 10 億 6260 万キロワットから 1924-25 年には 26 億 2530 万キロワットに増加した.

40）ネクタイ生地製造に需要があった（"The Italian silk industry," *Silk*, vol. 17（July 1924), p. 40）.

41）ASC, "La lettera alla Camera di commercio," Archivio n. 21, CCC. c. 408.

42）一方でコモ地方の絹織物業者は，スイスのベニンガー社（Benninger），ホネッガー社（Honegger），リューティ社（Rüti）からも安価な織機を輸入していた［Galli "Il sistema produttivo e finanziario,"：262］.

43）電圧の単位ボルトは，ヴォルタ（Alessandro Volta）に由来する.

44）"L'augurazione della mostra nazione serica a Como," *Bollettino di sericoltura*, N. 23, Giugno 1927, p. 372.

45) 1932 年に企業家による同業組合は，コモ地方絹織物業の不況に関する原因を指摘した．その中で一般的な原因として，① 国内と国外の消費の減少，② イギリスと諸外国の保護主義，③ 商業信用の不信，④ 諸外国の為替の問題，という主に 4 つの要因を挙げている（ASC, "Tessitura serica comasca," 1932, PG., c. 6.）．

46) サペッリはファシズム期全体の労働の組織と文化について，大恐慌期に取り入れられた「合理化」の実情を大企業に焦点を当てて考察した［Sapelli 1978］．

47) これによって，ファシスト系以外の労働組合の存在理由は失われるが，経営者側はこの協定で，労働運動で大きな役割を果たしてきた工場内部委員会の廃止を認めさせることに成功した．

48) この法律は，ロッコが起草し，1926 年 4 月 3 日法律第 563 号として立法された．同法は，労資両組合の結合機関を協同体（Corporazione）の名称で呼び，厳しい労働組合統制の性格を持っていた．1926 年 7 月に協同省省（Ministro delle Corporazioni）が新設されたが，協同体に関しては実体がともなわない状態が続いた．

49) イタリア労働法は，一貫した法律とはみなすことができない何層もの制定法上の規定の結果であり，初期の規定を統合する試みはファシスト政府のもとで行われ，協調主義的体制の一部として立案された［デルコンテ・大木 2005：47-48］．

50) 連盟の所在地はコモにあり，リボン，フリル，チュール，ヴェール，帽子用ヴェール，ニットおよび靴下の製造者はファシスト諸繊維工業連盟 Federazione Nazionale Fascista delle Industrie Tessili Varie（所在地ミラノ）に組み込まれた（"L'industria italiana delle seterie," *Bollettino di sericoltura*, N. 44, Ottobre, 1931, p. 536）．

51) 絹取引協会は，商品の補償および返却に関係するシステムを協議し，商品の請求書とともに，交換税記録の証明書を送付することを企業に助言し，より円滑な取引を可能にする役割を果たした（"Federazione nazionale fascista dell'industria della seta ed affini," *Bollettino di sericoltura*, N. 12, 16 Gennaio 1932, p. 9.; N. 17, 30 Apr. 1932, p. 129）．

52) コモ県全産業の労使関係の概要については［Galli 2004］を参照．

53) ASC, "Tessitura serica comasca," 1932, PG, c. 6.

54) "Legislazione del lavoro," *Bollettino di sericoltura*, N. 28, Luglio 1933, p. 251.

55) 工業総連盟は第 1 次大戦後結成され，内部的には工業界と金融界，重化学工業と軽工業との対立を孕みつつも，その経済力と独特の組織構造を最大限に利用することで，最大の圧力団体として，関税，課税，政府投資，金融政策に関して，統一的政策を提起した［高橋 1978：34］．

56) ASC, *Unione Industriale Fascista della Provincia di Como Contratto Collettivo di Lavoro per le maestranze adette alla Tessitura Serica, 1932*, PG, c. 70.

57) "Memoria 1931 Dic. 1," ASC, PG, c. 70. リボン，フリル，チュール，ヴェール，帽子用ヴェール，ニットおよび靴下を製造する企業は，繊維製品工業連盟 Federazione Nazionale Fascista delle Industrie Tessili Varie に組み込まれた（"L'industria italiana delle seterie", *Bollettino di sericoltura*, N. 44（31 Ott. 1931), pp. 535-536）．

58) "Il ricorso della Federazione per il Contratto collettivo salariale di lavoro della tessi-tura serica delle provincie di Brescia, Como, Milano e Varese," *Bollettino di sericol-tura*, N. 23（Giugno 1933），p. 200.

59) ASC, "Memoria 1931 Dic. 1," PG, c. 70.

60) ASC, "A S.E.R. Prefetto della provincia di Como," 14 Novembre, PG, c. 70.

61) ASC, "A S.E. il Prefetto di Como," 21 Ottobre 1931, PG, c. 70.

62) ASC, "A S.E. il Prefetto di Como," 14 Novembre 1931, PG, c. 70.

63) ファシズム時代の任命制市長の名称のことで，コムーネの首長のことである．1925年から 1929 年の間に国家機構の整備と強化が行われた．地方行政において県知事が最高権威であることが確認され，コムーネ職員は国家公務員に切り替えられ，コムーネは自治体ではなく国家の出先機関であることが強調された．

64) ASC, "Tessitura Serica E. Boselli e C. in Gaggino," 14 Giugno 1932, PG., c. 109.

65) ASC, E. Boselli & C., "Unione industriale fascista della provincia di Como," 22 Settembre 1932, PG, c. 109.

66) この企業の株主の 35％は産地の製織企業または問屋によって，10％は製糸企業，3％は織布工により構成された．その他 15％は専門職自由業，16％が地主であった［Lorenzini 1994：20］．

67) Ente Nazionale Serico [1940], *Annuario Serico della industria serica italiana* から算出．

68) 例えば，人絹織物黒色以外の輸出額は，1936 年 4443 万 8000 リラ（絹・人絹製品輸出合計に占める割合，10.27％），1937 年 1 億 1151 万 1000 リラ（12.51％），1938 年 1 億 2964 万 9000 リラ（16.01％），人絹織物反染は，1936 年 1506 万 5000 リラ（3.48％），1937 年 3777 万 9000 リラ（4.24％），1938 年 3968 万 7000 リラ（4.90％），人絹織物捺染は，1936 年 785 万 8000 リラ（1.82％），1937 年 3713 万 4000 リラ（4.17％），1938 年 3778 万 9000 リラ（4.67％）と染色織物の割合は一様に増加した（各年，*Annuario statistico italiano* より算出）．

69) ASC, "Considerazioni sulla F.I.S.A.C.," 1935, Prefettura Gabinetto II, c. 38.

70) イタリアの工業製品を評価し，生産者と消費者の関係構築を図る「イタリア製品に関する委員会 Comitato per il Prodotto Italiano」（本拠地ローマ）が発足，製品の評価がイタリアの経済に大きな影響を及ぼすと考えられた（"Per il prodotto italiano", *Bollettino di sericoltura*, N. 1, 3 Gennaio, 1931, p. 7）.

71) パドヴァの百貨店で購入した絹織物に対して調査が行われ，とくに傘用生地は生糸価格の 1200-1300％を示すほど，付加価値が大きいことが明らかになった（"1392 lire per un chilo di seta", *Tinctoria*, Milano, N. 9（Set. 1931），p. 425）.

72) "Il marchio di controllo sulle stoffe di seta", *Bollettino di sericoltura*, N. 22, Maggio, 1930, p. 327.

73) "Il marchio di controllo sulle stoffe di seta," *Bollettino di sericoltura*, N. 22, Maggio, 1930, p. 351.

74) 1931 年時点の捺染，プリント，整理仕上加工工程のネットワークは，コモ県および
ヴァレーゼ県に集中しており，約 5000 名が従事していた（"L'industria italiana delle
seterie", *Bollettino di sericoltura*, N. 41（10 Ottobre）, 1931, pp. 498–499）.

75) 1927 年に商工会議所の名称を改変した.

76) "III° Congresso Internazionale della Seta — Zurigo 12-14 Settembre 1929," *Bollettino
di sericoltura*, N. 38, Set., 1929, pp. 520–521.

77) "Il marchio di controllo sulle stoffe di seta," *Bollettino di sericoltura*, N. 22, Maggio,
1930, p. 351.

78) "Il marchio di controllo sulle stoffe di seta," *Bollettino di sericoltura*, N. 22, Maggio,
1930, p. 327.

79) 1931 年 6 月 18 日政令 923 号.

80) 1932 年 5 月 1 日に勅令第 544 号が公布された．フランスにおいても絹製品詐称販売
取締法が実施された（「伊太利に於ける絹糸名称取締」，「仏国に於ける絹名称使用取
締」『染色時報』第 578 号（1935 年 2 月），65 頁）.

81) リヨンで教育を受けた後，栃木県工業学校長となった近藤徳太郎は，1899 年「セテ
ィフィーチョ」を訪れ，大きな影響を受けた［日下部 2001］.

82) Legge 29 dicembre 1904, n. 679.

83) R. Decreto 18 Dicembre 1921, n. 2127.

84) 1922 年の昼の開講科目は，織物技術，織物実習，機械デザイン，刺繡・芸術デザイ
ン，無機化学，量的分析，有機化学，染色技術，簿記，会計，商法，フランス語，ド
イツ語，英語，数学，絹芸術史であり，労働者のコースでは，染色，繰糸・撚糸（週
13 時間），養蚕学と桑栽培の理論・実践の科目があった［Severin 1961：89］.

85) ジェンティーレ（Giovanni Gentile）はムッソリーニ第 1 次内閣の文部大臣で，彼の
教育改革は，哲学革新の空気から生まれたネオ・イデアリストたちによる総合的教育
計画と，カトリック側の寄与を取り入れたものであった［丸山 1985：266］.

86) "Visita del R. Istituto di Setificio di Como alla fabbrica Geronazzo," *Bollettino di
sericoltura*, N. 30（Luglio 1930）, p. 447.

第5章
イタリアのファッション製品を売るために
―― 「イタリアン・ファッション・システム」の萌芽と絹織物業

はじめに

　本章では，戦間期のイタリアにおけるファッション創出の動きに注目し，観察する．繊維製品に関するイタリアの宣伝活動は，第1次大戦後から1920年代を通じて本格的に行われるようになった．パリからイタリアに流行の中心を移すことを目的として，デザインの流行発信に力を入れるようになる．1920年代および1930年代前半に，政府は国外に対する流行の発信に力を入れていたが，1930年代後半になると，生糸消費から人絹糸消費へ，国外への販売から国内需要の喚起へと製品と消費対象の重点を移しながら流行の創出が行われた．

　この動きは，自給自足の達成を目標とする政府が，輸出産業である繊維工業に対して内需を拡大させて，ブロック経済化する国際情勢のもとで繊維工業の生き残りを試みる政策であったと考えられる．1920年代後半には世界へ向けた製品の展示，アピールの動きが始まり，1930年代も根気強く続けられた．本章では，初めに，イタリアにおける第1次大戦以前のファッションのあり方と現在のイタリアの繊維・ファッション産業の構成を概観し，ファッション史における先行研究に触れる．次に，「イタリアン・ファッション・システム」の形成の萌芽期である1920年代におけるファッション創出の動きと産地の動向を明らかにする．最後に，政府の支援が本格化する1930年代のファッション創出の動きと，高いファッション性を可能にした産地の技術に注目する．

第1節 「イタリアン・ファッション」の復活

　イタリアン・ファッションは，戦後にみられた新しい現象ではない．長い歴史を紐解くと，イタリアがファッションの主導権を握っていた時代が15世紀にあった．しかし，16世紀から17世紀にかけて，イタリアは流行発信地ではなくなり，パリが新たな中心地となった [Romano 1997：邦訳 137-138][1]．それから3世紀たち，イタリアでは第1次大戦を期に，外国，フランス・パリの流行からの脱却という動機から，自国の服のスタイルを確立する動きがあらわれはじめた．このような状況のもと，現在に繋がる繊維・アパレル業界が徐々に形成された．

　戦後になり，イタリアン・ファッションは全世界から注目されるようになる．「アルマーニ（Armani）」や「マックス・マーラ（Max Mara）」，「ドルチェ＆ガッバーナ（Dolce & Gabbana）」など国際的なデザイナーや企業がハイブランド製品を全世界に提供し，その他，一般的な商品を供給するブランドとして，「ベネットン（Benetton）」や「ステファネル（Stefanel）」，「ディーゼル（Diesel）」などが目立っている．このようにファッション部門は，産地と結びついた「メード・イン・イタリー」製品のうち，もっとも成功した部門となった．ファッション部門は，グローバル化や低価格・低品質製品の圧力にもかかわらず，簡単に衰退することはないと考えられている．これは，独自の「ファッション・システム」を創り上げたことによるものであった．この「ファッション・システム」は，イタリア国内の各産地から構成されている．この「ファッション・システム」には，繊維・アパレルだけではなく，製皮業，皮革や靴，宝石貴金属，眼鏡具などの製造も含まれることが特徴である [ピッコリ 2005：90]．

　2009年のリーマンショックによって引き起こされたユーロ危機で繊維製品輸出額は大幅に減少したものの，「現在進行中のイタリアにおける金融危機にもかかわらず，ミラノ男性服は元気だ」と評価された[2]．なかでも，ミラノのハイ＝ファッションは外国の人々，とくにアジア諸国のバイヤーを惹き付けた．その魅力は単に当時のユーロ安だけに留まるものではない．バイヤーに評価されるような，その他の国にはみられない製品を生み出す力を有しているという

理由もまた，イタリアのファッションが持つ具体的な魅力のうちのひとつである．

　ハイブランドに対して供給できるような品質を有していることから明らかなように，繊維製品に関して，国際市場におけるイタリア繊維製品は，他の国の製品と比べて明らかに高価である[3]．ドイツやアメリカは非常に効率的に組織化された企業のもとで，画一化された大量の製品を生産している．それゆえ，生産コストの抑制，規模による経済性を最大限に活用することで，アジアの巨大生産者に対する競争力を維持している．一方で，イタリアの企業は，婦人服だけではなく紳士服も生産する体制をとっている．婦人服製品は紳士服よりも可変性に富み，デザイン上の革新性も高い．イタリアの輸出競争力の源泉は，柔軟性，とくに婦人服にみられる革新性，大規模生産ラインの効率性，仕立てと生地の品質が特性として挙げられる［ピッコリ 2005：84］．

　編・織物を製造する製織部門は毎年およそ300億ユーロを売り上げ，そのうち約半分は輸出に向けられている［ピッコリ 2005：87］．製織部門は，羊毛，綿，亜麻，絹織物・ニットなどの部門から構成される．品揃えの面で製品の幅を広げる部門は，繊維加工，染色・プリント・仕上，ニット・靴下製造である．このような「ファッション・システム」によって，イタリアは独自の地位を維持しており，流行そのものの歴史や現代の企業と流行のシステムについての研究は数多くなされている［Saviolo and Testa 2005］．

　イタリアの繊維関連産業の国際競争力の本質は何かという問いに答えようと試みているのは，ファッション史研究の分野である．ファッションとは何かを論じた研究は数多く存在するが，大きく分けて3つの視点がある．1つ目はファッションと消費の関係を論じたものである．社会学者のSimmel［1957］は，「ファッションとは模倣であり，社会の平等化の形態でもあるが，逆説的に，他者と社会階層から区別するものである」と指摘している．同じく消費の観点からCrane［2000］は，19世紀から20世紀のファッションを，消費とマスメディアによる「女性」や「男性」に対する社会的なイメージの関係を軸に描いている．また，消費者の購買力の視点からは，Merlo and Polese［2008］が，イタリアにおけるアクセサリの市場創出について研究をおこない，1880年台のミラノのファッション性に関して，安価な飾のない帽子や手袋，傘などについ

ては百貨店のメールオーダーカタログによる注文がなされ，大多数の消費者がそれらの流行の製品を購買することができていたことを家計調査で明らかにした．

　2つ目に製造側の視点から描かれたものがあげられる．田村［2004］は，ファッションを日本における羊毛製品の流行と消費の視点から製造技術の面を取り入れて興味深い研究をおこなった．

　3つ目の視点として，ファッションを構成するのは，製造者と消費者だけではなく，中間団体が重要であることを指摘したのが Merlo and Polese［2006］である．戦後ミラノがファッションの中心として成功した要因として，ファッション雑誌出版の中心地であったこと，展示会への積極性，経済支援機関の存在を挙げている．前述の田村［2004］の研究は，中間団体の視点がなく，製品の変化を指摘するにとどまってしまっている．例えば，パリスは，同国産高級製品の確立を，ファッション・システムが確立した1960年代であると強調した［Paris 2010］．一方で，チャバットーニは，戦間期・戦後直後の繊維工業の動向や政策が，戦後の繊維・アパレル業に影響を与えたと指摘する．とくに，戦間期および戦後直後の繊維業界又はその関連産業を構成する「モード・システム」の重要性を強調した［Ciabattoni 1977：33］．しかしながら，チャバットーニは現状分析を主としており，戦間期のファッション・システムを詳らかにするには至らなかった．

　さらに，ニョーリとパウリチェッリも戦間期における中間団体について注目している．ファッションにおける戦間期という時代に絹業が重要な役割を担っていたことを指摘し，ファッション創出の団体についてとりあげている．イタリアのモードの最前線にたつ戦略は，1920年代生糸を主にフランス，スイス，ドイツおよびアメリカへ輸出することで外貨獲得を狙った絹業振興の動きと密接な結びつきがあった［Paulicelli 2004：47］．1920年代にこれらの生糸販売の翳りが見え始めたことから，流行を制することでその販売を増加させることが目的であった．ここでは，供給側である製糸業の問題に触れているものの，これ以外の繊維製造に関する検討が乏しく，モードを制する戦略を成功させるための，製造の前提条件となる織物業の把握が不十分である．

　また，ニョーリは大恐慌後内需を喚起し，人絹・絹織物輸出を増加させるた

めの対策を講じなければならず，1935年設立のモード公社や繊維公社など「モード」創出の動きの重要性を指摘した［Gnoli 2000：70-71］．しかしながら，生糸製造から最終製品となるアパレルやファッション・デザイナーまでを結ぶデータや分析の不十分さは否めない．また，当該期における1935年設立のモード公社や繊維公社など「モード」に対する政府の役割の評価を試みる作業は今後も続けられる必要がある．これは，モードと関連する産業の研究および戦間期のマクロ経済・産業史・政府の役割を関連付けた分析が乏しく，現段階ではまだ明確な結論が出ていないためである．[4]

　以上のことからわかるように，「ファッション・システム」形成初期の製品供給側の動きについては明らかでない部分が多いことから，次に1920年代のファッション創出の施策と産地の動向に注目して検討したい．

第2節　1920年代におけるファッション創出の動きとコモ産地の対応

　ここでは，1920年代のイタリア国内におけるファッションに関する動きに触れる．第1次大戦後は，デザイン性に優れた高級絹織物製品への志向が生まれてきた時期である［Galli 1998：276］．1919年，流行の中心をフランスからイタリアにすることを目的に，イタリア政府主催の第1回国内衣料産業会議（Primo Congresso Nazionale dell'Industria del Commercio dell'Abbigliamento）が開かれた．さらに2度目の会議を主催した雑誌編集者リディア・デ・リグオーロ（Lydia De Liguoro）は，輸入品を貴重品として扱う風潮，パリの流行をもてはやす国内の風潮に対して輸入奢侈品の排除を主張し，国内のデザインや衣類を奨励した．[5][6]

　このように国産品を奨励する動きの背景には，フランスからの輸入状況を理解する必要がある．1920年にイタリアの絹織物輸入の大部分は，圧倒的に染色無地と加工生地（21%）で，次いで紋織レース・チュール（8.8%）が占めた．[7]流行の織物はほとんどフランスからの輸入に頼り，1923年の相手国はフランス（約7200万リラ），次いでドイツ（約2950万リラ），スイス（1350万リラ），イギリス（約325万リラ）の順であった．フランスは1924-26年も首位を保ち，主な

輸入品は，ビロード，次いで一部絹レースであった．高級品や流行の商品は，フランスから大きな影響を受け［Rosasco 1924：29-33］，1926-27年においても純絹高級ビロードは依然として輸入に頼っていた[8]．

このようにフランス高級製品に依存する絹織物業は，1920年代を通じてその状態を脱するためにデザインを改良し，デザイナーを育てることを試みた．コモではパリのオート・クチュールの流行に対抗して，コモ国立絹織物専門学校（Setificio）と共同でデザイナーや芸術家を募り，イタリアから流行を発信しようと，デザインや新製品に関する企画を実行した［Galli 1998：276][9]．

コモのラヴァージ社（Ravasi）が，デザイン性に優れた斬新な絹織物を発表したのもこの時期である［Museo didattico della Seta 2000：25-31][10]．ラヴァージ（Guido Ravasi）はファシスト政府に何度も絹織物業の産業としての重要性を訴えかけた人物である［Cani 2008：17］．1920年代に国内外の様々な展示会に参加した．また，1927年にコモで開かれた「ネクタイのデザイン創造」選考会で審査員を務め，同年モンツァで開かれた第3回装飾芸術展に参加し，イタリア産生糸を使用したネクタイをフランスとアメリカに一番多く販売した［Museo didattico della Seta 2000：25-26][11]．このような純絹の高級織物製品は，国内のデザインを奨励する動きの中で，1920年代に一定の評価を得るまでになった．

1920年代におけるコモ地方の絹織物業は，後に触れるFISAC社のような大企業が大量製造する綿と人絹の交織品で製品・製法が多様化し，輸出先国の嗜好に適合する大衆製品を製造する大企業と，流行にのった良質な絹織物を製造する中小企業の並存という特徴をもった構造を有するに至った．

第3節　1930年代のファッション創出の動きと産地における染色技術の向上

絹織物業は，大恐慌期に合理化が求められ，消費者の視点にたった絹製品の見直しが行われた．これらの実現に主体的な役割を果たしたのは，政府であり，地域の企業家であった．地域の企業家達は自発的な提案，活動を行い，必要に応じて法制化に向けた手段を講じ，問題の解決を図った．さらに，絹織物業の

第5章 イタリアのファッション製品を売るために　*167*

生産に関わる唯一といってよい政府による継続的な活動は，流行発信の動きであった．このような動きを経て1934年以降，本格的に取り組まれるアウタルキーを目指した統制経済を実現するために，繊維工業の重要性が増すこととなる．

　ここで，重要となるのが中間団体の設立である．1920年代に政府は自らが主体となって，繊維製品の宣伝のための国内外の見本市や展示会を行っていたが，1930年代には活動をさらに拡大した．具体的には，商業会議所の活動とモード公社，繊維連盟の設立である．

　政府による繊維工業に対する政策で注目すべきは，まず1930年，政府は輸出販路拡張のために商業会議所あるいは商務官の存在しない要地に商業委員会の設立を決定したことである．[12] 1926年に設立されたイタリア輸出協会は，1930年になると，国内輸出業者に対して外国企業の信用およびその他の情報を供給するために，協会内に情報部（Ufficio Consorziale d'Informazioni）を設けた．[13] 国外向けには，イタリア-アジア商工会議所（Camera di commercio e industria Italo-Asiatica）が中心となり，シリア，トルコ，ペルシア，中国，香港，オーストラリアで展示を行った．[14]

　また，イタリアは流行の製品を消費する側ではなく，創る側にまわろうとした．ファッションを創出するために，1932年12月22日ファッション常設展示に関する公団（Ente Autonomo per la Mostra Permanente Nazionale della Moda）を認可した．[15] その目的は国内産原料を使用し，流行を創出する衣料部門を組織することにあった［Gnoli 2000：43］．

　第1回モード展示会は，公団の拠点であるトリノで行われた．ここには絹の展示館がおかれ，絹の展示品は，コモの絹織物業者が，人絹については，イタルレーヨン（Italrayon）が出品した．[16] また，1933年10月17日に開催された第2回モード展示会から，リヨン絹連盟（Federation de la soie de Lyon）やイギリス色彩カウンシル（British Colour Counsil）が行っていたように，この公団は，『公式色見本（*Cartella ufficiale dei colori*）』という四季報を刊行し，新しい流行の色について詳細に紹介した［Gnoli 2000：65］．

　続いて，1935年10月31日に商品のデザインを含めて管理しようとするモード公社（Ente Nazionale della Moda）が設立された．この機関は，1933年4月に

設立されたモード常設展示公団（Ente Autonomo per la Mostra Permanente Nazionale della Moda）を改組したものである．イタリア政府は，流行を創るための方策について模索を続けた結果，流行を生み出すための専門機関が必要との結論に達し，改組によってこの機関を設立した．政府はフランスにおけるパリ国立高等美術学校（Ecole des Beaux Arts）やリヨン商工会議所が高い賞金を出す選考会を見本とした［Gnoli 2000：64；89；Ente Nazionale Serico 1938：155］[17].

　政府は1936年6月に「衣類のアクセサリーを含め，コレクション又は衣類モデルの見本を準備又は紹介するものはいかなる者も，その活動をモード公社に申請する義務がある」と政令を定め，この公社はイタリアに約300ある縫製工場の一覧を作成している［Gnoli 2000：89］．経済制裁が行われる中，原料の輸入が必要な男性用梳毛織物の代わりに，絹織物販売奨励のための国内産生糸による絹織物のスーツ着用キャンペーンも行われた[18].

　1936年12月11-13日に全国繊維会議（Convegno delle Fibre Tessili Nazionali）がフォルリ（Forli）にて開催された．この会議では，人絹製造業者が開発した製品が展示され，これらの製品は生糸の代替品としてではなく，綿と羊毛と新しい人絹糸を交織したものが主であった［Gnoli 2000：82］．また，1936年にフォルリで行われた国内繊維会議の後，1937年4月にローマに本拠地をおく全国繊維公社（Ente del Tessile Nazionale）が資本金100万リラで創設された[19].この団体は全国絹工業連合会（Ente Nazionale Serico）を構成員とし［Ente Nazionale Serico 1938：155］，いくつかの繊維衣類製品同業組合と密接な関係にあった［Paulicelli 2004：107］．全国繊維公社設立の目的は，以下のようなものであった．

- 繊維製品と衣類製品の同業組合の準備と運営の実現に協力すること．これは国内の繊維原料生産およびその他の繊維と交織する糸および織布に係るものである．
- 協同体省と農業森林省の承認によって，天然と人造の国内繊維の製造を改善し，推進するようなあらゆる発案と研究を促進し，評価すること．
- 国内の繊維生産において，同じ種類の糸あるいは異なる種類の糸の利用する製造を刺激するためのプロパガンダ的行動を展開し，かかる製品の技術的結果を確認し，管理すること．

・国内産繊維製品の普及のために，消費者教育を目指した発案に参加し，製品と取引におかれた織物製品の品質を管理すること［Gnoli 2000：85］．

この団体が目指したものは，人絹を中心とした新製品と他の天然繊維との交織を推し進め，繊維工業全体を一体と化し，繊維製品にかかわる新製品の発明を国家が管理するということであった．

当初，繊維公社とモード公社は，前者が承認業務を行い，後者が保証書を発行するという形をとった．その後，1936年6月に，政府は繊維公社を，承認された衣類とアクセサリーに対して保証を行う機関としたが，実際のところ，モード公社の活動のうち，上記のように標榜されたファッション管理のメカニズムと証明書の発行の手続きは，極端に複雑で官僚的であったため，数多くの修正が行われた．最終的に，1937年にこれらの業務は「原材料も思想的にもイタリアらしい」製品の保証となる「テクソリット（Texorit）」と呼ばれる商標に形を変えた［Paulicelli 2004：107］．新しい繊維，衣類，アクセサリーやマネキンなど繊維公社に登録された製品は，年に300から1000ほどあった［Paulicelli 2004：118］．

また，モード公社は前述したように，1937年に色見本帳を編集している．フランス，イギリス，アメリカ，ドイツは既に色見本帳を導入していた[20]．イタリアにおいても「公式色見本（*Cartella ufficiale dei colori*）」を使って，購入者が実際の織物の色彩を確認することで，販売の促進が助けられたといえよう［Vianino 1937：514-515］．その他，モード公社はファッションの宣伝にあたった．1938年，スイスにあるイタリアの飛び地であるカンピオーネ・ディタリア（Campione d'Italia）のカジノにおいて，コモやミラノを中心とするイタリア国内でモード公社に登録したデザイナーによるファッションショーが行われたが，そこで紹介された服はすべてモード公社に登録されたものであった[21]．絹織物輸出において重要な顧客である隣国スイスを対象に，フランス語とドイツ語でフライヤーをつくり，宣伝が行われた[22]．

モード公社という機関の評価については，パウリチェッリが，効率的であったかという問いに対して否定的な見解を示している．その理由として，この機関のプロモーションのタイミングの悪さを挙げている．例として，アメリカで

販売しようとするデザイナーのデ・ボスダリ・ディ・ロビッラント（De Bosdari di Robillant）の，モード公社が外国市場に無理解で，新しいアイデアや創造性を維持していなかったという不満を紹介している．当時の慣行として，ファッションショーを行う際，生地の納入はすべてイタリア側から供給されていた．このため，デザイナーの海外進出は新しい生地の受注のチャンスであった．しかし，モード公社では，コレクションを準備するが冬の服を冬に紹介するというようなことが度々あり，デザイナー側の苛立ちが大きかったことが指摘されている［Paulicelli 2004：137-138］．

　イタリアのファッションにおける宣伝活動は，1930年代半ばから生糸消費よりも，輸出の途が閉ざされた国内産人絹糸を消費することが主な目的となった．政府はテキスタイルとファッション産業をつなぎ，また，人絹繊維を国内市場に販売するため，協力を要請されたミラノ・トリノ・ローマ・フィレンツェの大規模な縫製工場，レーヨン産業とファッション機構を結びつけた[23]．とくにアセテート・レーヨンの消費増加は，新しい種類の製品開発における生産者と消費者の結びつきを強調する宣伝によって起こった［Ente Nazionale Serico 1939：48］．

　1920年代から続く展示会や見本市関連の活動も継続していたが，人絹の販売に重点がおかれた．1937年9月のバーリで開催されたレヴァント見本市では，プリント部門において，ブルガリア，ユーゴスラヴィア，ギリシャ，レヴァント，タイやトルコの業者から引合いが多くみられた[24]．この見本市で興味深いのは，政府が設立した人絹販売会社イタルレーヨン（Italrayon）によって特別に設けられたブースであり，ここでは人絹織物に最適なクリーニングが実演された[25]．

　1937年の終わりから1938年の初めにかけて，ローマの大競技場の遺跡チルコ・マッシモ（Circo Massimo）にて，イタリア・ファシストが繊維の分野でも自給自足に到達したことを示すためのイタリア繊維展示会（Mostra del Tessile Italiano）が開催された．ここではイタリアの主要な人絹製造企業であるチーザ社，ズニア・ヴィスコーザ社，シャティヨン社，ベンベルグ社などの輸入代替を可能にした人絹製品が展示された［Giordani Aragno 1991：111］．政治的な誇張が目立つ展示会ではあったが，それでもやはり1930年代後半のイタリアにお

ける人絹糸開発の目覚しさが看取されるものであった.

　ヒト・モノ・カネの移動の制限が世界的に厳しくなる 1930 年代後半において[26]も，制限された状況の中で世界の服飾業界はファッション性を高めていたが，1920 年代にみられたフランスの絶対的優位の状況は変化しつつあった[27]．1930 年代における人絹・絹織物製品の輸出入の動きは，とくにヨーロッパ市場向けのものが流行の製品に影響された．例えば経済制裁前の 1935 年に，パリで「イタリア芸術展示会」が開催され，パリの冬のコレクションで「イタリアの芸術」というライトモチーフが街のあらゆる仕立屋でみられ，流行となっていた [Gnoli 2000 : 67]．また，1936 年に日本が行ったスイス市場における絹織物製品の販売調査では「モードを考えて販売しなければならず，フランスからの輸入が多いのはそのためである」とあり[28]，イタリアに向けた人絹織物市場調査でも，日本の製品より糸が少し太いものの，品質にそれほど差はなく，柄物ではイタリアのデザインの斬新さが優っており，日本製品は市場で人気を博すことは難しいと報告されている[29].

　イタリアでは染色の技術が他のヨーロッパ諸国と比較して遅れており，染色・プリント工程を他国に委託せざるをえない状況が続いていた．染色工程の中心地であるコモ産地では，1900 年前後には技術的な遅れから染色のためにフランスに一時輸出されており [Lorenzini 1994 : 33][30]，1920 年代には，バーゼルやチューリッヒなどスイスの染色企業がイタリアの製品の染色を行っていた[31]．このため，1920 年代後半におけるスイスの染色企業は，イタリアの絹織物・染色工業の成長を非常に警戒していた [Department of overseas trade 1927 : 26].

　このような状況は 1935 年になると変化する．スイスの絹織物業者はコモへ染色工程を委託するために織布を一時輸出し，イタリアの染色工業が外国からの糸や織物製品を染色する側に変化している[32]．純絹織物の一時的な輸出入の統計は，1936 年からしか確認できないが，全体的な傾向として絹織物の一時輸入は増加し，イタリアからの一時輸出は減少した[33]．実際，1938 年における機械プリント織物の需要は大きかった[34]．イタリア国内のプリント業者に注文しても数ヶ月待たなければならず，織布業者は外国に一時的にプリント加工を委託するために管轄省庁に対して一時輸出の手続きを行わねばならないほどであった [Ente Nazionale Serico 1939 : 48].

コモ地方の企業では，1930年代初めにプリント部門を設立したアンブロージョ・ペッシーナ染色社（Ambrogio Pessina）と，イタリアで最大の染色企業コメンセ社（Comense）がプリント部門で最も活動的であった［Fondazione Antonio Ratti 2001：186］．一方，コモ地方では，大恐慌を契機とした危機感から，主に中小企業を中心に創造性が開花した．世界的な不況にもかかわらず，ラヴァージ社（Ravasi），フランシス・クリヴィオ社（Francis Clivio），フォッサーティ社（Fossati），カンピ社（Campi）のような高級純絹織物製造中小企業はネクタイやスポーツ用品を中心とした高級品市場で奮闘した［Fondazione Antonio Ratti 2001：150］．

コモ産地の中小企業のなかには，非常に細かい図柄に特化したデザインで製品をつくる企業，あるいは輸出市場別に異なるデザインを採用する企業もでてきた．後者の企業は，国内や中欧向けに大胆なデザインでモティーフは古典的なものを好むデザイナーを起用し，一方，南アメリカ市場に対しては，大きな図柄で明るい色を用いた［Fondazione Antonio Ratti 2001：150］．国内で需要が高い商品は，クレープ織の柄物，とくにプリント物は濃いグレー又は白地に花柄などのいわゆるファンタジー物に需要があった［Ente Nazionale Serico 1938］．

コモの企業は，冬のスポーツで大きな流行となっているいわゆる「風よけジャケット」を先染の絹紡糸で防水加工した［Ente Nazionale Serico 1939：49］．その他，イタリアで発明され特許がとられた技法は「セルラー」印刷というもので，外国でも評判がよく，慎重にぼかしをつける軽い「木炭画」のような手法であった［Ente Nazionale Serico 1939：62］．

その他コモの絹織物業企業は，近代的な家に向けたカーテンなど新商品を開発した［Ente Nazionale Serico 1938：62］．室内装飾のデザイン開発は，生糸の消費を伸ばす分野として積極的に取り組まれていたが，人絹糸の消費にも応用された．カーテン用の薄絹の生産に取り組む企業は少数ではあったが，熱心に開発に当たり，とくに大きな150センチメートルから300センチメートルの高さの薄絹で，需要があったアセテート・レーヨンを用いて商品の開発を進めた［Ente Nazionale Serico 1938：61］．

また，布を加工する技術も多様化した．1937年頃になると絹布をオイルコーティングする新しい加工が開発され，鮮やかな色が好まれた女性向傘生地用

の新しい商品となった［Ente Nazionale Serico 1938：61］．1938年の終わりになると，さらに技術革新がみられ，「油性」多色重ね刷りが36色でき，正確で細かい部分で表現の効果をもたらすことが可能になった［Ente Nazionale Serico 1939：48］．

 おわりに

　政府が主体となり中間団体の設立を通じて，1920年代から継続して行われていた流行発信の動きに加え，1930年代には販売・供給側のネットワークが強化された．これは，政府による絹織物業に関連する重要な施策である．1932-33年にかけて，アウタルキー経済の実現という目的において，繊維工業で国内産原料を使って製造することが志向された．また，この目的のために，流行を創出する衣料部門を組織するための準備が始められた．このような国内へ向けた動きとともに，輸出も見据えて活動が続いた．

　モード公社や繊維公社の活動が，当時の販売増加に直接結びついたと考えることは難しい．しかしながら，原材料別には分断されずに製造から展示および販売までを一纏めに管理するこれらの機関の介在により，大衆商品におけるデザインでも，企業における企画や製造・販売の影響は大きかったと推測される．デザイナーによる製品の価値の高い芸術的な作品を公表し，それをいかに販売に結びつけるかというノウハウを構築することが可能となるためである．

　大恐慌期の最中にあっても，政府はイタリアン・ファッションの普及に関して国内外へ向けた広報的な役割をさらに強化したことは興味深い点であり，絹織物業だけではなく繊維工業全体の発展を視野に入れたイタリアの独創的な政策として評価できるのではないだろうか．

　戦間期における工業化は，イタリアの重工業だけではなく，新産業である化学工業の発展が繊維工業に大きな影響を与えた．戦後の為替変動や各国の関税賦課に翻弄されながらも，コモの絹織物業は輸出拡大の中で，1920年代に織機製造や染色業といった関連・支援産業を巻き込みながら，製品・生産方法の開発・改良，さらに新販路の開拓といったイノベーション努力を重ね，その結果，地域産業としての厚みが増したといえよう．

174

　イタリアの製造業者が各地で製品を販売し，外貨を獲得するためには，製造工程の技術的な向上だけではなく，流行の中心地であるフランスの地理的な近接性から流行の発信にも力を入れる必要があった．本章ではモード公社や繊維公社の存在を示し，現段階における評価を紹介するにとどまったが，流行の発信における政府の経済的役割を評価するためには，今後さらなる検討が必要となるであろう．

　次章では，コモ産地にある大手の絹織物製造企業 FISAC 社について，同社が産地に及ぼした影響を検討する．

注

1 ）イタリア歴史家であるロマーノ（Ruggero Romano）は，自由と，外国に依存しないことと，服のスタイルとのあいだには，はっきりと関係があるという以下の言説を紹介している．バルダッサッレ・カスティリオーネの『宮廷人』のなかで，新しい服の流行は，「以前，イタリアで用いられていた服は「イタリア式」のものであったのに，いまでは，そうではない」と語られる［カスティリオーネ，1987，第二の書］．またロマーノは，15 世紀末以降，スタイルが年ごとに変化する事実上の「ファッション」という概念の介在を指摘した．

　　16 世紀になると，イタリアのスタイルは，洋服のラインに限らず，生地から宝飾品や手袋にいたるまで，服装を構成するありとあらゆる要素からなっていた．ところが，17 世紀の初頭を境に状況が変化する．パリが新たな中心地となり，新たな装いが外国からもたらされるようになった．「ファッション」を発信しなくなったイタリアの最後を，ロマーノは「ついには，イタリアからリヨンのメーカーに服地を注文する際，色はたんに「流行の色」とだけ指定する文書まであらわれるようになる．イタリア人は，もはや選ぶことすらできなくなってしまったわけだ」と表現した［Romano 1997：邦訳 144］．

2 ）"Rising above the crisis," *International Herald Tribune*, 25 June 2012.

3 ）日本においてアメリカからの輸入製品の価格は，イタリア製品の 5 分の 1，ドイツからのそれは 70％，中国製品は 10 分の 1 となっている［土屋 2005：86］．

4 ）「『イタリア産』以前（*Prima del 'made in Italy'*）」という特集で，Fondazione ASSI ［2007］, *Annali di storia dell'impresa, 19/2008*, Marsilio: Venezia にファッションに関する論文が掲載されている．しかし，戦間期にはあまり触れていない．

5 ）政府は輸出向け高級絹織物の製造と販売それぞれに 10％の奢侈税を課した．この税は製品を染色のため一時的に輸出するときも適用され，絹織物業者にとって重い負担となった（ASC, "Imposta di fabbricazione sui tessuti di lusso," 21 giugno 1921, Archivio N. 21, c. 408.）．輸出奢侈税は 1920 年 8 月 23 日政令 11755 号で定められた．

第 5 章　イタリアのファッション製品を売るために　*175*

6) デ・リグオーロは 1919 年 5 月に "Lidel" という雑誌を創刊し，芸術的なデザイナー
　　を奨励し，イタリア女性にイタリアのデザインを尊重させようと活動した［Gnoli
　　2000：25-26］．アメリカでは意匠研究機関がシカゴに誕生し，デパートと商業美術展
　　覧会を行った（「米国の意匠研究機関」，『染織時報』第 487 号，1927 年，37 頁）．

7) "Importations des soies et des soieries d'Italie," *Bulletion des soies et des soieries*, N.
　　2291, 23 Avril 1921, Lyon, p. 13.

8) "Le importazioni e le esportazioni seriche italiane," *Bollettino di sericoltura*, N. 9
　　(Marzo 1928), p. 122.

9) ニョーリ［Gnoli 2000］の第 4 章 "L'ente nazionale della moda e l'autarchia della
　　moda" を参照．1927 年 5 月にコモで開かれた展示会に，パリの有名なデザイナーで
　　あるポール・ポワレ Paul Poiret とウンベルト・ブルネッレスキ（Umberto
　　Brunelleschi）を招待した［Gnoli 2000：31］．イタリアでは 1920 年代を通じてアー
　　ル・デコへの関心が続いており，ラヴァージはその中心人物であった［Chiara
　　2010：66-70］．

10) 経営者ラヴァージ（Guido Ravasi）はミラノに生まれ，スイスで専門学校に通い，ク
　　レフェルト，ウィーンで織物を学び，コモで店を構えた．アール・デコの中心人物で
　　あり，ムッソリーニと親交を持ち続け，絹業の産業振興とイタリア経済における繊維
　　工業の役割について議論を重ねた人物である［Cani 2008：17-18］．

11) アール・デコ展示会はモンツァで 1923，1925，1927 年に，パリでは 1925 年に開かれ
　　た．

12) 「イタリー在外商業委員会新設」『週刊海外経済事情』第 2 集第 14 号，(1930)，59 頁．

13) 「イタリー輸出協会の外国商社情報供給機関設備」『週刊海外経済事情』第 2 集第 15
　　号，(1930)，59 頁．

14) "Mostre permanenti di prodotti italiani in Asia," *Bollettino di sericoltura*, N. 7, Feb.,
　　1932, p. 50.

15) 1928 年 6 月，ローマにおいてイタリア・ファッションのための国営芸術機関
　　（Istituto Artistico Nazionale per la Moda Italiana）の設立が実現された［Gnoli
　　2000：29］．

16) "La mostra nazionale della moda a Torino," *Bollettino di sericoltura*, N. 15（Aprile
　　1933), p. 127.

17) 1937 年 7 月 8 日政令 1559 号．"News and views of the month," *Silk journal and ray-
　　on world*, Manchester, July 1936, p. 12.

18) "News and views of the month," *Silk journal and rayon world*, Manchester, July 1936,
　　p. 12.

19) "Italy: market report," *Silk & Rayon*, August 1937, p. 758. 1937 年 7 月 8 日政令 1559
　　号で定められた．

20) ドイツでは「ドイツメリヤス編み新聞（Deutsche WirkerZeitung）」の後援で公式色

見本帳が発行され，1935 年秋冬用羊毛染色のための 36 の流行の色合い，流行色に合う 68 色の組み合わせを含んでいた（"Other Publications," *Silk & rayon*, July, 1935, p. 395.）．アメリカでは Textile Color Card Association が 1936 年の春夏用に，南のリゾートを意識したパステルカラーの「フレスコ」風の色合いを発表し，テーマカラーは緑となることを示した（"American colour selections," *Silk & rayon*, November, 1935, p. 681）．

21）ASC, "La moda italiana a Campione," *La gazzetta Ticinese*, 2 Maggio 1938, PG II, c. 67.

22）ASC, "Campione d'Italia manifestazione della moda italiana 9-10 Aprile 1938," PG II, c. 67.

23）"Italy," *Silk & Rayon*, July, 1937, p. 659.

24）"Italy: market report," *Silk & Rayon*, August 1937, p. 758.

25）"Italy: market report," *Silk & Rayon*, August 1937, p. 758.

26）イタリアは 1936 年 10 月に絹ビロード平織（66.1 リラから 117 リラ），同綾織（88.1 から 132），人絹ビロード平織（66.1 から 96），同綾織（88.1 から 107）の輸入税を変更した（「各国関税改正其他（自昭和 11 年 7 月至同年 12 月）」『海外経済事情』8，1937 年，240 頁）．

27）フランスのファッション産業が一番成功した年は 1929 年といわれ，輸出額は 20 億フランを超えた（Richard Flint, "The decline in the Paris fashion industry," *Silk & Rayon*, September, 1935, p. 488.）．

28）「瑞西国絹業状況」，『海外経済事情』，昭和 11 年第 2 号，74 頁.

29）「伊太利の毛織物及人絹織物並ステープル・ファイバー工業」，『海外経済事情』，1936 年第 11 号，133 頁.

30）フランス染色企業との関係は，イタリアで最大の染色企業コメンセ社が 1906 年ジレ社（Gillet et Fils）によって買収されたことに関係している．コメンセ社は 1919 年にジレ社から離れた．スイスの染色業の発展は，リヨンからもたらされた．1858 年フランスでフレール社（Freres）のヴェルギン（E. Verguin）がフクシン（マゼンタとも呼ばれる）を発見した．同社は高価格維持のため類似品の摘発に注力したため，1867 年以降，特許を巡るフクシン裁判の判決からリヨンの同業他社は当時特許制度のなかったスイス・バーゼルへの流出することとなった［作道 1995：Ch. 4］．

31）"Il temporaneo scambio di tessuti per la tintura," *Tinctoria*, N. 10 (Ott., 1935), p. 423. 具体例を挙げると，ロベレート絹織物社（Tessitura Serica Rovereto S.A.G.L.）は，製織した半製品を染色するために一時輸出として原産地証明をコモ商工会議所で取得し，コモ産地の代理店メルツァリオ（Merzario）からスイスの代理店であるキアッソのイム・オーベルシュテグ（Im Obersteg）に送り，そこからチューリッヒのゲスナー社（Gessner & Co. S.A.）に送付された（ASC, "Spett. Camera di Commercio e Industria di Como, 4 Giugno 1927," CCC, c. 492.）．

32）"Il temporaneo scambio di tessuti per la tintura," *Tinctoria*, N. 10, Ott., 1935, p. 423.

第5章　イタリアのファッション製品を売るために　*177*

33) 絹織物，絹交織物，絹チュール・クレープについては，"Il movimento commerciale serico," *Annuario serico 1937-38*, p. 67; *Annuario serico 1939*, p. 55, 人絹織物，人絹交織物，人絹チュール・クレープについては，Istituto centrale di statistica del regno d'Italia, *Statistica del commercio speciale di importazione e di esportazione dal 1mo gennaio al 31 dicembre 1938*, pp. 56-61 を参照．

34) イタリアにおける機械プリントは，コモ郊外ポルティケットで 1918 年頃始まった．それまでは手捺染で大量生産に向かなかったが，その後原材料とデザインに恵まれた環境で，主に女性既製服や劇場用衣装，その他装飾用，家具装飾などに応用され，コモとサロンノ（ヴァレーゼ県）で主に製造された（"L'industria italiana delle seterie," *Bollettino di sericoltura*, N. 42, Ottobre 1931, p. 509）．

35) ラヴァージ社は，1932 年に京都の企業から小紋の見本帳を手に入れ，その手法を用いて製品を開発した．この京都の企業は，原文で "Tawaraya Kakimoto firm" とある［Fondazione Antonio Ratti 2001：150］．

36) "Concorso per disegni di stoffe di seta per mobili ed arredamento," *Bollettino di sericoltura*, N. 10, Marzo 1933, p. 88. 室内装飾について，*Domus* や *Casa Bella* という雑誌があり，入賞者には 1 万リラの賞金と，装飾芸術トリエンナーレ Triennale d'Arte Decorativa に出展がゆるされる特典が与えられた．

第6章

コモ産地企業における人絹の採用と
プリント部門の導入の影響
——絹・人絹織物企業 FISAC 社の経営の事例
(1907-1936 年)

 はじめに

　本章では，コモ産地の絹織物製造企業による，1920年代の人絹工業の勃興と染色加工に対応した企業行動を観察する．事例として，1907-1936年におけるイタリア絹織物業の代表的企業集中地域であるコモ地方の企業，A. クレリチ・イタリア絹織物製造社 (Fabbriche Italiane Seriche A. Clerici) (以下 FISAC 社と略) の企業活動を取り上げる．FISAC 社は，1920年代から1930年代にかけて急速に企業規模を拡大し，コモ産地内で大手の絹織物企業となった．本章の目的は，人絹糸の導入と染色・プリント部門の設置について，同社が産地において果たした役割を明らかにすることである．

　人絹工業では糸生産・輸出が大半を占めていたが，1930年代後半になると織布業が重要となったことは第1章で示した通りである．1936-1939年の国勢調査によると，繊維工業労働力の45%が絹製品あるいは人絹を含む織布工業が占めた [Rey 2001:164]．北西部を中心に人絹工業が勃興し，絹織物産地は両方の素材を扱うことに特化し，製造をおこなった．第1章で観察したように，1920年代後半と1930年代後半に産地で製造された人絹を含む絹織物輸出が増加した．

　経済史研究では，このうち1930年代後半頃の個別企業の動向について観察を欠いている．というのも，ファシスト政権の産業政策によって需要が減少傾向にあったにもかかわらず，当該期の絹織物業は好調であった．この状況について，トニオロは企業レベルでの柔軟な対応によって実現されたと指摘するものの，あくまで仮説提示にとどまっている [Toniolo 1980:邦訳 205-206]．本章

で取り上げる FISAC 社の分析は 1936 年までが対象であるが，同社の経営と産地の状況を合わせて観察することには意義がある．

FISAC 社は 1920 年代に産地企業と人絹工業との結びつきを強めることになる．人絹工業の説明に入る前に，イタリア国内における金融の動きに少し触れておきたい．戦間期のイタリア経済を理解するには，銀行と政府の動きが鍵となる．背景には，1930 年前後の銀行経営の不振が契機となり，銀行と産業が一体となった体制から，国家が産業株式を保有する体制への移行がある[4]．産業金融システムの再編の一環として，1933 年産業復興公社（Istituto per la Ricostruzione Industriale）（以下 IRI と略）が新たに創設され，1933 年 1 月にイタリア商業銀行（Banca Commerciale Italiana）（以下 BCI と略）の証券を保有する関連会社ソフィンディット（Società Finanziaria Industriale Italiana：Sofindit）が IRI に移管され，銀行と産業の分離が行われた．IRI は，それまで兼営銀行が保有していた国内主要産業企業の株式を引き受け，それらの企業経営を健全化させる役割を担った．

絹織物産地は人絹工業と密接に関わっていたため，人絹工業の株式を大量に保有する銀行や IRI は，人絹糸の消費を支える織物業という視点で，コモ地方の絹織物業の役割を重要視した．ズニア・ヴィスコーザ社（SNIA Viscosa）に次ぐ国内第二位の人絹糸製造企業シャティヨン社 Châtillon のような国内大手人絹糸製造企業は，設立時から大兼営銀行の傘下にあり，その後 IRI に救済された．兼営銀行はシャティヨン社の業績を上げるために仲介役となり，FISAC 社との間をとりもった[5]．したがって，コモ地方の絹織物企業は，政府による大企業の救済とは全く無関係とはいえず，間接的な影響を受けた．

本章で分析対象とする FISAC 社は，経営者アルベルト・クレリチ（Alberto Clerici）の拡大戦略により，1907 年に株式会社へ転換し，織布から 1930 年頃までに撚糸製造，染色・プリント工程，販売組織を備えるコモ産地の五大絹織物製造企業のうちのひとつとなった[6]．クレリチは，1920 年代に国内主要ドイツ型兼営銀行のひとつ，ミラノに本店をおくイタリア商業銀行 BCI の支援をうけ[7]，ビロード製造や染色・プリント加工を行う産地企業の吸収合併を通じて実質的な垂直統合を行い，多品種製造で発展の道を切り開こうとした．時期を同じくして大恐慌が始まると，クレリチに代わり銀行派遣の重役が経営再建に

あたった．しかしながら，融資元である BCI も経営が悪化し，IRI に移管された後，FISAC 社は IRI から公的資金を受け，経営の立て直しを図った．このような銀行挙げての努力で短期間に急拡大した経営の維持をおこない，経営再建後に同社は分割譲渡された[8]．

　本章の観察による結論を先に簡単に述べておく．FISAC 社は，コモ産地内での人絹糸の導入と染色・プリント部門の設置において先駆的な役割を果たしたといえる．これらの 2 つの新しい動きは，同社の拡大戦略において重要な役割を果たした銀行・人絹工業によってもたらされた．しかし，大恐慌による同社の経営悪化と同時に，BCI も業績不振に陥ったことから，融資の役割が産業復興公社に取って代わられた．このため，公的な性格を帯びた資金が FISAC 社へ投入されることで産地内企業に不公平感が生まれ，同業企業と協調的な関係を築くことに失敗した．同時に，FISAC 社のような巨大な垂直統合企業が産地内に必要なのかという疑問を生じさせた．

　本章が対象とする時期は，FISAC 社が株式会社に転換し，銀行の資料を得ることが可能な 1907 年から，IRI が同社を売却譲渡する 1936 年までとするが，第 1 節で FISAC 社の経営を概観した後，第 2 節では同社の販売網の構築と輸出を明らかにする．最後の第 3 節では，同社が 1920 年代に経営拡大するなかで染色・プリント加工の比重が高まり，BCI の助けもあり，大恐慌期に倒産をまぬがれることができた状況を観察する．また，1930 年代後半には吸収合併における産地同業企業の同社への批判がでていたことを明らかにする．

　利用する史料は以下の通りである．コモ国立文書館所蔵の商工会議所，県知事資料，インテーザ・サンパオロ銀行歴史文書館所蔵の BCI の役員データベースおよび融資対象企業の分析資料，銀行役員の書簡集，FISAC 社の取締役会報告，監査役会報告，収支決算報告書および議事録．1930 年前後を中心に同社の拡大路線と経営に関する資料が残されているが，労使関係および染色・プリント工程の詳細な製造に関しては資料の制約があり，あまり触れることができないことを予め断っておく．

第1節　FISAC 社の経営

本節では，本章が対象とする FISAC 社の経営を考察する．同社の前身は，1890 年 3 月設立の単純合資会社ブラゲンティ・クレリチ Accomandita semplice Braghenti Clerici & C.（資本金 40 万リラ）である[9]．1890 年から 1932 年まで，FISAC 社の実質的な経営はアルベルト・クレリチが行った．クレリチの経歴には不明の部分が多いが，彼はミラノ県に近いコモ郊外のチェルメナーテ Cermenate に出自があり，コモ絹織物専門学校セティフィーチョ Setificio で織物技術を学んでいる[10]．

その後，単純合資会社ブラゲンティ・クレリチは，1902 年にクレリチ・ブラゲンティ・イタリア絹織物製造社 Fabbricazione Italiane di Seterie Clerici Braghenti & C.（資本金 200 万リラ）と社名変更し，工場をチェルメナーテの他，メナッジョ工場としてファゾーラ社（Ditta Succ. di R. Fasola & C.）から力織機を備えた織布工場を買収した[11]．この時，筆頭株主がブラゲンティからクレリチとなり[12]，株式を発行して増資している[13]．その後 1906 年末に，同社から共同経営者ブラゲンティの名前が消え，株式会社（FISAC）となる．株式会社化の目的は最新設備の導入であった．1907 年時点で同社は四工場を有し，3 工場は旧クレリチ・ブラゲンティ社の工場を安価に購入するという形で引き継いだ．

1907 年に資本金 250 万リラ（株式数 2 万 5000 株，額面 100 リラ）で設立された株式会社 FISAC は，製造と販売の本部をコモに，登記地をミラノ中央駅に程近いミラノ市内プリンチペ・ウンベルト通り（Via Principe Umberto）とした[14]．社長には弁護士で地元名望家の，コモ地方の電力会社と関係が深いレブスキーニ（Rebuschini）がつき[15]，その他の取締役に銀行家の血縁である技術者ペルティ Perti と大地主ベッリガルディ（Belligardi）を迎え，実質的な経営は代表取締役のクレリチが行った．株式会社に転換後も 1902 年の設立出資者が交替で役員を務めた[16]．

1908 年に同社の取締役会では既に「増資と，技術・管理に関する研究の必要性がある」ことが報告され[17]，株式会社転換後から増資計画の議論が続けられたが，1919 年まで実行されなかった．同社は 1909 年に注文が 3 倍に増え，増

第 6 章　コモ産地企業における人絹の採用とプリント部門の導入の影響　　183

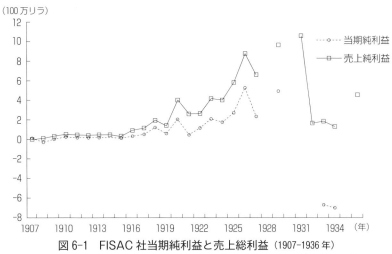

図 6-1　FISAC 社当期純利益と売上総利益 (1907-1936 年)
(出所) Relazioni della Fabbriche Italiane Seterie A. Clerici (Affini di Como), 各年より筆者作成.

産の必要に迫られていた．そこで，1911 年にコモ工場を完全に閉鎖し，それまでコモ市街の工場に集中していた製造をやめ，郊外にあるチェルメナーテ工場とカメルラータ (Camerlata) 工場の生産力を拡大した．カメルラータ工場に経理と技術部門を集中させ，本部とする組織改編が行われた[18]．カメルラータ地区[19]はコモ市街に程近く，ミラノとスイスを結ぶ幹線道路が通り，鉄道駅も近く交通の便に恵まれた場所である．

　1902 年時点の FISAC 社の出資者の多くがミラノ居住者であることから[20]，経営者クレリチは元来ミラノに人脈があったものとみられる．コモのみならずミラノの金融機関からも信頼を獲得していた同社は，国内主要兼営銀行であるクレディトイタリアーノ (Credito Italiano) (以下 CI と略) および BCI と 1918 年から取引を始め，両行の役員派遣を受け入れた[21]．

　第 1 次大戦直後，CI は FISAC 社の発行済株式 25 万株のうち 7.1%，額面金額 130 万リラを取得し，同社は CI の勢力下に入った [Galli 1998 : 316]．資金を得た FISAC 社は，1920 年代に国内外に販売網を築き，増資を繰り返しながら関連企業への経営参加，産地企業の買収合併，新会社の設立など経営拡大を続けた．

　FISAC 社は，第 1 次世界大戦を期に利益を増加させた (図 6-1)．第 1 次大戦

184

表 6-1 FISAC 社配当推移 (1907-1936 年)

年度	配当額（リラ）	額面（リラ）	配当率（%）
1907	4	100	8
1908	—		
1909	—		
1910	—		
1911	6		6
1912	6		6
1913	7		
1914	5		
1915	5		5
1916			8
1917	—		—
1918			10
1919		100	8
1920	15		
1921			
1922			
1923	12		
1924	10		
1925	15		
1926	18	110	
1927	8		
1928			8
1929			4
1930		100	
1931	—	75	
1932	—	100	
1933	—	15	
1934	—		
1935			
1936			

（注）1907 年は 6 ヶ月間の決算。決算月は基本的に 9 月，1931 年.
（出所）各年度 ASI-BCI, Relazioni del Consiglio d'Amministrazione
　　　e del Collegio dei Sindaci, SOF, Cart. 213 より筆者作成.

以前は第一期に利益をあげた後，1908-1910 年は世界的な不況のため損失を出
した[22]．その後，1914 年のみ原材料価格の不安定さから減収となったものの[23]，
1911-1916 年に起こった国内外の戦争にもかかわらず安定的に利益を上げ，配
当を出した（表6-1）．これは，戦争中も大口輸出先のイギリスの市況が変わら
なかったため，他の欧州諸国からのイギリスへの輸入減少分を同社製品が埋め

合わせたためである[24].

FISAC 社は戦争中も利益を上げたが，国内外の戦争が同社の経営に与えた影響は決して皆無ではなかった．1912-1913 年のバルカン戦争勃発はレヴァント貿易の大きな支障となり[25]，また 1914 年 7 月に第 1 次大戦が始まると，生糸価格の不安定さが懸念された[26]．その他，イタリアとスイスの国境閉鎖による輸出の困難，労賃の上昇などが同社の経営に影響した[27]．戦争終結までに，同社の経営陣や技術者の中にも死亡者が出ている[28]．

FISAC 社は，1925 年に政府の産業集中計画に沿って 1926-27 年公布の企業合併の税制優遇措置を利用し，産地企業の合併を実施した[29]．この合併は同社だけではなく，銀行や人絹企業の思惑も複雑に絡んでいた．また，この際 CI と BCI のどちらを主な取引銀行として経営拡大していくかを巡り，FISAC 社の役員間で対立した[30]．この部分の詳細な経緯は不明だが，結果的に FISAC 社は 1928 年に CI の勢力圏から抜け，BCI との関係を強めた．

このように BCI による金融支援が始まったが，この支援は全面的なものではなく，経営的「指導」と会社再構築の提携が主であった．銀行側は技術者や専門経営者を中心とする「被信託者」を決定し，銀行が有価証券を保有する企業の経営を改善するために，「被信託者」を役員や専門家として派遣する方式をとった．このような方式は FISAC 社だけに適用を限ったものではない．イタリアでは 20 世紀初頭から役員派遣が始まり，1920 年代にはすでに定着していた[31]．

BCI の支援を受け，FISAC 社は産地同業関連企業を次々と吸収合併し，国外への販売網を築いていく途中で，大恐慌期を迎える．1932 年のコモ地方の絹織物業では，失業者の増加と輸出の激減があり，FISAC 社もこの例外ではなかった．大恐慌期に入り，FISAC 社の経営は急激に悪化した．1932 年 9 月 28 日の株主総会報告によると，卸売商と銀行に対する同社の債務は約 1500 万リラにのぼり，売上げは前年比で約 20％減少した[32]．1932/33 年度の収支は 600 万リラ以上の赤字であり，その 3 分の 2 は支払利息，150 万リラは減価償却として計上した費用であった．1933 年になると莫大な借入金と費用削減が障害となり，企業活動の継続が困難となった．

クレリチが体調悪化を理由に代表取締役を退いた後，BCI のチコーニャ

（Furio Cicogna）が 1934 年まで FISAC 社の代表取締役をつとめ，1932 年 5 月社名を，（Fabbriche Italiane Seterie ed Affini di Como）（頭文字は FISAC のまま）に変更した[33]．同時にチコーニャは，経営の困難が生じていた人絹製造シャティヨン社の経営者でもあった [Confalonieri 1997：261][34]．

　同社の総支配人となったセルヴェッティ（Terenzo Servetti）は，同年 5 月に同社の人員整理を行い，その後も整理の継続を BCI に報告している[35]．1932 年 6 月の臨時株主総会では，監査役があらたに 1750 万リラの損失の計上を報告し，人員整理後も経営悪化が続いていた[36]．同時に同社の資本金は 7000 万リラから 1050 万リラに減資された[37]．

　FISAC 社は，経営再建のため 1932 年 9 月 28 日の株主総会で 1050 万リラから 5250 万リラへの増資を決定するが直ちに実行できず，1933 年 6 月になりようやく額面 15 リラ新株 280 万株を発行し，4200 万リラの増資を実行した[38]．同年，BCI ミラノ本店の指示により，BCI コモ支店の同社に対する融資枠が拡大し，資金繰りが改善された後，1933 年 9 月 28 日の株主総会で，経営陣は生産コストの改善と国内販売活動の強化を中心とする計画を発表した[40]．

　1933 年，FISAC 社の資本の 90% が IRI に管理されるようになると [Galli 1998：372]，技術者モランドッティ（Luigi Morandotti）が新しい取締役についた．1933-34 年にかけて BCI に新たな融資額 300 万リラを要請した同社は，次のような再建策を示した．それは，常時製造を行うのではなく，1934 年 7 月から翌年 1 月までを染色とプリント織物製造の準備期間とし，融資を必要とする期間は 10-12 月の間で，その後 1−6 月の期間に販売するというものであった[41]．このように，大恐慌期の同社の経営は悪化したが，BCI の全面的な協力があり企業活動はかろうじて維持された．

　同社の対 BCI 負債は 120 万リラに達したが，1935 年 5 月を境に徐々に減少した．これは，ズニア社，イタルレーヨン社（Italrayon），シャティヨン社のような人絹製造販売大手が，FISAC 社に対する売掛金の貸出利息を 1.5% 割引いたこと，またアンブロジアーノ銀行とノヴァーラ銀行が，同社の支払を一時立て替えるサービスを行ったためである[42]．さらに，同社の経営合理化の努力や好調な国内販売（売上 3700 万リラ）も負債を軽減した[43]．

　FISAC 社は最終的に，1937 年 6 月に IRI から，ミラノ，トリノ，コモの絹[44]

織物商のグループに分割売却譲渡された[45]．このとき，IRI のディ・ヴェローリ（Di Veroli）は，当初 FISAC 社をコモで最大手のベルナスコーニ絹織物社（Seterie Bernasconi）へ譲渡することを考えた．その際，経営者のベルナスコーニを呼び FISAC 社の工場の査定を依頼したことを明らかにした．ベルナスコーニは，1936 年時点の同社の施設がベルナスコーニ社と同規模であり，FISAC 社が損失を出し続けた原因は市場と製造の不均衡にあると意見を述べた[46]．

FISAC 社は，このように当初のクレリチによる経営から，第 1 次大戦後に CI や BCI との取引を開始した．1920 年代後半になると BCI の関与が強まり，1932 年以降人絹企業と関係の強い BCI が実質的に FISAC 社の経営を担うこととなった．最終的には危機を乗り越えることに成功したが，BCI は経営の健全化に成功したという判断から，分割譲渡という形で BCI の全面支援を終えることになった．

次節では，FISAC 社の製品の販売網の構築について，1920 年代の輸出拡大から 1930 年代の国内販売の展開を明らかにする．

第 2 節　FISAC 社の販売網の構築
──国内販売と輸出

同社の製品は，平織・紋織を中心とした女性用服地で，代理店を通じて販売された．販売先はイタリア国内，欧州，中東，南北アメリカが中心であった[47]．

まず FISAC 社の国内の販売網をみてみよう．主要都市に販売倉庫を設置する方法は，北部の繊維製造業者の間でみられる一般的な方法であった〔Colli 2002：188〕．1920 年に同社は株式会社 A・クレリチ社（Società Anonima A. Clerici）を国内販売代理店としてミラノに設立し[48]，国内販売の体制を整えた．販売拠点は，ミラノ・フィレンツェ・ナポリ・パレルモである．1928 年 6 月末時点の各販売倉庫の顧客小売業者数が判明している（ミラノ 350，フィレンツェ 150，ナポリ 330，パレルモ 500）．このように，同社は南部に多くの顧客を獲得していたが，その売上額は大体同じ比率であった[49]．大恐慌期による輸出不振により，販売を輸出から国内市場に切り替える過程で，同社は国内卸売業者の流通の複雑さを

指摘し，販売倉庫を利用して直接小売に販売する方がよいと判断した[50].

一方 FISAC 社は，国内に販売拠点を築きつつ，イギリスやフランスなど植民地を持つ国々と取引することで輸出拡大を実現した．国外販売拠点として，1920 年 7 月の時点でロンドンとニューヨークに事務所があった[51]．1927 年にイタリアは金本位制へ復帰するが，このことは同社の拡大と製品の輸出に影を落とした．政府はそれまで 1 ポンド＝120 リラ前後だった為替相場を 1 ポンド＝90 リラとリラ高を維持する政策をとったため，イギリスを中心に製品を輸出する同社の販売額に 30％という大きな為替差損を与えた[52].

同社の取引の大半を占めたロンドン向け輸出は，最初はボンド社 Bond という代理店を通じて販売が行われたが，1928 年 1 月 1 日からロンドン事務所を支店に昇格させ，そこでネクタイとハンカチの販売を始めた[53]．イギリスの植民地であるインドとオーストラリア市場へは代理店を通じて輸出した[54].

また FISAC 社は，次節でみるトンダーニ社の一部を吸収合併した関係で，トンダーニ社の代理店であるオーストリア・ウィーンのコスマノス社 (Cosmanos)，イギリス・マンチェスターのウィズワース・ミッチェル社 (Withworth & Mitchell) が取扱うことになった[55]．その他 1928 年 6 月に，パリに資本金 10 万フランで子会社 A・クレリチ絹織物商社 (Societé Française A. Clerici pour le Commerce des Soieries) を設立した[56]．この会社の目的は，フランスやその植民地・保護領（モロッコ，チュニジア，カメルーン，トーゴ，シリア）において，絹・その他の繊維製品を含む製品の購入・販売，あらゆる種類の取引を行うことにあった[57]．同社の支配人（Direttore）として，トンダーニ社のウーゴ・トンダーニ（Ugo Tondani）を迎えている．また，同時期のロシア市場についてはまだ不確実であるとして FISAC 社は進出を避けた[58]．しかしながら，急速な拡大のため同社の負債が膨らみ，1928 年においたパリ支店を 1930 年に整理し，同時にロンドン支店の縮小も行い[60]，新たに人員削減をすすめた[61].

FISAC 社はイギリスを中心に輸出していたため，大恐慌期の関税賦課の影響を受けた．イギリス向けに製造したものの関税変更があり送付できなかったプリント織物は，出荷先が見つからず，最終的に 21.2％の値引きをして，出荷先は不明であるが，売り捌かれた[62]．イギリスは絹製品に対して高率の保護関税を設定し，さらに綿布に似た織物を奢侈品とみなし，課税対象が人絹織物に

第6章　コモ産地企業における人絹の採用とプリント部門の導入の影響　*189*

も拡大したため，FISAC 社の販売に影響を与えた［日野 2012b：59］．

　クレリチは，1932 年 9 月に BCI が母体の株式引受会社ソフィンディット本部長・ディ・ヴェローリ（Di Veroli）に宛て，「予想する販売額よりもかなり低く，1931/32 年度の輸出総額が 1700 万リラ（前年度の販売は約 2500 万リラ）であり，そのうち上期が 1000 万リラ，下期の 4 月までは 700 万リラで順調であったが，4‐6 月の間に国外販売はほとんどない」ことを報告した[63]．

　同社の生産は前年比で 16％減少し，輸出は 55％も縮小した．同社の製品の販売先の比率は，1931 年に国内 60％，国外 40％，1932 年に国内 65％，国外 35％[64]，1933 年に国内 80％，国外 20％[65]となり，急速に販路が国内市場へ向かった．しかしながら，国内向け販売による輸出の埋め合わせも 7％に留まった[66]．それは，織物原料価格の急落と人絹と綿の交織物を製造する国内綿織物業との競争があり[67]，国内での販売は厳しさを増したためである[68]．さらに，政府から同社に指示された絹織物業に対する賃金支払額は綿織物業のそれと比較して約 20％高く，絹織物業に不利な状況であった[69]．

　この時期の国際情勢は，同国の貿易を一段と厳しい状況に追い込んだ．1935 年 7 月，FISAC 社は 3150 万リラへの増資を実行したが，1935 年のエチオピア侵攻により国際的な立場が悪化したためにとった措置である．国際連盟による対伊経済制裁は 1935 年 11 月 18 日から 1936 年 7 月 4 日まで実施された．制裁国のイギリスとフランスは絹織物の輸入を停止し，FISAC 社は大口輸出先を失った［Ente Nazionale Serico 1937：58-59］．

　以上のように FISAC 社は単独で国内外に流通を拡大した．流通の実態を詳らかにするには資料の制約が大きいが，多品種製造の実現と産地の販売との関係に少し触れておく．同社は 1930 年前後に多品種製造の体制を整えたが，産地企業と共同で製品を輸出販売する方向には直ちに向かわなかった．コモが国境に位置するという地理的な要因，または近隣国の多国籍商社の介在もその理由として考えられる[70]．1930 年代に政府の製造・販売カルテル設立奨励により，コモでは 1937 年になり初めてネクタイ輸出カルテルが設立され，共同販売が実現した［Ente Nazionale Serico 1938：61］．

　一方，前述のように，小売商が多数存在する国内流通の複雑さから，多品種製造を行っても効率的な販売が実現しなかった[71]．さらに 1935 年になるとイン

フレ抑制のために価格統制令が発布され，国内市場では小売価格の基準となる標準品の製造が奨励された [Zamagni 2003 : 253]。

FISAC 社を取り巻く通商環境は，次第に悪化し，輸出から国内販売に転換したが，国内においても競争が激しく，苦しい状況が続いていたことがわかった．次節では，FISAC 社の経営を結果的に支えることになった染色・プリント工場の合併と人絹工業との関係について観察をすすめる．

第 3 節　染色・プリント工場・関連工程の吸収合併と人絹工業との繋がり

FISAC 社は 1907 年の株式会社転換後，多品種の絹織物製造を目標とした．商工会議所に提出した同社の設立当初の目的には「絹織物の製造販売」とあるが，1917 年には，「既製服・ネクタイ・ハンカチ用のあらゆる絹織物と交織物の製造と販売」とあるように多様な製品を製造した[73]．

FISAC 社は，第 1 次大戦期に，重要な技術的変化である染色・プリント工業への多角化と人絹工業との提携を始めた．まず，機械プリントへの出資についてみていくと，1918 年にトンダーニ社のジャンルーカ・トンダーニ (Gian Luca Tondani) が代表取締役および支配人，アルベルト・クレリチが社長を務め，また産地同業企業のストゥッキ社 Stucchi も加わり，ISS 社という企業が資本金 40 万リラで設立された[74]．結果，国内で初めてコモ産地が機械プリントを導入した[75]．

FISAC 社は 1926 年に 1500 万リラから 2000 万リラに増資を行い，コモ郊外のポルティケット Portichetto の，綿・絹織物製造企業トンダーニ社が経営する機械プリントの ISS 社を合併した．この合併の機会は，BCI とシャティヨン社によってもたらされた．BCI は，1918 年にシャティヨン社設立に関わり，同社の株式を大量に保有していたことから，同社と FISAC 社の両社の経営改善は，同行にとって利点があった[76]．

1920 年代後半，シャティヨン社は人絹糸生産量を大きく増加させ，1929 年には年産 1 万トンに近づいた [Confalonieri 1997 : 157]．同社は，原料の二硫化炭素製造企業と製織・染色工程を担う企業とそれぞれ資本提携するという事実

上の垂直統合戦略をとった[77]．トンダーニ社（G. L. Tondani）は，シャティヨン社から資本業務提携を受ける後者の企業であった（表6-2）.

1927年に，シャティヨン社の代表取締役・コンティEttore Conti は，トンダーニ社の経営状態を懸念したBCIを介して，FISAC社がシャティヨン社から1770万リラ（額面30リラ）でポルティケット工場を買い取ることに合意し[78]，シャティヨン社がFISAC社に経営参加する形をとり，この工場は委譲された．この交渉は，シャティヨン社とFISAC社の両社の「被信託者」の間で行われ，買収が実現した．同時にFISAC社は2500万リラから5000万リラに増資を決定し，シャティヨン社とBCIから各1人を同社の役員として迎えることになった[79]．

FISAC社が1927/28年度に2500万リラから5000万リラへ増資する際，この2500万リラの増資分のうち，早期に払い込まれた2000万リラについて内訳がわかる．主な出資者は，同社の関係会社，個人投資家およびBCIであった．具体的には，同社はISS社に新株式の約半分である10万9584株を割り当てた．また，資本提携関係にある株式会社イタリア刺繍・チュール製造社（S. A. Manifattura Italiana Ricami e Tulli）がFISAC社の新株1万8100株を購入した．その他，個人投資家が5万3936株，BCIが1万8380株，それぞれFISAC社の株式を取得した[80]．

その後FISAC社は，主力事業となる染色とプリント企業を続けて合併し，業務を拡張する．1929-30年の間にコモ染色社（Tintoria di Como）を新たに合併し[81]，先のトンダーニ社から買収したポルティケットのプリント工場に，染色部門を移転・拡張した[82]．この工場が請け負う仕事は，FISAC社の製品が467.6万リラ，その他が470.9万リラと[83]，外部からの受託加工が半分以上を占めた．

その他撚糸工程と製織工程について，FISAC社は，1919年にコモ郊外のヴェルテマーテ（Vertemate）に新たに撚糸工場を設立している［Galli 1998 : 233］．コモ県・ロンバルディア州の織布製造工程は，表6-3のように1917年から1923年にかけて整経等準備工程と製織工程で分業が深化していた．同社は250万リラから500万リラへ，1921年に再び500万リラから1000万リラに増資した[84]（表6-4）.

FISAC社は，織布以外の業種では以下5社にも積極的に経営に関わってい

表 6-2 シャティヨン社の資本参加企業（1925 年 12 月）

企業名	場所	業種	推定額（リラ）
株式会社人造絹糸シャティヨン (Soc. An. Filati Artificiali Châtillon)	シャティヨン	人絹糸	950,000
リヨン人造絹糸社 (Société Lyonnaise de Soie Artificialle)	リヨン（フランス）	人絹糸	340,000
株式会社ヴェルチェッレーゼ・ヴィスコーザ (Soc. An. Viscosa Vercellese)	ヴェルチェッリ	人絹糸	263,000
株式会社スイス・ラインフェルデン・ヴィスコーズ (Société Anonyme Viscose Rheinfelden Suisse)	ラインフェルデン（スイス）	人絹糸	7,301,250
株式会社ポリアーノ絹織物 (Soc. An. Setificio di Pogliano)	ポリアーノ・ミラネーゼ	生糸	4,375,000
株式会社トンダーニ絹織物プリント (Soc. An. Industrie Seterie Stampate G. L. Tondani)	ボルディケット	絹布プリント	29,123,000
株式会社カルロ・デ・シジス (Soc. An. Dott. Carlo De Sigis)	パヴィア	化学（二硫化炭素）	3,166,000

（注）"万が一全てが払い込まれたら"という注釈付き。各企業の場所と業種は筆者が補足。
（出所）Antonio Confalonieri, Banche miste e grande industria in Italia. 1914-1933. Vol. II. Milano. 1997. p. 199.

第 6 章 コモ産地企業における人絹の採用とプリント部門の導入の影響 *193*

表 6-3 工程種別による絹織物工場数比較 (1917 年, 1923 年)

(事業所数)

絹織物工場の工程種別	コモ県		ロンバルディア州		イタリア王国	
	1917	1923	1917	1923	1917	1923
糸繰+整経のみ	8	16	8	16	8	16
糸繰+整経なしの製織のみ	5	9	5	10	6	10
糸繰+整経+製織	83	74	109	95	132	120
糸繰+整経+製織+仕上げ	11	9	13	10	14	12
糸繰+整経+製織+染色	1	1	3	1	4	2
一貫製織工程(4工程を含む)の工場	2	2	3	5	6	7
製織工場と分離した仕上げ+染色部門	7	1	7	1	7	1
合計	117	112	148	138	177	168

(出所) Taborelli [2004 : 244].

た. 同社はそのうち 3 社の全資本を出資したが, いずれの企業も経営状態が悪く, FISAC 社の経営の足かせとなった. まず, クレリチが役員として名前を連ねた絹織物企業のセータ・レジーナ株式会社 (S. A. Seta Regina, 資本金 200 万リラ, 1928 年に S. A. Seterie Egidio Formenti から社名変更) は 1923 年に設立された. 同社は経営難に陥ると, FISAC 社の経営陣が役員に入り社名変更を行った. レジーナ社の取引の大半は FISAC 社であったが, 1930 年も経営困難が続いていた. 次に, 前述の株式会社フランス・A・クレリチ (資本金 35 万リラ) は 1928 年に設立されたが, 2 年連続で赤字を出した.

3 社目は 1919 年設立の株式会社クレリチ不動産 (S. A. Immobiliare Clerici, 資本金 350 万リラ) である. 同社は, 経営者クレリチの私有財産も含み, FISAC 社やその他の顧客と不動産取引を行い, 1930 年はかろうじて黒字であった. その他業種は不明であるが長年取引があった株式会社ボローニャ・E. ピアッツァ (S.A.E. Piazza di Bologna) に FISAC 社は 24 万リラを出資し, 経営に参加したものの, 同社は損失が膨らみ 1930 年 12 月に清算に追い込まれた.[85]

5 社目は株式会社 A・ベルナルディーニ織物製造組合 (Unione Prodottori Tessuti A. Bernardini) である. この企業は, トスカーナ州リヴォルノで 1926 年頃設立された. アルベルトの息子グイード・ロスピーニ・クレリチが同社に役員として入り, FISAC 社は 20 万リラを出資したが, この企業は短命で 1927 年 9 月に清算に追い込まれた.[86] 以上のように, FISAC 社が経営参加した企業

194

表 6-4　FISAC 社の調達資金（1907-1936 年）

（リラ）

年度	自己資本			他人資本
	Capitale 払込済出資金	riserva ordinaria 積立金	riserva straord. Spec. 臨時積立金	借入金
1907	2,500,000.00			2,725,163.32
1908	2,500,000.00	8,976.12		2,629,667.49
1909	2,500,000.00	8,976.12		1,666,128.85
1910	2,500,000.00	8,976.12		1,071,337.83
1911	2,500,000.00	8,976.12		737,124.04
1912	2,500,000.00	17,828.72		609,075.45
1913	2,500,000.00	26,665.47		881,566.94
1914	2,500,000.00	36,984.88		731,034.76
1915	2,500,000.00	44,348.67		782,850.35
1916	2,500,000.00	51,527.15		714,750.82
1917	2,500,000.00	68,556.32		1,602,634.12
1918	2,500,000.00	94,954.90		3,782,239.79
1919	5,000,000.00	155,245.40		7,108,156.61
1920	5,000,000.00	185,696.25		11,426,517.53
1921	10,000,000.00	288,604.80		12,438,374.17
1922	10,000,000.00	312,048.85		14,635,781.60
1923	15,000,000.00	370,707.55		14,686,396.52
1924	15,000,000.00	475,972.50		10,673,821.97
1925	15,000,000.00	563,783.40		11,401,938.30
1926	25,000,000.00	696,548.95		9,435,054.07
1927	25,000,000.00	958,952.75		9,604,585.39
1928	50,000,000.00	1,076,602.92		n.a.
1929	60,000,000.00	1,224,742.70	2,500,000.00	23,248,404.85
1931	70,000,000.00	1,479,052.55	3,294,984.00	32,335,850.57
1932	10,500,000.00			56,903,166.61
1932	10,500,000.00			61,637,303.86
1933	52,500,000.00			25,045,054.25
1934	52,500,000.00			25,875,017.18
1935	n.a.	n.a.	n.a.	n.a.
1936	31,500,000.00	6,507,045.73		4,744,286.13

（注）1928 年度，1935 年度を除く．借入金は当座借越，証書借入，手形借入の合計．
（出所）Relazioni del Consiglio d'Amministrazione e del Collegio dei Sindaci, 1907-1936 より
　　　筆者作成．

はいずれも経営状態が悪く，同社の利益にならなかった．

　また，クレリチはビロード製造にも大きな期待をよせ，合併をおこなった．
さらに FISAC 社は拡大を続け，1928 年 12 月にビロード製造のヴェルカ社
Velca を，1929 年には FISAC 社の元下請会社であったモンテ・オリンピノ織

物社（Tessitura di M. Olimpino）[87]を吸収した[88]．続いて，FISAC 社は，1920 年代後半に本部があるカメルラータに近い，コモの 2 工場（Mazzucchelli 社と Rota & C. 社）を買収合併した[89]．前述のヴェルカ社は，ビロード産業社（Industria Nazionale Velluti）の近隣にあり，製造設備も新しく，多様な種類の商品製造が見込まれたため，これらの 2 社の獲得でビロード製造を独占することをクレリチは考えていたようである[90]．

FISAC 社担当の「被信託者」・テデスキ（Giacomo Tedeschi）[91]は，急激な吸収合併によって経営上層部が混乱していることを懸念し，この状況を改善するよう代表取締役のクレリチに求めた[92]．この拡大と同時に，同社は 1929 年 6 月，ミラノ証券取引所に上場した[93]．

1930 年には FISAC 社は多品種製造の体制を整えたが，一方で負債も増加した．工場の所有のために，同社の銀行と卸売商に対する短期的な負債は資本金の 69％にも達した［Galli 1998：346］．同社の経営陣は，負債を減らす計画を進めた結果，1930 年 6 月には，在庫の減少と染色・プリント部門で利益を出し，債務が少し減少した．同社は 1930 年 6 月の決算で実際は 253 万リラの損失を出していたが，準備金を取り崩し，所有不動産の資産評価を高く見積もることで帳簿上は損失を計上していない．これは，クレリチおよび BCI が，損失がでている状況をまだ挽回しうるものと判断したためである[94]．

FISAC 社に対して融資した金融機関は 7 行，人絹企業は 1 社である．1930 年 12 月末時点で同社の総借入額は約 4500 万リラあり，その内訳は，BCI（55.5％），CI（19.0％），ラリアーノ銀行（2.7％），アマーデオ銀行（1％），アンブロジアーノ銀行（2.3％），貯蓄銀行（1％），イタリア銀行（1％）およびシャティヨン社（17.9％）であった[95]．相次ぐ吸収合併の結果，1927 年に 2500 万リラだった FISAC 社の資本金は，1931 年には 7000 万リラにまで増加した[96]．

このように 1926 年に始まる吸収合併戦略から同社は急激に拡大したが，大恐慌の影響が深刻となる 1931 年には経営が悪化し，巨額の損失を被った．FISAC 社の部門別の工場稼働時間をみていくと，クレリチが当初抱いていたビロード製造の期待とは異なり，チュール部門で 85％，織布部門 65％，ビロード部門 27％という結果であった．一方，プリントと染色部門では，不況でも注文が続き[97]，1933 年 7 -12 月の間に人絹クレープを約 200 万メートル生産し

た．そのうち75万メートルがプリントされ，25万メートルが染色された[98]．この時期の同社の販売は，卸売商を通じた販売よりも，各地の倉庫から小売業者に直接販売する形態を重視し，春物商品に絞り製造を行った[99]．

FISAC社の多品種製造の試みは，結果的に失敗に終わった．このため同社は，莫大な借入金に疲弊しながらも施設を維持しなければならず，支出を抑える必要があった [Galli 1998：369-370]．また，経済制裁期には染色の注文も減少していたことから，同社は1935年末にコモの染色工場を閉鎖し，ポルティケット工場へ染色部門を移転することを決定した[100]．さらにIRIとBCIは，より一層の経営努力と合理化を同社に要請し，1936年末に同社はチュールを製造するチェルヌスコ工場の売却を決定した[101]．

経済制裁が解かれ，リラの切下げがおこなわれた1936年になり，ようやくFISAC社は「好調な販売」を実現したが，ここで産地同業他社の不満が大きくなった．具体的な疑義は以下の通りである．1つは，調査主体が不明であるが，コモ県知事資料の中に1935年に行われた同社の詳細な経営状態調査のなかに，同社の合併政策に対する報告がある．その中に，1926年以降の産地集中計画は失敗であり，多角化のリスク，染色・プリント工程を内部化するリスクの高さが指摘されている．その報告はさらに，アメリカ・フランス・スイスには同社の規模の織物・染色・プリント製品を一貫生産する大企業はなく，FISAC社が目指したような規模の一貫生産では製造の柔軟性に欠けると指摘した[102]．

その他，1936年1月30日に，コモ産地の同業主要企業14社が署名し，コモ県経済評議会 (Consiglio Provinciale dell'Economia Corporativa) (商業会議所が改称) に，FISAC社に対して次のような不服を申し立てた．同社の1リラ (単位は記されていないが恐らくメートル当たり) という製品販売価格は原価を割っており，1936年の利益は安売りによる好調な販売の結果であること，また，公的資金投入による赤字経営の維持は，結果的に救済にはならず，ひいては産地のためにならないこと，最後に同社の存続の大義名分は，地域の雇用維持であったが，署名企業の見解では，産地同業他社によるFISAC社で働くコモ県内6コムーネの労働者2300人の吸収は可能であると指摘した[103]．

FISAC社は第1次大戦後から機械プリント製造へ乗り出した．この製造に

ついては成功をおさめ，この製造によって大恐慌期の危機を乗り越えることができた．しかしながら，その他の企業の資本提携や多品種製造を目指した吸収合併については，負債を増加させる結果となった．同社の経営拡大には，人絹製造企業シャティヨン社と繋がっていたBCIの思惑が大きくはたらいていた．BCIやその後のIRIによる支援は，最終的に産地同業企業の不満を大きくさせ，同社の存続に対して疑問を投げかける形となった．

おわりに

FISAC社は，コモ産地内での人絹糸の導入と染色・プリント部門の設置において先駆的な役割を果たしたといえる．これらの2つの新しい動きは，同社の拡大戦略において重要な役割を果たした銀行・人絹工業によってもたらされた．

まず人絹糸の導入について，BCIとその「被信託者」の役割が大きく，BCIとの取引は人絹糸製造企業の思惑も伴ったものであった．当該期に生産を増加させていた人絹製造企業であるシャティヨン社との提携によって，大量生産を行うFISAC社が生糸に代わり人絹を専ら使用して製造したため，産地における人絹の導入を促した．

また，FISAC社の経営が大恐慌期に打撃を受けながらも経営が存続しえたのは，合併により染色・プリント製造が主力事業となったためである．このことから，1920年代前半に技術的な遅れから染色工程を外国に依存していたコモ産地が，その後同工程を内部化して国内に定着させた一例としてFISAC社のケースを捉えることができる．また，この事例は，天然・人造繊維では染色・プリント加工に使用可能な合成染料の種類が異なるため，産地の同工程の研究開発に影響を与えたことも示唆している．

1990年代の染色・プリント部門に属する企業が産地の繊維企業全体の6割を占めることを考慮すると［上野他 2005：15-28］，戦間期は織布から染色・プリントへ産業構造が変化した重要な転換期であるといえる．第3節から，1930年代後半のコモ産地では多角化経営から，分業体制を是とする風潮が形成された．

198

このような転換を可能にしたのは，BCI の存在であった．FISAC 社の経営拡大戦略は，産地内同業他社に大きな影響を与えるまでになった．しかし同時に，BCI から IRI へと変わることにより公的な性格を帯びた資金が FISAC 社へ投入されることに対する不公平感が生まれ，産地内同業企業と協調的な関係を築くことに失敗したと考えられる．

注

1 ）"Base book of textile statistics," *Textile organon*, 33(1), New York: Textile Economics Bureau, 1962, pp. 18-19.

2 ）1929 年，国内人絹主要 28 工場のうち，ロンバルディアとピエモンテ州に 20 工場が存在した［Banca commerciale italiana 1930 : 572］.

3 ）1920 年代の前半，絹織物製造企業の約 3 分の 2 がコモ地方に集中していた［日野 2012a : 7］.

4 ）IRI についての代表的な研究は，A. コンファロニエーリ゠ガッティ［Confalonieri e Gatti 1986］，G. トニオロ［Toniolo ed. 1978］，サラチェーノ［Pasquale Saraceno 1955］である．日本では伊藤カンナ（2001）が挙げられる．

5 ）IRI による救済の中で繊維工業が占める割合は 1934 年 7.9% であり，その後減少した［Covino et al. 1976 : 252］.

6 ）他の 4 社のデータ（1937 年時点）は以下の通りである．ベルナスコーニ社（1899 年設立，資本金約 200 万リラ）は，チェルノッビオ（Cernobbio）に 2100 台の織機を所有，資本金 2250 万リラ．1870 年設立のエジーディオ・エ・ピオ・ガヴァッツィ社（Egidio e Pio Gavazzi）は 1909 年株式会社に転換，約 2000 台の織機を所有，資本金 1600 万リラ．1910 年設立のアルフォンソ・レダエッリ社（Alfonso Redaelli）は資本金 1060 万リラ．1921 年設立のブラゲンティ社（Braghenti e C.）は資本金 600 万リラ［Tremelloni 1937 : 201］.

7 ）ドイツやスイスの金融資本により 1894 年に設立された BCI と，ジェノヴァ銀行に由来する CI はドイツ型兼営銀行と呼ばれ，世紀転換期のイタリアの経済成長で重要な役割を果たした［Cohen and Federico 2001 : 46］．両行は，短期・長期の信用を供与し，同時に融資する企業の持株会社でもあった．

8 ）絹織物業に関係するファシスト政府の政策は主に 2 つある．1 つは 1926 年の各産業の合理化をすすめた産業集中計画，もう 1 つは，金本位制復帰のためのデフレ政策にともなう非公式な賃金引き下げであった．1930 年から公式に織布工に対して賃下げが行われた（第 4 章第 2 節）.

9 ）イタリアの 1882 年旧商法第 76 条にある会社の種類は，以下の通りである．a ）合名会社（società in nome collettivo）．全ての社員は第三者に対する会社の借入金におい

て，無限で連帯責任となる．b）合資会社（società in accomandita）．このうちで，無限責任社員（accomandatarî）とよばれる社員は，合名会社の社員と同じく，会社の借入金に対して無限で連帯責任を負うが，（合資会社の）一般出資者（accomandante）とよばれるその他の社員は，会社に出資した分のみ会社の借入金に責任を負う．一般出資者は，経営に干渉できず，監視と管理の行為を行うことのみが可能である．合資会社の資本金，一定の分担額又は株式の方式に分けられる．前者の場合，単純合資会社（accomandita semplice）といい，後者の場合，株式合資会社（accomandita per azioni）という．単純合資会社は合名会社の規則に，株式合資会社は，株式会社の規則に相通ずる．それぞれ，会社設立の手続き，定款の変更，総会，監査役，解散，清算に関するものである．c）株式会社（società anonima）．全株主が会社に出資した分のみ，会社の借入金について責任を負う［Treccani 1950：1005-1008］．

10）クレリチはコモ絹織物学校（1866 年設立）のカデナッツィ（G. B. Cadenazzi）のもとで学んだ（ASI-BCI, "A Giacomo Tedeschi," 2 Luglio 1930, SOF, cart. 213, fasc. 3）.

11）ASC, Fabbriche Italiane di Seterie Clerici Braghenti & C., 15 Aprile 1902, PG II, c. 91.

12）ASC, "Foglio degli Annunzi Legali della Provincia di Como," 2 Aprile 1902, pp. 224-225.

13）ASC, Registro Ditte, CCC, fasc. 3861-4200, c. 49.

14）ASC, "Denuncia di Società Anonima alla Cameria di Commericio e Industria Como" 31 Maggio 1911, PGII, c. 91.

15）レブスキーニ（Rebuschini Pietro）（1862-1924）は弁護士会の会長も務め，数多くの公的職務とコモで重要な会社の経営に就いた．県議員も務め，ラリアーノ銀行の創立者の一人で，1899 年にコメンセ電話社（Telefonica Comense）の推進者であった．コメンセ染色・仕上げ社（Tintoria e Apparecchiatura Comense）と 1906 年にコモ－ブルナーテ・ケーブルカー会社（Società Funicolare Como-Brunate）の重役を務め，1920 年にコメンセ A・ヴォルタ電力会社（Società Elettrica Comense A. Volta）の副社長となった．20 年代にコマチナ水力発電会社（Società Idroelettrica Comacina）の社長を務めた．1903-1906 年まで商工会議所のメンバーであった［Galli 1998：428］.

16）ASC, Foglio degli Annunzi Legali della Provincia di Como, N. 35, 2 Aprile 1902, PG II, c. 91.

17）ASI-BCI, Relazioni all'AGO del 30 Set. 1908, SOF, cart. 213, fasc. 2, p. 4.

18）ASI-BCI, Relazioni all'AGO del 30 Set. 1909, SOF, cart. 213, fasc. 2, p. 3.

19）ASI-BCI, Relazioni all'AGO del 27 Set. 1911, SOF, cart. 213, fasc. 2, p. 5.

20）ASC, Foglio N. 439 Estratto, PG II c. 91.

21）ASC, Banca Commerciale Italiana データベースより．絹織物企業が集積していたコモ地方には家族経営が多かったが，第 1 次大戦前後に製造施設の拡大のために株式会社化が進行した［Tremelloni 1937：201］．この動きは，イタリア全体の傾向と一致する．1922-25 年は国内の投資ブームで，銀行から企業に対しての資金供給が円滑と

なったことから［Toniolo 1980：邦訳 34］，1920 年代前半に組織の変更がみられ，その多くは株式会社へ転換をはかる，もしくは増資を行っている［Tremelloni 1937：201］．イタリアには 1911 年に約 2845 社の株式会社が存在していたが，1927 年には約 1 万 3210 社，1936 年には約 1 万 9318 社となり，ロンバルディア州における全産業の株式会社数は，1911 年 788 社から 1927 年 4663 社へ増加した［Zamagni 1995：377］．

第 1 次大戦前後の期間にラリアーノ銀行，コモ人民銀行，アンブロジアーノ銀行，アマーデオ銀行など，主に地域の金融機関が取引株式会社への関与を強めていった．例えば，絹織物業と関係が深いラリアーノ銀行では，株式会社役員兼務数は繊維部門の中で 1911 年 4 社から 1927 年には 11 社となり，株式会社が増加した［Zamagni 1995：386-387］．コモ地方の絹織物企業の大手では，例えば FISAC 社（Fabbriche Italiane Seterie A. Clerici），ベルナスコーニ絹織物社（Tessiture Seriche Bernasconi），エジディオ・エ・ピオ・ガヴァッツィ社（Egidio e Pio Gavazzi），アルフォンソ・ラダエッリ社（Alfonso Radaelli），ブラゲンティ社（Braghenti e C.）［Tremelloni 1937：201］，タローニ社（Industria Serica Taroni）などが挙げられる（"Textile conditions in Italy," *Textile recorder*, vol. 39, no. 465, Dec., 1921, p. 65）．その他，新たにいくつかの有限会社の設立もみられた（"Textile conditions in Italy," *Textile recorder*, vol. 39, no. 468, Mar., 1922, p. 69）．

22) ASI-BCI, Relazioni del Consiglio d'Amministrazione e del Collegio dei Sindaci all'Assemblea Generale Ordinaria（以下 Relazioni all'AGO と略記），30 Giugno 1908, p. 3.

23) ASI-BCI, Relazioni all'AGO del 30 Giugno 1914, SOF, cart.213, fasc. 2, pp. 3-5.

24) ASI-BCI, Relazioni all'AGO del 30 Set. 1915, SOF, cart. 213, fasc. 2, p. 3.

25) ASI-BCI, Relazioni all'AGO del 30 Set. 1913, SOF, cart. 213, fasc. 2, p. 3.

26) ASI-BCI, Relazioni all'AGO del 24 Set. 1914, SOF, cart. 213, fasc. 2, p. 3.

27) ASI-BCI, Relazioni all'AGO del 29 Set. 1917, SOF, cart. 213, fasc. 2, p. 3.

28) 同社のカメルラータ工場は，第 1 次大戦中，負傷兵と帰還兵のために，一部が病院として利用された（ASI-BCI, Relazioni all'AGO, 30 Set. 1915, SOF, cart. 213, fasc. 2, p. 4）．

29) 1926 年 7 月 1 日政令 2290 号および 1927 年 1 月 16 日政令 126 号．1918-1926 年 8 月の間の企業の合併件数は 137 件（年平均 16 件）で，この政令公布後 1927 年 7 月 1 日以降 1929 年 9 月末日の間に 215 件，関係した企業数は合計 528 社，資本総額約 89 億 4463 万リラに達した．なかでも，鉄鋼・電気・保険・造船の分野で合併が顕著にみられた（「イタリー及ドイツに於ける産業合理化の例」『週刊海外経済事情』第 1 集第 4 号（1930 年），1-2 頁）．

30) ASI-BCI, Varie, Appunti e Memorie, SOF, cart. 213, fasc. 1.

31) 「被信託者（fiduciary）＝（銀行から）権限を委託された人々」は，投資に決定的な

第6章　コモ産地企業における人絹の採用とプリント部門の導入の影響　*201*

役割を果たした．「被信託者」は，企業の詳細な方針に責任を負い，銀行が信任する技術者，資本家，高級管理職，金融機関の中間層，専門家など様々な出自や階層で構成された．彼らは，それぞれ委任された企業の，状況に応じて取締役や監査役，または他の役職につき，同時に効率的な管理システムを構築し，企業経営を安定させる任務を担った．1894-1918 年の間，BCI は約 400 の企業に「被信託者」を派遣した [Banca Commerciale Italiana 1994：38]．同行と CI による「被信託者」は，19 世紀後半のイタリアの工業化に資本だけではなく，経営能力を持った人物を企業に効果的に配置する役割を果たした [Pino Pongolini 1991：115]．主要兼営銀行の役員派遣が顕著であったのは，株式会社設立が急増する 1920 年代のことである．1927 年の時点で，BCI は，取引企業 388 社に 504 の役員派遣を行っていた [Baccini e Vasta 1995：242-243]．ロンバルディア州では 1905 年から役員派遣が始まり，同州内の地方銀行も兼営銀行を真似て同じ形態をとった．1936 年の銀行法改正に従い国内から兼営銀行が消滅した後も，同州内地方銀行の役員派遣の継続がザマーニにより指摘されている [Zamagni 1995：377，382]．

32) ASC, Relazioni del Consiglio d'Amministrazione e del Collegio dei Sindaci all'Assemblea Generale Ordinaria del 28 Set. 1932, FISAC.

33) ASI-BCI, Relazioni all'AGO del 28 Set. 1932, SOF, cart.346, fasc. FISAC.

34) BCI はシャティヨン社設立を支援し，1918 年の設立当初からチコーニャが監査役をつとめ，1928 年に同社の代表取締役となった [Falchero 1992：220]．

35) ASI-BCI, Servetti Terenzio, 1 Giugno 1932, CM 261.

36) ASI-BCI, Relazioni all'AGS del 25 Giugno 1932, SOF, cart. 346, fasc. FISAC, p. 3.

37) ASI-BCI, Relazioni all'AGS del 25 Giugno 1932, SOF, cart. 346, fasc. FISAC, p. 5.

38) ASI-BCI, Relazioni all'AGO del 30 Set. 1933, seconda adunanza, 26 Ottobre 1933, SOF, cart. 346, fasc. FISAC, p. 7.

39) BCI コモ支店は 1908 年 4 月 1 日に開設された [Banca Commerciale Italiana, 1930, XIV].

40) ASI-BCI, Relazioni all'AGO del 30 Settembre 1933, seconda adunanza, 26 Ottobre 1933, SOF, cart. 346, fasc. FISAC, p. 3.

41) ASI-BCI, 27 Set. 1933, RMAJ, 49.03.

42) ASI-BCI, Verbale della riunione del Comitato di Direzione（以下 VrCD と略記），13 Novembre 1936, VCD, p. 6.

43) ASI-BCI, VrCD, 4 Agosto 1936, VCD, p. 6.

44) IRI は，1933-36 年にかけて，機械，繊維，不動産，農業を中心に，それまでに国営化した企業を「民営化」していった [Toniolo 1980：邦訳 218]．

45) ASI-BCI, VCD, Vd. 37. FISAC 社は 1994 年の倒産まで存続した．

46) ASI-BCI, VrCD, 13 Novembre 1936, VCD, p. 8.

47) ASI-BCI, Relazioni all'AGO del 29 Set. 1907, SOF, cart. 213, fasc. 2, pp. 3-4.

48) 代表取締役をつとめたのは，アルベルトの息子グイード・ロスピーニ・クレリチ Guido Rospini Clerici であった（ASC, Società Anonima A. Clerici, 1 Luglio 1920, N. 9069, Como, ditta FISAC, PGII, c. 91）.

49) ASI-BCI, Relazioni all'AGO del 30 Giugno 1928, p. 6.

50) ASI-BCI, Relazione del Consiglio di Amministrazione all'Assemblea Generale Straordinaria（以下 Relazioni all'AGS と略記）del 25 Giugno 1932, p. 5.

51) ASC, 1 Luglio 1920, N. 9069, Como, ditta FISAC, PGII, c. 91.

52) ASI-BCI, Relazione sul Bilancio al 30 Giugno 1928, Corrispondenza [1927-1932], SOF c. 213 fasc. 3, pp. 8-9.

53) ASI-BCI, Relazione sul Bilancio al 30 Giugno 1928, Corrispondenza [1927-1932], SOF c. 213 fasc. 3, p. 7.

54) ASI-BCI, Relazione sul Bilancio al 30 Giugno 1928, Corrispondenza [1927-1932], SOF c. 213 fasc. 3, p. 8.

55) ASI-BCI, Relazione sul Bilancio al 30 Giugno 1928, Corrispondenza [1927-1932], SOF c. 213 fasc. 3, p. 6.

56) 代表取締役は A・クレリチが務めた（ASI-BCI, Relazione sul Bilancio al 30 Giugno 1928, Corrispondenza [1927-1932], SOF c. 213 fasc. 3, p. 6）.

57) ASI-BCI, Statuts, Societé Française A. Clerici pour le Commerce des Soieries, Paris, 1928, SOF, cart. 213, fasc. 2.

58) ASI-BCI, Relazione sul Bilancio al 30 Giugno 1928, Corrispondenza [1927-1932], SOF c. 213 fasc. 3, p. 8.

59) 1932 年 9 月には完全にパリ支店の名前がなくなっている（ASI-BCI, Relazioni all'AGO del 28 Set. 1932, SOF, cart. 346, fasc. FISAC）.

60) ASI-BCI, Note dell'Ing. Tedeschi, Consiglio del 12 Giugno 1930, Sedute Consiglio [1930-31], SOF. 213, fasc. 1.

61) ASI-BCI, FISAC, Corrispondenza [1927-1932], SOF cart. 213, fasc. 3.

62) ASI-BCI, Relazione all'AGS del 25 Giugno 1932, SOF, cart. 346, fasc. FISAC, p. 4.

63) ASI-BCI, Varie [1931-1932], 23 Settembre 1932, SOF. cart. 213.

64) ASI-BCI, Relazioni all'AGO del 28 Set. 1932, p. 4.

65) ASI-BCI, Relazioni all'AGO del 30 Set. 1933, seconda adunanza, 26 Ottobre 1933, SOF, cart. 346, fasc. FISAC, p. 4.

66) ASI-BCI, Relazioni all'AGO del 30 Set. 1933, seconda adunanza, 26 Ottobre 1933, SOF, cart. 346, fasc. FISAC, p. 4.

67) ASI-BCI, Relazioni all'AGO del 30 Set. 1933, seconda adunanza, 26 Ottobre 1933, SOF, cart. 346, fasc. FISAC, p. 4.

68) コモ産地の絹織物企業はそのほとんどが人絹糸を使用していたため，同社と同じような問題を抱えていた［日野 2012b：62-63］.

第 6 章　コモ産地企業における人絹の採用とプリント部門の導入の影響　*203*

69）ASI-BCI, Relazioni all'AGO del 30 Set. 1933, seconda adunanza, 26 Ottobre 1933, SOF, cart. 346, fasc. FISAC, pp. 4-5.

70）ASC, "Allied purchasing company," 7 Aprile, 1926, CCC, c. 481.

71）「伊国絹業改善案論旨」,『海外経済事情』, 昭和 9 年, 第 9 号, 46 頁.

72）絹織物製品の標準品は, クレープ・デ・シン（94 センチ幅）, ジョーゼット（96）, モロケイン（96）, 平織（80）, タフタ織（56）, ビロードシフォン, 絹と人絹交織物（100）, ふるい用絹織物（100）であった（Ente Nazionale Serico, *Annuario serico* 1934 年から 1939 年まで参照）.

73）ASC, "N. 1129 Denuncia di Società Anonima alla Camera di Commercio e Industria, Como," 20 Aprile 1917, PG II, c. 91.

74）ASI-BCI, "note e documenti," SOF cart. 213, fasc. 4.

75）"L'industria italiana delle seterie," *Tinctoria*, N. 42（17 Ott. 1931）, p. 509.

76）1926 年 1 月時点のシャティヨン社の大株主は, BCI とスイス・イタリア銀行（Banca della Svizzera Italiana）のグループ, 綿業のアレッサンドロ・ポス（Alessandro Poss）, 化学のボンブリーニ・パローディ・デルフィーノ社（Bombrini-Parodi-Delfino）であった［Confalonieri 1997：226-227］. 1930 年に BCI が保有する有価証券価額の内訳は, シャティヨン社（4 億 6560 万リラ）が最も多く, イルヴァ（Ilva）（3 億 4020 万リラ）, テルニ（Terni）（1 億 3860 万リラ）, ズニア・ヴィスコーザ社（SNIA Viscosa）（1 億 2520 万リラ）, モンテカティーニ社（Montecatini）（1 億 1640 万リラ）, ピエモンテ水力発電会社（SIP）（4450 万リラ）と続いた［Confalonieri 1994：Tabella 20］.

77）シャティヨン社は, 1920 年代を通じて以下の戦略をとった. ① 製織・染色の前方統合, ② 二硫化炭素製造という後方統合, ③ 外国での工場設立［Falchero 1992：221］. また, コンファロニエーリはシャティヨン社側からみた絹織物業への進出に触れている［Confalonieri 1995：Ch. 2］.

78）ASI-BCI, "604 Seterie Clerici," SOF, cart. 213, fasc. 1.

79）ASI-BCI, "Base di accordi per la fusione società clerici e società Tondani, 8 Settembre, 1927," SOF, fasc. 1, FISAC.

80）ASI-BCI, "note e documenti," SOF 213, fasc. 4.

81）ASI-BCI, "Appunti e memorie, Settembre 1931," SOF, cart. 213, fasc. 1, "Varie".

82）ASI-BCI, "Note dell'Ing. Tedeschi, Consiglio del 12 Giugno 1930," Sedute Consiglio [1930-31], SOF. cart. 213, fasc. 1.

83）ASI-BCI, "Note dell'Ing. Tedeschi, Consiglio del 12 Giugno 1930," Sedute Consiglio [1930-31], SOF. cart. 213, fasc. 1.

84）ASI-BCI, "Relazioni all'AGO del 28 Set. 1918," SOF, cart. 213, fasc. 2, p. 3.

85）ASI-BCI, "Relazione Contabile 3 Giugno 1931," SOF cart. 213, fasc. 1, pp. 3-10.

86）ASI-BCI, "Relazione Contabile 3 Giugno 1931," SOF cart. 213, fasc. 1, pp. 13-14.

87) ASI-BCI, "Relazione sul Bilancio al 30 Giugno 1928," Corrispondenza [1927-1932], SOF c. 213 fasc. 3, p. 3.

88) ASI-BCI, "Appunti e Memorie," SOF, cart. 213, fasc. 1, Varie.

89) ASI-BCI, "Relazione sul Bilancio al 30 Giugno 1928," Corrispondenza [1927-1932], SOF c. 213 fasc. 3, p. 2.

90) ASI-BCI, "Relazioni," SOF, cart.213, fasc. 1, p. 19.

91) テデスキ (1871-1931) はエンジニアで，時折「被信託者」として働いた経験が BCI から評価され，1917 年に同行の本部で採用された [Banca Commerciale Italiana 1991：9].

92) ASI-BCI, "604 Seterie Clerici," Corrispondenza Cav. Clerici-ing. Tedeschi [1928-1931], 1 Novembre 1929.

93) Il sole 24 ore, *Titoli azionari iscritti e cancellati dal listino ufficiale della borsa valori di Milano dal 1861 al 30 giugno 2012.*

94) ASI-BCI, "Relazioni e corrispondenza" ing. Tedeschi [1930-1931], 26 Agosto 1930, SOF. cart. 213.

95) ASI-BCI, "Relazioni," SOF, cart.213, fasc. 1, p. 22.

96) ASI-BCI, "604 Seterie Clerici," Relazioni e corrispondenza Ing. Tedeschi [1930-1931], 26 Agosto 1930, p. 2.

97) ASI-BCI, "Relazione all'AGS del 25 Giugno 1932," SOF, cart. 346, fasc. FISAC, p. 5.

98) ASI-BCI, 4 Ott. 1933, RMAI, 49.03.

99) ASI-BCI, 4 Ott. 1933, RMAI, 49.03.

100) コモ工場では当時 70 名（うち 60 名が男性）が働いていた．この工場は他社からの注文で，糸・反物・ビロードの染色を行っていた（ASC, "Unione provinciale sindacati fascisti dell'industria," 28 Novembre 1935, PG II, c. 38).

101) ASC, Relazioni all'AGO del 30 Set. 1936, PG II, c. 38, pp. 7-8.

102) ASC, "Considerazioni sulla FISAC," 1935, PG II, c. 38.

103) ASC, "A S. E. Il prefetto, 30 Gennaio 1936," PG II, c. 38.

終章

1920-30年代イタリア化学工業と絹織物業の展開
—— 本書の総括に代えて

　本書を通じて，明らかになった主な事実を確認していきたい．

　絹織物は，第1次大戦前後にイタリアの主力輸出商品となり，戦間期を通じて急激にその輸出額が増加した．製品に使用される原材料は，生糸だけではなく人絹糸も加わった．生糸や人絹糸など糸製品は，イタリアの主力輸出商品であり続けた．しかし，糸だけではなく，1920年代に絹織物，1920年代半ばからは絹と人絹の交織物，1930年代に入ると急速に人絹織物へとその製品の種類を変えながら輸出が拡大した．このことから，絹および人絹繊維製品は，イタリア経済を支える重要な役割を果たしたことがわかる．

　このような絹・人絹織物製品の拡大は，製造工程における質的な変化をともなった．戦間期，アウタルキー政策において化学工業は国内経済における重要な戦略産業であった．とくに1930年代において化学工業の成長とともに，その1部門である染料工業も発展をとげた．染料製造は，当該期における軍事的な応用をも視野に入れたものであった．同時に，国内産染料の使用は，輸入に頼っていた染料を代替することから，財政面の負担を軽減するものであることは明白であった．このようにして染料が生産されるようになると，国内における染料の消費先となる染色工程が重要となった．

　1930年代に発展した染色・プリント部門は，その後発展を続け，現在においても産地の中心的な存在である．これらの工程を担う企業が，イタリアン・ファッションを創り出すための重要な製造基盤となっている．1930年代の後半に，イタリアの絹織物製造においてデザインに優れた多色使いの比較的単価の高い製品へシフトしていった様子は，大恐慌を機に，低級品を製造する日本や，高級品を世界中へ輸出していたフランスの人絹・絹織物製造業者に対して，より競争力のある製品を生み出そうとした結果であることがわかった．

イタリアン・ファッションを生み出す主体は製造企業であるが，戦間期において産業振興の役割を果たしたのは政府であった．ファシスト政府は，絹織物業の企業活動に対して徐々に影響力を及ぼすようになっていった．1920 年代初め，政府は製糸業に対して生糸の買い上げを始めたため，国内の製織業者に対して国内産の安価な生糸の供給が十分でなくなった．さらに 1926 年からの産業集中計画によって産地大手企業が人絹糸を導入したことから，政府の行動によって直接および間接的に，産地は人絹の使用を選択せざるをえなくなった．

政策による影響は 1930 年代も続く．1930 年前後に賃金引き下げ政策を実施し，政府と労働組合で締結された団体協約により決定された賃金が，実際の貿易の収縮の方が急激であり企業経営の維持が可能な水準よりも高かったことから，産地の絹織物企業は国際情勢とともに国内政策によって苦境にたたされた．また，エチオピア侵攻にともない繊維原料を人絹に集中し，それ以外の繊維原料が抑制された．1933 年からは生糸や絹織物の輸入が禁止され，絹織物製造業者は国内産生糸および人絹糸を使用することが強制された．このような背景も，人絹織物製造へのシフトを強力に後押しすることとなった．

1920 年代の輸出拡大期に輸出された絹織物は，人絹を含む絹交織製品であった．実際，絹織物の輸出は，1920 年代後半に原材料価格が下落し，絹織物輸出の kg 当たり重量単価も 1927 年から 1929 年にかけて急落しながら拡大した．大恐慌期になると 1930 年から 1931 年にかけて絹織物輸出が急激に縮小する．大恐慌期に産地企業家が抱いた危機感は，より付加価値の高い製品を製造する方向へ製造業者を駆り立てた．結果的に，その目標は実現され，1930 年代後半を通じて，とくに絹織物におけるプリント織物やニット・靴下製品などで輸出重量単価が上昇し，人絹織物においても技術的な向上からデザインの多様性が生まれ，輸出が増加した．

1920 年代の絹・人絹織物輸出拡大は，実際，人絹を含む絹交織など安価な大衆商品が産地の大企業によって製造され，従来の伝統的なヨーロッパ市場ではなく，アフリカやアジアなどの新市場に広がることで実現した．一方で，純絹の高級絹織物の製造も行われ，産地の中小企業が担った．大企業製造の大衆商品と中小企業中心の高級絹織物という図式は，1920 年代にできあがり，1930 年代も続いたと考えられる．

終 章　1920-30 年代イタリア化学工業と絹織物業の展開　*207*

　絹・人絹織物販売に関して，統制の進んだ 1937 年になって初めて産地において共同で行われたことが明らかになった．それまでの産地企業は，技術や情報を共有し，政府による産業別の統制が加えられたが，流通に関しては企業が極めて個別的に行動していた．これは，当地において鉄道や道路等交通網が発達し，コモは国境に位置しており，多くの外国の卸売商が出入りしており，産地が共同で販売するというインセンティヴがはたらかなかったことが推測される．

　イタリア発の流行の発信については，以下のようにまとめることができる．第 1 次大戦後に，国外からの輸入品を珍重する風潮，フランスの高級品に依存することを改め輸入額を抑えるという，極めて経済的な理由から，イタリア発の流行発信の動きがみられ，デザイナーの養成や繊維製造分野における技術の改良に繋がっていった．また，デザイン性に優れたイタリアの絹織物は，1920 年代後半に徐々に認められ始めた．戦間期を通じて，イタリアの主要な輸出商品は繊維製品であり続けた．大恐慌期に入っても，業界や政府の意向もあり，中間団体として，展示を専門とする公団が設立され，イタリア産の繊維製品は魅力的な輸出商品であることを国内外に宣伝し続けた．

　ファッションの宣伝および展示活動は，その後 1935 年のモード公社設立に繋がっている．モード公社および繊維公社の活動は，デザイナーの登録，ファッションショーの開催，国内産生糸の消費キャンペーンや人絹糸の研究開発の登録など，企画や製造から最終製品までの販売促進を含めた総合的な繊維製品の普及活動を目指した．これらの公社の活動が直接販売に結びついたと考えることは難しい．しかしながら，戦間期を通じて販売促進の方法を政府が後押しし，産業内関連業種の異なる産地間のネットワークを形成しながら，現代に繋がるファッション・システムが構築されたと考えられる．流行を受け取る側から，国内の製造業者と仕立て業者を繋げることで，フランスに負けずに流行を発信する側に転換することを目指す方向性は，同時期に競争相手であった日本の繊維工業と比較しても，大きく異なるものだったのではないだろうか．

　1920 年代において産地の大企業は，新市場に向けて製品を市場別に製造した．1930 年代になると，高級絹織物を製造する中小企業も同様に市場別にデザインを変えるなど，マーケティング技術が産地において伝播していったこと

がうかがえる．これらの動きは，宣伝活動やファッションの動向と大きく関わっており，国内においてデザイナーや流行生地の製作を担う製造企業が育っていくことで，イタリアの流行発信力が強くなり，イタリアが輸出先に対して流行の製品を生み出す側に変わりつつあったことを意味する．

　流行に乗ったデザインの改良を可能にしたのは，大恐慌後に活発になった染料の改良や繊維製品に対する応用研究開発の動きであった．大恐慌前に，国内で最大の染料製造企業 ACNA 社がモンテカティーニ社と IG ファルベン社によって技術支援を受けたことにより，染料の改良と価格の下落が実現し，国内染色企業がそれらを利用することができるようになった．またコモ地方の染色企業もまた，大恐慌期前後の製織業と同様に国内の綿製造企業が競争相手であった．国内綿染色企業は，低価格で絹染色企業に攻勢をかけ，国外ではスイスの絹染色業者も，強力な競争者であった．1930 年代後半に，国内において統制が加えられつつ，国内外の競争に晒されながら，絹染色企業は，製織業の補助的な役割から産地の分業を担うまでになった．

　染料工業の発展とともに，染色工業に対して 1930 年前後に様々な調査が行われた．ここから，繊維工業における一工程であった染色工業は，ロンバルディア州を中心に，他の繊維原料の染色企業と比較して，絹織物業で大規模に発展していたことがわかった．染色業界は，染色設備をもたない靴下を含むニット産業による「受託染色」の増加によっても発展が促された．これらの産業の人材育成は，政策によって行われた．技術者の養成は，産地においてはコモの職業技術学校「セティフィーチョ」が重要な役割を果たした．19 世紀の半ばに設立されたこの学校は，戦間期に生まれた新しい技術の知識を持つ人材の要請に対しても，直ちに染色やプリントあるいは製品を具体化するためのデザインのコースを設けるなど産地の技術者養成に柔軟に対応していった．

　絹織物の製造工程には，序章で述べたように，整経等準備工程，製織工程，染色およびプリント工程および仕上加工工程が含まれる．戦間期に，主に化学工業および機械工業の発展は，絹織物の製織，染色・プリント・仕上加工工程に影響を与えた．例えば，人絹糸の導入は，織機開発に，また，染色およびプリント工程，仕上加工工程に使用する染料や化学製品に劇的な変化をもたらした．製織工程においては，1920 年代に安価な製品を大量生産するために織機

終　章　1920-30年代イタリア化学工業と絹織物業の展開　*209*

の改良がすすみ，産地の機械工業の発展をもたらした．これらの設備投資を行うために，第1次大戦前後に絹織物企業の株式会社化が進んだ．人絹を利用した安価な織物は，新市場向け大衆商品として産地の大企業が製造し，中小企業が生糸を用いて高級絹織物製造に携わるという産地における併存の状況が生まれた．

　戦間期を通じて，コモ産地は産地企業の自助努力だけで生き残ったわけではない．絹織物業を営む人々や企業は，時には政府の力，またある時は労働者に，その他には地域にある鉄道や学校等のインフラストラクチャー，商工会議所，国際会議，外国商人，近隣諸国の同業者や関連産業の助力など様々な手段に訴えつつ，当該期の産地は活力を保つことができた．また，産地内の工程に関連する染色・プリント・仕上加工工程の部門が戦間期に発展することで，新たな中核産業として，ニットや靴下など染色部門をもたない企業から受注するかたちで分業体制が生み出された．産地内の養蚕や製糸の製造工程が実質的に衰退・消滅していく中で，より付加価値の高い製品を生み出す工程が産地の中で一産業として自律的に成長できたことこそが，産地の活力を失わずに戦後に繋がっていった要因と考えられる．

　絹織物を製造するコモ産地は，当初の予想以上に，政治的，産業的，さらに地理的にも綿織物業との関係が深い．それはロンバルディア州が繊維工業の中心地であったことから，ファシスト期の後半において，様々な原料を取り合わせて繊維工業全体をまとめてプロデュースするという発想に繋がっている．イタリアの繊維工業の競争力を考える場合，絹織物だけではなく，ニット製品における技術の進展や，古くから伝統のある羊毛工業，また綿業，靴やアクセサリーなどを含むアパレル業に関しても産業史的な考察を進めることで，産地の構造あるいはイタリアの繊維工業の特色をより明確に浮かび上がらせることが可能となるだろう．また，これらの特色を国際比較することによって，有用な情報をもたらすことが期待される．このような複合的な視点から，戦間期・戦後におけるコモ産地の研究と繋ぎ合わせる作業が残されており，今後の課題として取り組みたい．

参 考 文 献

〈外国語文献〉

Aftalion, Fred [1991] *A history of the international chemical industry*, Philadelphia: University of Pennsylvania Press (柳田博明訳『国際化学産業史』日経サイエンス社, 1993 年).

Amatori, Franco e Bezza, Bruno (a cura di) [1990] *Montecatini 1888-1966*, Bologna: Il Mulino.

Amatori, Franco [1997] "Growth via politics: Business groups Italian-style," in Takao Shiba and Masahiro Shimotani eds., *Beyond the Firm*, Oxford: Oxford University Press.

Amatori, Franco and Colli, Andrea [2003] *Impresa e industria in Italia*, Venezia: Marsilio.

Amin, A. and Robins, K. [1990] "The Re-Emergence of Regional Economies? The Mythical Geography of Flexible Accumulation," *Environment and Planning D: Society and Space*, 8(1), pp. 7-34.

ASSI Fondazione ed. [1990] *La storia d'impresa in Italia*, Milano: Franco Angeli.

Baccini, Alberto e Vasta, Michelangelo [1995] "Una tecnica ritrovata: interlocking director-ates nei rapporti tra banca e industria in Italia (1911-36)," *Rivista di storia economica*, 12 (2), pp. 219-251.

Baffigi, Alberto [2011] "Italian National Accounts, 1861-2011," *Bank of Italy Economic History Working paper*, 18, pp. 1-71.

Bagnasco, Arnaldo [1977] *Tre Italie: la problematica territoriale dello sviluppo italiano*, Bologna: Il mulino.

Banca commerciale Italiana [1930] *Movimento economico dell'Italia raccolta di notizie statistiche per l'anno 1929*, 19, Milano: Capriolo & Massimino.

Banca commerciale Italiana [1932] *Movimento economico dell'Italia raccolta di notizie statistiche per l'anno 1931*, 21, Milano: Capriolo & Massimino.

Banca Commerciale Italiana [1991] *Archivio storico collana inventari, Serie VI, vol. 3, Società Finanziaria Industriale Italiana (SOFINDIT)*, Milano: Banca Commerciale Italiana.

Banca Commerciale Italiana [1994] *Cent anni 1894-1994*, Firenze: Nardini Editore.

Barbagli, Marzio [1982] *Educationg for unemployment*, New York: Columbia University Press.

Bermond, Claudio [2005] *Riccardo Gualino finanziere e imprenditore*, Torino: Centro Studi Piemontesi.

Bigazzi, Duccio [1990] "La storia d'impresa in Italia, bilancio provvisorio e prospettive di ricerca," *La storia d'impresa in Italia*, ASSI Fondazione ed., Milano: Franco Angeli.

Blaszczyk, Regina Lee [2008] *Producing fashion*, Philadelphia: University of Pennsylvania Press.

Blaszczyk, Regina Lee [2012] *The color revolution*, Cambridge, Massachusetts and London: MIT Press.

Brenni, Luigi [1927] *I velluti di seta italiani*, Milano: Archetipografia di Milano.

Broadberry, Stephen [2004] "The performance of manufacturing", Floud, R. and Johnson, P. eds., *The Cambridge economic history of modern Britain, Volume 3*, Cambridge: Cambridge University Press.

Bull, Anna and Corner, Paul [1993] *From peasant to entrepreneur*, Berg: Oxford and Providence.

Bureau International du Travail [1937] *L'industrie textile dans le monde: problèmes e´conomiques et sociaux, vol. II*, Genève, Bureau International du Travail.

Cafagna, Luciano [1989] *Dualismo e sviluppo nella storia d'Italia*, Venezia: Marsilio.

Caizzi, Bruno [1952] *Vicende storiche della tessitura serica comasca*, Como: Casa Editrice Noseda.

Caizzi, Bruno [1957] *Storia del setificio*, raccolta di saggi e ricerche 5, Como: Camera di Commercio di Como.

Camera di commercio industria e agricoltura Como [1965] *Compendio Statistico della provincia di Como*.

Cainelli, Giulio and Zoboli, Roberto (eds.) [2004] *The evolution of industrial districts*, Berlin: Springer-Verlag.

Canada: the official handbook of present conditions and recent progress, 1938, Ottawa: Dominion bureau of statistics.

Cani, Fabio [2008] "Il filo di una vita", Rosina, Margherita; Chiara, Francina eds., *Guido Ravasi: il signore della seta*, Como: NodoLibri, pp. 13-20.

Capecchi, Vittorio [1990] "L'industrializzazione a Bologna nel novecento," Walter Tega (a cura di), *Storia illustrata di Bologna, Vol. 4*, Milano: Nuova editoriale Aiep.

Carnevali, Francesca [2005] *Europe's advantage*, Oxford etc.: Oxford University Press.

Cerretano, Valerio [2014] "European cartels and technology transfer: the experience of the rayon industry, 1920-1940," Donzé and Nishimura eds., *Organizing global technology flows*, NY: Routledge.

Ceschi, Raffaello e Vigo, Giovanni (a cura di) [1995], *Tra Lombardia e Ticino*, Bellinzona: Edizioni Casagrande.

Chezzi, Mauro; Osservatorio Distretto Tessile di Como. "L'industria tessile comasca letta attraverso i bilanci aziendali: i risultati economico-finanziari del 2011", 2012 年 11 月 28 日 (http://www.textilecomo.com/f/11/1/progettiricerca/-progetto-osservatorio-distrettotessile-di-como.aspx, 2016 年 9 月 21 日閲覧).

Chiara, Francina [2010] "Il signore della seta", Rosina, Margherita, Chiara, Francina (a cura di), *Guido Ravasi*, Como: Nodo libri.

Ciabattoni, Amos (a cura di), [1977] *Il sistema moda*, Editoriale Valentino.

Ciocca, Pierluigi e Toniolo, Gianni (a cura di) [1976] *L'economia italiana nel periodo fascista*, Bologna: il Mulino.

Clem, Ruth E. [1941] "Employment outlook in full-fashioned hosiery industry," *Monthly Labor Review*, 53(4), pp. 821-848.

Clough, Shepard B. [1964] *The economic history of modern Italy*, N.Y.: Columbia University Press.

Cohen, Jon and Federico, Giovanni [2001] *The growth of the Italian economy, 1820-1960*, Cambridge Cambridge University Press.

Colli, Andrea [2002], *I volti di Proteo*, Torino: Bollati Boringhieri editore.

Colli, Andrea and Vasta, Michelangelo eds. [2010] *Forms of enterprise in 20th century Italy: boundaries, structures and strategies*, Cheltenham, UK; Northampton, MA: Edward Elgar.

Confalonieri, Antonio [1994], *Banche miste e grande industria in Italia 1914-1933, Vol. I*, Milano: Banca Commerciale Italiana.

Confalonieri, Antonio [1997], *Banche miste e grande industria in Italia 1914-1933, Vol. II*, Milano: Banca Commerciale Italiana.

Confalonieri, Antonio e Gatti, Ettore [1986], *La politica del debito pubblico in Italia, 1919-1943*, vol. I, vol. II, Roma: Cariplo.

Confederazione fascista degli industriali [1939], *Annuario statistico per le industrie chimiche 1938*, Roma: Failli.

Cova, Alberto [1992] "Il sistema produttivo e le sue dinamiche," Zaninelli, Sergio (a cura di), *Storia dell'industria lombarda*, Milano: Edizioni il Polifilo, pp. 3-171.

Covino, Renato, Gallo, Giampaolo e Mantovani, Enrico [1976] "L'industria dall'economia di guerra alla ricostruzione," Ciocca, Pierluigi e Toniolo, Gianni (a cura di), *L'economia italiana nel periodo fascista*, Bologna: il Mulino, pp. 171-270.

Crane, Diana [2000], *Fashion and its social agendas*, Chicago; London: the University of Chicago Press.

De Felice, R. [1969] *Le Intepretazioni del Fascism*, (藤沢道郎・本川誠二訳『ファシズム論』平凡社, 1973 年).

De Grazia, V. [1981] *The Culture of Consent: Mass Organization of Leisure in Fascist Italy*, Cambridge [England]; New York: Cambridge University Press (豊下楢彦・高橋進・後房雄・森川貞夫訳『柔らかいファシズム』有斐閣, 1989 年).

De Rosa, Luigi (a cura di) [1993] *Storia dell'industria elettrica in Italia 2. Il potenziamento tecnico e finanziario. 1914-1925*, Roma-Bari: Editori Laterza.

Department of Overseas Trade [1923], *Report on the commercial, industrial and economic situation in Italy, December 1922*, London: His Majesty's Stationary Office.

Department of Overseas Trade [1926] *Report of the commercial, industrial and economic situation in Italy, Dated December 1925*, London: His Majesty's Stationery office.

Department of overseas trade [1930] *Economic conditions in Italy, Dated April, 1930*, London: His Majesty's stationery office.

Department of Overseas Trade [1931] *Economic conditions in Italy, Dated June 1931*, London: His Majesty's Stationery Office.

Department of Overseas Trade [1932] *Economic conditions in Italy, dated September 1932*, London: His Majesty's Stationery Office.

Department of Overseas Trade [1933] *Economic conditions in Italy, dated July 1933*, London: His Majesty's Stationery Office.

Department of Overseas Trade [1927] *Report on the economic and financial conditions in Switzerland, dated February, 1927*, London: His Majesty's Stationery Office.

Duggan, C. [2002] *A Concise Hhistory of Italy*, Cambridge: Cambridge University Press（河野肇訳『イタリアの歴史』創土社，2007 年）.

Emelianoff, I. V. [1936] "Textile Industry in the United Kingdom, France, Germany, Italy and Japan", *Office of National Recovery Administration Division of Review*, Washington D.C.

Ente Nazionale Serico [1932] *Annuario serico 1931*, Milano: Fratelli Lanzani S.A.

Ente Nazionale Serico [1933] *Annuario serico 1932*, Milano: Tipografia Fratelli Lanzani S.A.

Ente Nazionale Serico [1937] *Annuario serico 1935*, Milano: Alga.

Ente Nazionale Serico [1938] *Annuario Serico 1937-1938*, Milano: Alga.

Ente Nazionale Serico [1939] *Annuario serico 1939*, Milano: Alga.

Ente Nazionale Serico [1940] *Annuario Serico della industria serica italiana*, Milano.

Estevadeprdal, Antoni, Frantz, Brian, Taylor, M. Alan [2003] "The rise and fall of world trade, 1870-1939," *The quarterly journal of economics*, 118(2), pp. 359-407.

Falchero, Anna Maria [1992] "'Quel serico filo impalpabile...' Dalla soie de Châtillon a Montefibre (1918-1972)," *Studi storici*, 35(1), pp. 217-233.

Fauri, Francesca [2000] "The "economic miracle" and Italy's chemical industry, 1950-1965: A missed opportunity," *Enterprise & Society*, 1 (June 2000), pp. 279-314.

Federico, Giovanni [1992] "La tessitura italiana e il mercato mondiale," Ivano, Granata and Scalpelli, Adolfo (a cura di), *Setaioli e contadini*, Milano: Francoangelli.

Federico, Giovanni [1993] *An economic history of the silk industry, 1830-1930*, Cambridge University Press.

Federico, Giovanni and Giannetti, Renato, [1999] "Italy: Stalling and surpassing," in Foreman-Peck, James and Federico, Giovanni eds., *European industrial policy: the twentieth-century experience*, Oxford: Oxford University Press, pp. 124-151.

参考文献 *215*

Federico, Giovanni, and Guido, M. Rey [2001], *I conti economici dell'Italia. 3.[2], Il valore aggiunto per gli anni 1891, 1938, 1951*, Collana storica della Banca d'Italia. Ser. Statistiche storiche, 1, Laterza.

Felice, Emanuele and Carreras, Albert [2012] "When did modernization begin? Italy's industrial growth reconsidered in light of new value-added series, 1911-1951," *Explorations in Economic History*, 49(4), pp. 443-460.

Fenoaltea Stefano [2003] "Peeking backward: Regional aspects of industrial growth in post-unification Italy," *Journal of economic history*, 63(4), pp. 1059-1102.

Fenoaltea, Stefano [2005] "The growth of the Italian economy, 1861-1913: preliminary second-generation estimates," *European Review of Economic History*, 9(3), pp. 273-312.

Fenoaltea, Stefano [2011], *The reinterpretation of Italian economic history*, Cambridge: Cambridge University Press.

Floud, R. and Johnson, P. eds. [2004] *The Cambridge economic history of modern Britain, Volume 3*, Cambridge: Cambridge University Press.

Fondazione Antonio Ratti, Buss and Chiara eds. [2001] *Silk the 1900's in Como*, Como: Silvana Editoriale.

Fondazione Assi istituto per la storia dell'Umbria contemporanea [1987] *Piccola e grande impresa: un problema storico*, Milano: Franco Angeli.

Fondazione ASSI [2007] *Annali di storia dell'impresa, 19/2008*, Marsilio: Venezia.

Foreman-Peck, James and Federico, Giovanni eds. [1999] *European industrial policy: the twentieth-century experience*, Oxford University Press.

Fothergill, J. B. [1934] "Progress in calico printing," Rowe, F. M. and Clayton, E. eds., *The Jubilee issue of the journal of the society of dyers & colourists 1884-1934*, Bradford: The society, pp. 115-126.

Fratianni, Michele, and Spinelli, Franco [1997] *A Monetary History of Italy*, Cambridge etc.: Cambridge University Press.

Flügge, E. [1936] *Rohseide: Wandlungen in der Erzeugung und Verwendung der Rohseide nach dem Weltkrieg*, Leipzig: Bibliographisches Institut（日本貿易研究所訳『生絲』栗田書店，1943 年）.

Galli, Annamaria [1998] "Il sistema produttivo e finanziario," in Sergio, Zaninelli (a cura di), *Da un sistema agricolo a un sistema industriale: Il comasco dal settecento al novecento, IV Tomo I*, Como: Camera di Commercio, Industria e Agricoltura di Como, pp. 117-416.

Galli, Giancarlo [2004] "Le relazioni di lavoro: Rappresentanze, strategie e conflitti tra primo e secondo dopoguerra", Zaninelli, Sergio, (a cura di), *Da un sistema agricolo a un sistema industriale: Il comasco dal settecento al novecento, IV, Tomo II*, Como: Camera di commercio, industria e agricoltura di Como, pp. 251-352.

Garofalo, Paolo [2005] "Exchange rate regimes and economic performance: The Italian experience," *Quaderni dell'Ufficio Ricerche Storiche*, 10, pp. 1-57.

Garofoli, Maura [1991] "Le fibre dell'invenzione," *Le fibre intelligenti*, Milano: Electa, pp. 9-103.

Gerschenkron, Alexander [1966] *Economic backwardness in historical perspective*, Cambridge, Massachusetts: The Belknap press of Harvard university press.

Giannetti, Renato, Federico, Giovanni and Toninelli, Pier Angelo [1994] "Size and strategy of Italian industrial enterprises (1907-1940): empirical evidence and some conjectures," *Industrial and corporate change*, 3(2), pp. 491-512.

Giannetti, Renato e Segreto, Luciano [1990] "Appendice: tabelle e tavole," Amatori, Franco e Bruno Bezza (a cura di), *Montecatini 1888-1966*, Bologna: Il Mulino.

Giordani Aragno, Bonizza [1991] "Le avanguardie della moda dal 1930 a oggi," *Le fibre intelligenti*, Milano: Electa.

Giustiani, Piero [1937] "I coloranti ed i prodotti sintetici", Luigi Lojacomo (a cura di), *L'indipendenza economica italiana*, Milano: Ulrico Hoepli.

Giustiani, Piero [1938] "L'industria degli intermedi e dei coloranti," Parravano, Nicola (a cura di), *La chimica in Italia*, Roma: Tipografia editrice Italia.

Gnoli, Sofia [2000] *La donna l'eleganza il fascismo*, Roma: Arti grafiche la moderna.

Grytten, Ola Honningdal [2008] "Why was the Great depression not so great in the Nordic countries? Economic Policy and Unemployment," *The Journal of European economic history*, 37, pp. 369-393.

Haber, L. F. [1971] *The Chemical Industry 1900-1930: International Growth and Technological Change*, Oxford: Clarendon Press (鈴木治雄監修, 佐藤正弥・北村美都穂訳『世界巨大化学企業形成史』, 日本評論社, 1984 年).

Hino, Makiko, and Fukushige, Mototsugu [2014], "Catching up and falling behind in technological progress: the experience of the textile and chemical industries in Italy between 1904 and 1937," *Graduate School of Economics and Osaka School of International Public Policy (OSIPP), Discussion Paper*, 14-14, pp. 1-23.

Holme, I. [1992], "Market development: challenge to dyeing and finishing," *Review of progress coloration*, 22(1), pp. 1-13.

Il sole 24 ore, *Titoli azionari iscritti e cancellati dal listino ufficiale della borsa valori di Milano dal 1861 al 30 giugno 2012* (http://www. ilsole24ore. com/pdf2010/SoleOnLine5/_ Oggetti_Correlati/Documenti/Finanza%20e%20Mercati/2012/10/mediobanca/US_id_03. pdf, 2016 年 9 月 23 日閲覧).

ISTAT, *Statistiche nazionali sulla struttura delle imprese, 2012* (http://dati.istat.it/Index. aspx? DataSetCode=DCSC_FIDIMPRMAN&Lang, 2012 年 6 月 6 日閲覧).

Istituto centrale di statistica del Regno d' Italia [1937] *Commercio estero nell'anno 1936*, Tipografia Ippolito Failli.

Istituto centrale di statistica del Regno d' Italia [1938] *Statistica del commercio speciale di importazione e di esportazione dal 1 gennaio al 31 dicembre 1937*, Roma: Istituto poligrafico dellostato.

Istituto centrale di statistica del Regno d' Italia [1939] *Statistica del commercio speciale di importazione e di esportazione dal 1 gennaio al 31 dicembre 1938*, Roma: Istituto poligrafico dellostato.

Istituto centrale di statistica del Regno d'Italia [1975] *Annuario statistico Italiano*, Bishops Stortford: Chadwyck-Healey.

Ivano, Granata and Scalpelli, Adolfo (a cura di) [1992] *Setaioli e contadini*, Milano: Francoangelli.

Jocteau, Gian Carlo [1978] *La magistratura e i conflitti di lavoro durante il fascismo, 1926-1934*, Milano: Feltrinelli.

Karachalios, Andreas [2001] "Giovanni Battista Bonino and the making of quantum chemistry in Italy in the 1930s," in Reinhardt, Carsten ed., *Chemical sciences in the 20th century*, Weinheim etc.: Wiley-VCH.

Kindleberger, C. P. [1986] *The World in Depression 1929 to 1939*, Revised and enlarged edition, Berkeley: University of California Press (石崎昭彦・木村一朗訳『大不況下の世界 1929-1939』岩波書店，2009 年).

Knecht, Edmund & Fothergill, James Best [1912] *The principles and practice of textile printing 1st ed.*, London: Charles Griffin & Company.

Krugman, Paul [1980] "Scale economies, product differentiation, and the pattern of trade," *The American economic review*, 70(5), pp. 950-959.

League of Nations [1927] *Natural Silk Industry*, Geneva: League of Nations.

League of Nations [1927] *The Artificial-silk Industry*, Geneva: League of Nations.

League of Nations [1936] "VI. Dispute between Ethiopia and Italy", *League from year to year, 1935*, pp. 53-88.

Levenstein, Margaret C., and Valerie Y. Suslow [2006] "What Determines Cartel Success?" *Journal of Economic Literature*, 44(1), pp. 43-95.

Lévy-Leboyer, M. [1848] L'histoire économique et sociale depuis (中山裕史訳『市場の創出 ──現代フランス経済史──』日本経済評論社，2003 年).

Lojacono, Luigi [1937] *L'indipendenza economica italiana*, Milano: Ulrico Hoepli.

Lorenzini, Marco (a cura di) [1994] *Comense 1872 Ticosa 1980*, Como: Filó.

Luz, Claudio [2007] "Waste couture", *Environmental health perspectives*, 115(9), pp. 448-454.

Maddison, Angus [1995] *Monitoring the World Economy 1820-1992*, Development Centre of the Organisation for Economic Co-operation and Development.

Maddison, Angus [2006] *The world economy*, Development Centre of the Organisation for Economic Co-operation and Development.

Martano, Renata [2001] "La Banca d'Italia e i provvedimenti a favore dell'industria serica tra il 1918 e il 1922, nelle carte dell'Archivio della Banca d'Italia," *Quaderni dell'ufficio ricerche storiche*, vol. 3 pp. 1-58.

Merlo, Elisabetta and Polese, Francesca [2006] "Turning fashion into busisness: The emergence of Milan as an international fashion hub," *The Business History Review*, 80(3), pp. 415-447.

Merlo, Elisabetta and Polese, Francesca [2008] "Accessorizing, Italian Style: Creating a market for Milan's fashion merchandise," in Blaszczyk, Regina Lee ed., *Producing fashion*, Philadelphia: University of Pennsylvania Press, pp. 42-61.

Michell, R. Brian [1983], *International historical statistics, Europe 1750-1993*, London: Macmillan reference.

Ministro delle finanze [1935] *Movimento commerciale del regno d'Italia nell'anno 1932*, *Parte prima*, Istituto centrale di statistica del Regno d'Italia.

Museo didattico della Seta [2000] *Como città di mestiere*, Como: Editrice Cesare Nani.

Muzzarelli, M. G. [2011] *Breve Storia Della Moda in Italia*, Bologna: Mulino (伊藤亜紀・山﨑彩・田口かおり・河田淳訳『イタリア・モード小史』知泉書院, 2014 年).

Nuti, Fabio [2004] "Italian industrial districts: Facts and theories," in Cainelli, Giulio and Zoboli, Roberto eds., *The evolution of industrial districts*, Berlin: Springer-Verlag, pp. 55-77.

Paris, Ivan [2010] "Fashion as a System: Changes in Demand as the Basis for the Establishment of the Italian Fashion System (1960-1970)," *Enterprise & Society*, 11(3), pp. 524-559.

Parravano, Nicola (a cura di) [1937] *La chimica in Italia X congresso internazionale di chimica, Roma, 15-21 maggio 1938-xvi*, Roma: Tipografia editrice Italia.

Paulicelli, Eugenia [2004] *Fashion under fascism*, Oxford etc.: Berg.

Perri, Fabrizio and Quadrini, Vincenzo [2002] "The great depression in Italy: Trade restrictions and real wage rigidities," *Review of Economic Dynamics*, 5(1), pp. 128-151.

Perugini, Mario and Romei, Valentina [2010] "Small firms and local production systems (1900-1960)," in Colli, Andrea and Vasta, Michelangelo eds., *Forms of enterprise in 20th century Italy: boundaries, structures and strategies*, Cheltenham, UK; Northampton, MA: Edward Elgar.

Petri, Rolf [1998], "Technical change in the Italian chemical industry: Markets, firms and state intervention," in Travis, Anthony S., Schröter Harm G., Homburg, Ernst, Morris, Peter J. T. eds., *Determinants in the evolution of the European chemical industry, 1900-1939*, London etc.: Kluwer academic publishers.

Pinchetti, Pietro [1894] *L'industria della seta*, Pietro Cairoli: Como.

Pino Pongolini, Francesca [1991] "Sui fiduciari della Comit nelle società per azioni

(1898-1918)," *Rivista di storia economica*, 8.

Piore, M. J. and Sabel, C. [1984] The Second Industrial Divide: Possibilities for Prosperity, New York: Basic Books（山之内靖・永易浩一・石田あつみ訳『第二の産業分水嶺』筑摩書房，1993 年）.

Pomeranz, Kenneth [2000] *The great divergence*, Princeton; Oxford: Princeton University Press.

Prados de la Escosura, Leandro [2000] "International comparisons of real product, 1820-1990: an alternative data set," *Explorations in Economic History*, 37(1), pp. 1-41.

Pyke, S. Frank, and Becattini, Giacomo, Sengenberger, Werner [1990] *Industrial districts and inter-firm co-operation in Italy*, Geneva: International Institute for Labour Studies.

Ragno, Maria [1938] *L'industria italiana dei colori e delle vernici*, Confederazione fascista degli industriali.

Raitano, Gabriella [1995] "I provvedimenti sui cambi in Italia 1919-1936," Falco, Gian Carlo (a cura di), *Ricerche per la storia della Banca d'Italia*, 6, Roma-Bari: Editori Laterza.

Reinhardt, Carsten ed. [2001] *Chemical sciences in the 20th century*, Weinheim etc.: Wiley-VCH.

Ristuccia, Cristiano Andrea [2000] "The 1935 sanctions against Italy: Would coal and oil have made a difference?" *European review of economic history*, 4(1), pp. 85-110.

Robinson, Stuart [1969] *A history of printed textiles*, Cambridge, Massachusetts: The M.I.T. Press.

Romano, Roberto [1990] *La modernizzazione periferica*, Milano: Franco Angeli.

Romano, R. [1997] *Paese Italia: Venti Secoli di Identità*, seconda edizione, Rome: Donzelli editore（関口英子訳『イタリアという「国」──歴史の中の社会と文化──』岩波書店，2011 年）.

Romano, Roberto [2000] *Fabbriche, operai, ingegner*, Milano: Franco Angeli.

Rosasco, Eugenio [1924] *La trasformazione industriale della tessitura serica ed i suoi nuovi svolgimenti*, Como: Bari & C.

Rosina, Margherita, Bellezza [2001] "Como printed silk for women's wear: a century of tradition and innovation," in Buss, Chiara ed., Fondazione Antonio Ratti, *Silk the 1900's in Como*, Milano: Silvana editoriale.

Rosina, Margherita; Chiara, Francina eds. [2008] *Guido Ravasi: il signore della seta*, Como: NodoLibri.

Rowe, F. M. and Clayton, E. eds. [1934] *The Jubilee issue of the journal of the society of dyers & colourists 1884-1934*, Bradford: The society.

Sapelli, Giulio [1978] *Organizzazione lavoro e innovazione industriale nell'Italia tra le due guerre*, Torino: Rosenberg & Sellier.

Sapelli, Giulio [1997] *Storia economica dell'Italia contemporanea*, Milano: Bruno Mondadori.

Saraceno, Pasquale [1955] "IRI: Its origin and its position in the Italian industrial economy (1933-1953)," *The Journal of Industrial Economics*, 3(3), pp. 197-221.

Sarti, Roland [1971] *Fascism and the industrial leadership in Italy, 1919-1940*, Berkeley etc.: University of California Press.

Saviolo, Stefania e Testa, Salvo [2005] *Le imprese del sistema moda*, 2a edizione, Milano: Rizzoli Etas.

Schmitt, Nicolas [1998] "Sunk costs and cartel formation: Theory and application to the dyestuff industry," *Journal of economic behavior & organization*, 36(2), pp. 197-220.

Schober, Joseph [1930] *Silk and the silk industry*, London: Constable & Co.Ltd.

Schofield, J. S. [1984] "Textile printing 1934-1984," *Review of progress coloration*, 14(1), pp. 69-77.

Schröter, Harm G. [1990] "Cartels as a Form of Concentration in Industry: The Example of the International Dyestuffs Cartel from 1927 to 1939," *German Yearbook on Business History 1988*, Volume 1988, pp. 113-144.

Schröter, Harm G. [1992] "The international dyestuffs cartel, 1927-39, with special reference to the developing areas of Europe and Japan," in A. Kudo and Hara, T. eds., *International cartels in business history*, Tokyo: University of Tokyo Press.

Schröter, Verena [1984] *Die deutsche Industrie auf dem Weltmarkt 1929 bis 1933*, Frankfurt am Main etc.: Peter Lang.

Segreto, Luciano [1990], "L'industria chimica e mineraria in Italia. Indicazioni bibliografiche," Amatori, Franco e Bruno Bezza (a cura di), *Montecatini 1888-1966*, Bologna: Il Mulino.

Severin, Dante [1955] *Lo stabilimento comasco per la stagionatura e l'assaggio delle sete 1854-1954*, Miglio (a cura di), Raccolta di saggi e ricerche 2. Como: Camera di Commercio di Como.

Severin, Dante [1961] *Origini e vicende del "Setificio" comasco 1866-1960*, Raccolta di saggi e ricerche 10. Como: Camera di Commercio di Como.

Shiba, Takao and Shimotani, Masahiro eds. [1997] *Beyond the Firm*, Oxford University Press.

Simmel, Georg [1957] "Fashion," *American Journal of Sociology*, 62(6), pp. 541-558.

Spadoni, Marcella [2003] "Il Gruppo SNIA dal 1917 al 1951," Torino: G. Giappichelli.

Strasser, Susan [1999] *Waste and Want: A Social History of Trash*, New York: An Owl Book.

Streb, Jochen, Baten Jörg and Yin, Shuxi [2006] "Technological and Geographical Knowledge Spillover in the German Empire 1877-1918," *The Economic History Review*, New series, 59(2), pp. 347-373.

Streb, Jochen, Wallusch, Jacek, Yin, Shuxi [2007] "Knowledge spill-over from new to old industries: The case of German synthetic dyes and textiles (1878-1913)," *Explorations in Economic History*, 44(2), pp. 203-223.

Taborelli, Monica [2004] "Appendice statistica e documentaria," Zaninelli, Sergio (a cura di),

Da un sistema agricolo a un sistema industriale IV Tomo II, Como: Camera di Commercio, Industria e Agricoltura di Como.

Tagliani, G. [1934] "A survey of the dyeing, printing, and finishing of natural silk," in Rowe, F. M. and Clayton, E. eds., *The Jubilee issue of the journal of the society of dyers & colourists 1884-1934*, Bradford: The society, pp. 184-189.

Toniolo, G. [1980] *L'economia dell'Italia Fascista*, Roma; Bari: Laterza（浅井良夫・C. モルテーニ訳『イタリア・ファシズム経済』名古屋大学出版会，1993 年）.

Toniolo, Gianni ed. [1978] *Industria e banca nella grande crisi 1929-1934*, Milano: ETAS Libri.

Toniolo, Gianni, e Visco, Vincenzo [2004] *Il declino economico dell'Italia*, Milano: Bruno Mondadori.

Travis, Anthony S., Schröter Harm G., Homburg, Ernst, Morris, Peter J. T. eds. [1998], *Determinants in the evolution of the European chemical industry, 1900-1939*, London etc.: Kluwer academic publishers.

Treccani, Giovanni (a cura di), [1950] *Enciclopedia Italiana di scienze, lettere ed arti, XXXI*, Istituto della Enciclopedia Italiana.

Tremelloni, Roberto [1937] *L'industria tessile italiana*, Torino: Giulio einaudi editore.

Vecchi, Giovanni [2011] *In ricchezza e in povertà*, Bologna: Il Mulino.

Venè, G. F. [1988] *Mille lire al mese: vita quotidiana della famiglia nell'Italia fascista*, Milano: Mondadori（柴野均訳『ファシズム体制下のイタリア人の暮らし』白水社，1996 年）.

Vianino, Giovanni [1937] "Per l'indipendenza della moda italiana," Lojacono, Luigi (a cura di), *L'indipendenza economica italiana*, Milano: Ulrico Hoepli, pp. 507-518.

Vivante, Cesare [1935] *Trattato di diritto commerciale, volume II Le società commerciali*, Milano etc.: Dottor Francesco Vallardi.

Walker, F. W. [1934] "Dry cleaning, wet cleaning, and dyeing," in Rowe, F. M. and Clayton, E. eds., *The Jubilee issue of the journal of the society of dyers & colourists 1884-1934*, Bradford: The society, pp. 190-202.

Whittaker, C. M. [1934] "The dyeing of rayons," in Rowe, F. M. and Clayton, E., eds., *The Jubilee issue of the journal of the society of dyers & colourists 1884-1934*, Bradford: The society, pp. 127-133.

Zamagni, Vera [1990] "L'industria chimica in Italia dale origini agli anni '50," in Amatori, Franco e Bezza, Bruno (a cura di), *Montecatini 1888-1966*, Bologna: Il Mulino.

Zamagni, Vera [1994] "A century of change: Trends in the composition of the Italian labour force, 1881-1981", Giovanni Federico (ed.), *The economic development of Italy since 1870*, Cheltenham: E. Elgar.

Zamagni, Vera [1995] ""Interlocking directorates" in Lombardia 1911-1936: primirisultati da una nuova banca dati," in Ceschi, Raffaello e Vigo, Giovanni (a cura di), *Tra Lombardia e*

Ticino, Bellinzona: Edizioni Casagrande, pp. 377-388.

Zamagni, Vera [2003] *The economic history of Italy 1860-1990*, Oxford: Clarendon press.

Zamagni, Vera [2007] *Introduzione alla storia economica d'Italia*, Bologna: il Mulino Itinerari.

Zamagni, Vera [2010] *L'industria chimica italiana e l'IMI*, Bologna: Il Mulino.

Zanier, Claudio [1994] "Current historical research into the silk industry in Italy," *Textile history*, 25(1), pp. 61-78.

Zaninelli, Sergio,（a cura di）[1998] *Da un sistema agricolo a un sistema industriale: Il comasco dal settecento al novecento, IV, Tomo I*, Como: Camera di commercio, industria e agricoltura di Como.

Zaninelli, Sergio,（a cura di）[2004] *Da un sistema agricolo a un sistema industriale: Il comasco dal settecento al novecento, IV, Tomo II*, Como: Camera di commercio, industria e agricoltura di Como.

〈邦文献〉

秋山玉吉［1940］『獨逸繊維工業統制』日本絹人絹輸出振興會.

安部田貞治［2013］『合成染料工業の歴史』繊維社.

石田憲［1994］『地中海新ローマ帝国への道：ファシスト・イタリアの対外政策 1935-39』東京大学出版会.

伊藤カンナ［2001］「大不況期イタリアにおける産業救済」『土地制度史学』172, 1-16 頁.

稲垣京輔［2003］『イタリアの起業家ネットワーク』白桃書房.

上野和彦・立川和平・高柳長直・高田滋・遠山恭司・竹内裕一・本木弘悌［2005］「イタリア・コモにおけるシルク産業集積」『東京学芸大学紀要　第 3 部門』56, 15-28 頁.

内田星美［1966］『合成繊維工業』東洋経済新報社.

閏間正雄監修［2014］『テキスタイル事典』ナツメ社.

大井孝［2008］『欧州の国際関係 1919-1946』たちばな出版.

大谷毅［2012］「イタリアのプロントモーダとファスト・ファッションの製品設計」『繊維トレンド』94, pp. 41-45.

岡本義行［1994］『イタリアの中小企業戦略』三田出版会.

小川秀樹編［1998］『イタリアの中小企業』日本貿易振興会.

小野木二郎［1940］『スクリーン捺染法』全国捺染協会.

繊維総合研究所編［1991］『テキスタイル・ビジネス[1]』繊維工業構造改善事業協会.

北村暁夫・小谷眞男編［2010］『イタリア国民国家の形成：自由主義期の国家と社会』日本経済評論社.

木村孝譯「伊国染料工業（一）」『染織時報』476, 1926 年, 22-24 頁.

京都造形芸術大学編［1998］『染を学ぶ』角川書店.

日下部高明［2001］『京都, リヨン, そして足利』随想社.

工藤章［1999］『現代ドイツ化学企業史』ミネルヴァ書房.

中小企業総合研究機構［1996］「イタリア型中小企業に関する調査研究」33，96-1頁.

作道潤［1995］『フランス化学工業史研究』有斐閣.

繊維工業構造改善事業協会［1968］「欧州の染色工業事情─英国，イタリア，スイス，西ドイツおよびフランス─」海外染色整理業事情調査報告書，第1集.

高橋進［1978］「イタリア・ファシズムと工業界(1)」『法学雑誌』，25(1)，25-63頁.

田村均［2004］『ファッションの社会経済史　在来織物業の技術革新と流行市場』日本経済評論社.

デルコンテ，M.，ティラボスキ，M.［2005］，「イタリア」（永野仁美訳），『労働者の法的概念：7ヶ国の比較法的考察』（労働政策研究報告書，18），労働政策研究・研修機構，47-61頁.

谷口豊［1991］「戦間期本邦合成染料工業研究の課題と方法」『産業経済研究』（久留米大学），32(1)，69-107頁.

土屋淳二編［2005］『イタリアン・ファッションの現在』学文社.

日本貿易振興機構 JETRO 海外調査部［2014］『イタリア産地の変容』日本貿易振興機構.

馬場康雄・岡沢憲芙編［1999］『イタリアの経済：「メイド・イン・イタリー」を生み出すもの』Waseda libri mundi; 31，早稲田大学出版部.

馬場康雄・平島健司編［2010］『ヨーロッパ政治ハンドブック第2版』東京大学出版会.

原朗編［1995］『日本の戦時経済』東京大学出版会.

ピッコリ，I.［2005］「グローバル・システムとイタリアン・ファッション」，土屋淳二編『イタリアン・ファッションの現在』学文社，79-120頁.

ピティリアニ，ファウスト，訳：渡辺銕蔵［1940］『ファッシズム体制下の伊太利のカルテル』渡辺経済研究所.

日野真紀子［2012a］「1919-1929における北部イタリア「絹織物」の輸出拡大」『社会経済史学』78(1)，3-24頁.

日野真紀子［2012b］「イタリア北部絹織物業における大恐慌の影響：コモ産地の構造とその対応」『大阪大学経済学』62(1)，52-70頁.

日野真紀子［2015］「1930年代におけるイタリア染料工業の発展」，『同志社商学』67(1)，43-62頁.

日野真紀子［2018］「1930年代におけるイタリア人絹・絹織物輸出拡大の要因」『社会経済史学』84(1)，95-120頁.

平井東光［1991］『繊維業界』教育者新書.

ファシズム研究会編［1985］『戦士の革命・生産者の国家』太陽出版.

藤岡寛己［2007］『原初的ファシズムの誕生』御茶の水書房.

本間善男「染料の種類」，生活環境化学の部屋（http://www.ecosci.jp/color/dye.html，2015年3月30日閲覧）.

増田林平［2004］「植民地期インドネシアの景気循環：1830-1930年代」『アジア経済』45(3)，24-58頁.

松原建彦［2003］『フランス近代絹工業史論』晃洋書房.

皆村武一［1985］『イタリアの戦後改革：戦後経済序説』晃洋書房.

山崎広明［1975］『日本化繊産業発達史論』東京大学出版会.

山本健兒［2005］『産業集積の経済地理学』法政大学出版局.

米長粲［2003］「最近の欧米の染色加工技術動向」『繊維工学』56(2), 39-46頁.

労働政策研究・研修機構［2013］『データブック国際労働比較2013』日本労働研究機構.

〈一次資料〉

Archivio Stato di Como (ASC), Prefettura-Gabinetto (PG)

Camera di Commercio Como (CCC)

Archivio Storico Intesa-Sanpaolo, Banca Commerciale Italiana (BCI)

〈定期刊行誌（欧文）〉

Annuaire statistique de la France, Ministère du travail. Statistique générale de la France.

Annuario statistico italiano, Direzione generale della statistica.

Bollettino di sericoltura, Milano: Associazione serica italiana.

Bulletin des soies & des soieries et moniteur des soies de Lyon, Lyon: Organe international de l'industrie de la soie.

International herald tribune, the New York Times and The Washington Post.

Rayon and silk, Manchester: A supplement to the "Silk Journal & Rayon World", discontinued.

Rayon textile monthly, New York: Rayon Publishing.

Silk, New York: s.n.

Silk & Rayon, Manchester: Thomas Skinner & Co.

Silk journal, Manchester: s.n.

Silk journal and rayon world, Manchester, England: Harlequin Press.

The dyer & calico printer, bleacher and fisher, London: Heywood.

The New York Times, N.Y.: H. J. Raymond & Co.

Textile colorist, New York, etc.: Howes Pub. Co.

Textile organon, New York: Textile Economics Bureau.

Textile recorder, Manchester: Harlequin Press, etc.

Tinctoria, Associazione nazionale industriali tintori, stampatori e finitori. Milano: Aracne.

〈定期刊行誌（邦文）〉

外務省通商局編纂,『通商公報』, 外務省通商局.

外務省通商局編纂,『日刊海外商報』, 不二出版.

外務省通商局，『海外經濟事情』，三省堂.

外務省通商號局編纂，『週刊海外経済事情』，中屋印刷所.

時事新報社，『時事新報』，神戸大学新聞記事文庫.

商工省商務局［1929］，『内外市場に於ける本邦輸出綿織物の現勢』，日本輸出綿織物同業組
　　合聯合會.

商工省貿易局編［1932］，『繊維工業品輸出状況調査』，商工省貿易局.

『染織』，染織文化社.

大日本織物協會編，『染織時報』，大日本織物協會.

あとがき

　本書は 2017 年に大阪大学に提出した博士論文を改稿したものであり，JSPS科研費 18HP5157 の助成を受けて刊行された．刊行にあたり，晃洋書房の丸井清泰氏，編集部の方々にお世話になった．また，本書の執筆にあたって完成までに数多くの方から，学問上の助言やご厚意を受ける機会を得た．立教大学の学部時代から現在に至るまでお世話になっている中島俊克先生，大阪大学大学院経済学研究科では，佐村明知先生，宮本又郎先生，阿部武司先生，杉原薫先生，中林真幸先生，澤井実先生，廣田誠先生，友部謙一先生，山本千映先生など，様々な先生のもとで授業や研究指導を受ける機会を得た．指導教授であった佐村先生には，研究に対する姿勢と 1 つのことを考え続ける重要さを教えて頂いた．佐村先生のご退官後，阿部武司先生には，論文指導のみならず研究全般における態度・教育に携わる姿勢について学ぶことができた．また，修士課程在学時からお世話になっている鳩澤歩先生には，修士論文から現在にいたるまで実質的な研究の指導をして頂いており，感謝の念に堪えない．また作成の最終段階で，山本先生・ピエール＝イヴ・ドンゼ先生から多くの有益なご助言と非常に有益なコメントを頂いたことで，内容がより充実した．福重元嗣先生のご協力により，大阪大学の GCOE プログラムの研究資金を三度獲得し，イタリアに散在する資料を収集することが可能となった．

　2005 年にイタリア政府からの奨学金により留学が実現した．見ず知らずの外国の学生を快く引き受けて下さったミラノ大学文学部の Giulio Sapelli 先生，Roberta Garruccio 先生，産業史担当の Roberto Romano 先生は，下手なイタリア語にもかかわらず何度も質問にお答えくださり，その都度イタリア経済や史料について教えて下さった．

　また，イタリアでは様々な機関で必要な資料を得ることができた．いつも快く見せて下さった，国立コモ公文書館の皆様からたくさんの助言を頂き，非常に有益であった．ミラノのサンパオロ・インテーザ銀行公文書館の方々にも非常にお世話になった．とくに Alberto Gottarelli 氏にはかなりの便宜を図って

頂いて，研究を効率的にすすめることができた．コモにある Fondazione A. Ratti 附属図書館の Francina Chiara 氏は，貴重な資料を惜しみなく自由に見られるように便宜を図ってくれた．国立ブレーラ図書館の方々にも様々な便宜を図っていただき，時間が限られたなかで資料収集がおこなえた．

　コモの友人達は，研究やイタリアをより理解するために，私にいろいろな人々と知り合うきっかけを与えてくれた．Ostello Villa Olmo の友人達，CISL の Gianmarco Gilardoni，Federica Isola とその家族，そして Elena Mazzucchi，Loredana Giustini なくして，私のイタリアにおける活動は語れない．その他，Daniela Volonté，Armando Costantino は染色工場を見学する際に骨を折ってくれた．素晴らしいコレクションを持ち，また自身の専門であるコモの絹織物・染色のことならば何でも答えてくれる Alberto Tagliabue と知り合えたことも，大きな喜びである．

　コモ商工会議所の Federica Ronchetti 氏を初めとする職員の方々は，ご多忙のところ，毎日お邪魔して資料をみせていただき，さらに商工会議所に保存されている貴重な本・資料を大量に気前よく下さった．これらの資料を本書に十分に活かしきれているかどうかは筆者の責任である．コモの街は，小規模で町中で人々が繋がっており，名前を書ききれないが今まで惜しみなく協力してくれた街の人々に，少しでも感謝の気持ちが伝えられたらと思う次第である．

　また，就職先の同僚や研究環境にも恵まれた．同志社大学商学部では，学部書庫で多くの資料をみることができ，恵まれた環境で研究をおこなうことができた．現在の職場である近畿大学経営学部も研究に寛容な環境であり，本書で残された課題についてこれからも続けて取り組むことができる．

　最後になるが，本書を仕上げるまで辛抱強く見守ってくれた母，少し間に合わなかった父，夫の Michele Dunghi と夫の家族に心から感謝している．

　2019 年 2 月

日野真紀子

索　引

〈ア 行〉

IRI → 産業復興公社
IG ファルベン　74,80,83,86,87,93
　　──社　85,86,208
アウタルキー　105,119,173
　　──(自給自足)政策　78
　　──最高委員会　92,106
　　──繊維　17
アセテート・レーヨン　170,172
　　──クレープ　60
アセテート法　15-17,19,25,60
アゾ染料　80,94
アパレル産業　10,68,97,136
アメリカ　2,9,16,17,24-26,32,34,35,46,53,
　　58,60,61,63-70,74-76,92,93,116,125,127,
　　131,147,163,164,166,169,172,174-176,187,
　　196
綾織　13
アルゼンチン　16,32,34,35,40,66,70,72
アール・デコ　175
アルベルト・クレリチ　180,182,190
アンブロージョ・ペッシーナ染色社　172
アンブロジアーノ銀行　186,195,200
イギリス　3,4,9,15,24-26,31-35,42,43,45,46,
　　49,51,53,58,59,61,65-70,72,74,75,83,85,
　　94,114,125,127,129,130,132,140,146,148,
　　153,158,165,167,169,184,188,189
英領インド　29,33,35,40,67
イタリア・コートールズ社　129
イタリア＝東洋商業会議所　40
イタリア・ファッションのための国営芸術機関
　　175
伊領植民地　53,58
伊領ソマリア　53
伊領東アフリカ　51,53
イタリア銀行　128,195
イタリア絹染色・捺染・整理仕上加工業企業家組
　　合　147
イタリア商業銀行(BCI)　21,31,46,69,79,
　　180,181,183,185-187,189-191,195-198,201,

203,204
イタリア繊維展示会　170
イタリアン・ファッション・システム　3,10,
　　161
イタリカ社　80
イタルガス社　80,86
イタルレーヨン　157,170
インジゴイド系建染染料　91
インダンスレン系染料　91-93,96
インド　32
ヴィスコース法　15-17,19,25,60,89,129,157
ヴェネズエラ　59
ヴォルピ　33,65,94
ウルグアイ　35,58
英伊協定　32
ACNA 社　73-75,79,80,83,84,86,87,91,93,
　　96,105,208
エジプト　32,35,40,70,71
エチオピア　49,53,69,84,91,149
エチオピア侵攻　48,53,189,206
FISAC 社　7,21,65,110,129,147,166,174,
　　179-191,193-198,200,201
エミリアンモデル　119
エリトリア　53
塩基性染料　19,80
王立技術学校　151,152
王立絹織物学校　150
王立絹織物専門学校　151
王立絹試験場　148
OMITA 社　134,135
オーストラリア　33,34,167,188
オーストリア　32,34,51,61,68,148,156,188
オタワ協定　45
オート・クチュール　1,166
オート・ヌヴォテ　17,25
オランダ　15,25,37,46,51,53,58,66,69,72,92,
　　114
蘭領東インド　29,35,40,53,69
織組織　6,13

〈カ 行〉

ガイギー社　85,92
海峡植民地　35
カイッツィ　29,41
化学工業　2,8-12,14,15,20,64,73-78,81,83,84,98,113,122,173,205,208
ガーシェンクロン　6
カチオン染料　85,94
カナダ　33,34,59,66,69,71
カナディアン・セラニーズ社　59
カファーニャ　7
カメルラータ　183,195,200
カルテル　74,83,84,94,95,157,189
カンピ社　172
生糸取引中央局　128
機械工業　2,12,14,42,84,119,122,134,208,209
生地編　14
絹織物業連盟　139
絹関連業連盟　138
絹国際連盟　148
絹染色・プリント・仕上加工組合　108
絹取引協会　158
キャリコ捺染　99,114
求償協定　51,58,70,72
キュプラ　19
ギリシャ　35,40,51,72,170
金属錯塩酸性染料　85
金ブロック　46
金本位制　33,34,46,48,51,136,188,198
グアリーノ　25
靴下　14,17,58,61,64,106,107,113,129,130,139,158,163,206,208,209
クレープ　13,14,37,38,43,52,60,66,70,72,130,172,177,195,203
クレープ・ド・シン　111
クレディトイタリアーノ（CI）　46,69,183,185,187,195,201
クレフェルト　127,151,175
クレリチ　180,182
クレリチ・ブラゲンティ社　182
経済制裁　48,49,51-53,61,69,106,111,132
兼営銀行　7,21,46,69,120,131,155,180,183,

201
建染染料　19,85,89,91-93,96
工業三角地帯　3
工場施設規制法　84
「交織物」　31,37,65
合成染料　17,89,94,99,197
合成有機染料委員会　84
コーエン　7,8
国際連盟　48,49,66,69,189
国立為替局　32
コートールズ社　59
コートルズ社　25
コマチナ水力発電会社　45,199
小麦闘争　79
コメンセ社　146,172
コメンセ染色仕上社　102
コモ生糸倉庫検査所　130
コモ絹芸術博物館　150
コモ県経済協議会　148
コモ県経済評議会　196
コモ商業会議所　150

〈サ 行〉

ザマーニ　30
産業集中計画　185,198,206
産業復興公社（IRI）　46,180,181,186,187,196-198,201
酸性染料　85,94
サンド社　92,94
ジェノヴァ　122,198
ジェンティーレ　118,151,160
ジネストラ　17
シフォン　40,66
ジャカード織　13
シャティヨン社　15,129,170,180,186,190-192,195,197,201,203
シャンタン　53
集団的労働関係規正法　138
繻子織（朱子織）　13,14
受託染色　99,103,105-107,113,208
商業委員会　167,196
硝酸法　15,19
職業技術学校　151
諸繊維工業連盟　109

ショーバー　29
ジレ社　105,129,176
人絹生産量　2,30,129
人民戦線　49
スイス　24,26,32-34,46,51,58-60,64-66,68,
　72,74,83,85,88,89,92-94,100,105,108,111,
　114,126,127,129,134,146-148,157,164,165,
　169,171,175,176,183,185,196,198,208
　──・イタリア銀行　203
水力発電　135
スウェーデン　53,58,69,72
スクリーンプリント　17
ステープル・ファイバー　2,30
ズニア・ヴィスコーザ社　129,131,170,180,
　203
スフ　2,16,30,31,132,157
スペイン　32,40,65,69,72,148
成型編（ホールガーメント）　14
清算協定　49,51,60,72
石炭　8,9,52,75,76,85,95
セティフィーチョ　118,150-152,154,160,182,
　208
セラニーズ社　15,16,25
「セルラー」印刷　172
繊維工業　1-3,7-11,14,20,21,25,27,30,34,35,
　42,43,45-47,63,65,68,73,97-99,101,
　117-124,134-136,141,154,161,164,167,169,
　173,179,207,209
繊維公社　165,169,173,174,207
繊維連盟　101
全国絹工業連合会　128,148,168
全国繊維会議　168
全国繊維公社　168
染色整理　98
染料カルテル　74
双務的清算協定　51
ソフィンディット　180,189
ソ連　69

〈タ　行〉────────────

タイ　16,19,35,61,170
第1次大戦　1,3,8,9,20,21,24,25,28,30,32,
　35,66,68,76,77,80,85,88,95,98,100,108,
　117,121,125-128,141,151,154,155,158,161,
　162,165,183,185,187,190,196,199,200,205,
　207,209
第一のイタリア　7,120
大恐慌　42,46
第三のイタリア　7,119,120
ダイナマイト・ノーベル社　85,86
第2次産業革命　8,114,141
第2次大戦　3,5,67,75,85,98,120,152
ダヌンツィオ　66
ダマスク織　13
団体協約　108-110,137,138,139,206
チーザ社　170
チェコスロヴァキア　32,66,148
チェルメナーテ　182,183
チバ社　92,94,105
中国　35,40,43,91,128,167
中等教育制度改革　118,151
チューリッヒ　127,151,171
チュール　14,37,38,43,52,70,72,130,158,165,
　177,191,195,196
直接染料　85,94
デ・アンジェリ=フルア社　17
ティコーザ社　98
デフレ政策　33,34,46,107,136,137,153,198
デュポン社　86
ドイツ　3-5,8,9,11,15,16,20,24-26,32,34,46,
　53,58-61,63,66,68,72-75,80,83,85,88,89,
　92-95,100,114,122,126,127,134,146,148,
　163-165,169,174,175,180,198
ドイツ型兼営銀行　198
銅アンモニア法　15,19
トニオロ　30,41,179
ドネガーニ（Guido Donegani）　79
ドビー織　13
トルコ　35,40,51,69,72,167,170
トンダーニ社　139,140,188,190,191

〈ナ　行〉────────────

ナイロン　19,111,116
ナフトール染料　85
南部　6-8,24,41,115,119,155,187
南北問題　3,119
ニット　12-14,24,60,61,106,107,113,130,139,
　148,158,163,206,208,209

日本　9,25,31,40,43,46,60,66,70,72,74,75,
　　83,91,97,117,121,125,127,128,130,132,136,
　　153,164,171,205,207
二硫化炭素　25,190,203
ネクタイ　34,37,61,64,134,157,166,172,188,
　　190
　──輸出カルテル　189
ノーベル　85

〈ハ　行〉────────────

バーゼル　171
バーター貿易　51,70
抜染技術　17
ハーバー・ボッシュ法　79
パリ国立高等美術学校　168
バルカン戦争　185
パルプ　25,53,59,60,63
ハンガリー　32,72,148,156
反応染料　85
ビアンキ社　80,83,86,87,94,95
BCI → イタリア商業銀行
ピエモンテ　3,8,80,95,101,102,128,134,198
被信託者　120,197,200,201,204
1人当たりGDP　3-6,24
平織　13,14
微粒子病　125
ビロード　14,24,37-39,67,130,166,176,180,
　　194,195,204
ビロードシフォン　203
ファシスト絹織物業連盟　138
ファシスト工業総連盟　108,137,139
ファシスト工業連盟　47,148
ファシスト諸繊維工業連盟　158
ファスト・ファッション　1
フィウメ　66,67
　──問題　66
フィオッコ=アルベーネ　17
フィンランド　58,60,72
フェデリーコ　7,8,121
フェノアルテア　6-8
フォッサーティ社　172
フォードニー・マッカンバー法　66
ブラゲンティ・クレリチ　182
ブラジル　16,69,70,72

プラート　7,120
フランシス・クリヴィオ社　172
フランス　3-5,9,15,24,32-34,39,46,49-51,
　　58-61,65,66,68-70,74,75,83,85,88,89,92,
　　93,95,100,108,114,125-127,129,146-148,
　　154,156,160,162,164-166,168,169,171,174,
　　176,188,189,196,205,207
ブルガリア　170
フルファッション　14,61
プレタポルテ　2
分散染料　19,85
米伊協定　32
ペッシーナ染色社　103,106
別珍　24
ベルギー　32,46,59,68,72,88,114,129
ベルベット　14
ベンベルグ社　170
ポーランド　46,66,72,111
北西部　3,5-9,117,119-122,179
北東部　7,24
ポデスタ　140
ボネッリ社　80
ポルトガル　66,72

〈マ　行〉────────────

南アフリカ　35,53,58,63,64
三原組織　13
ミラノ　6,7,17,20,25,39,61,80,89,92,94-96,
　　102-104,110,113,121,122,125-127,134,
　　138-140,147,148,151,156,158,131,162-164,
　　169,170,175,180,182,183,186,187,195
ミラノ工科大学　149
無煙火薬　85,86
ムッソリーニ　60,66,160,175
綿業同盟　140
モード公社　165,167-170,173,174,207
「モード・システム」　164
モルガン銀行　32
モロッコ　35,66,188
モンテカティーニ社　16,73,75,76,78-80,83,
　　86,88,91,93,94,203,208
　──（Montecatini）　75

索　引　*233*

〈ヤ 行〉────────────

ユーゴスラヴィア　　66,67,170

〈ラ 行〉────────────

ラヴァージ社　　34,166,172,177
ラニタル　　17,25,116
ラミセット　　16
ラリアーノ銀行　　195,199,200
力織機　　134,135,153,182
リグーリア　　3,8,86,95
硫化染料　　89,92,94,96
リヨン　　25,26,34,49,50,52,66,68,105,109,
　　125-127,134,146,151,156,157,160,167,174,
　　176

──商工会議所　　168
ルーマニア　　32,35,72
レヴァント　　170
レッジャーニ社　　98
ローヌ・プーラン社　　15,16,25
ローラー捺染機械　　17
ロッコ　　137,138,158
ロメオ　　6
ロンドン秘密条約　　66
ロンバルディア　　1,3,8,64,80,91,95,98,101-
　　103,113,119,120,122,123,128,134,146,151,
　　156,157,191,198,200,201,208,209
──州　　124
ロンバルド＝ヴェネト王国　　122

《著者紹介》

日野真紀子 (ひの まきこ)

2000 年　立教大学経済学部経済学科卒業
2005 年　イタリア政府奨学生としてミラノ大学歴史哲学学部に留学
2014 年　大阪大学経済学研究科博士後期課程単位取得退学, 博士 (経済学)
　　　　同志社大学商学部助教を経て,
現　在　近畿大学経営学部講師

主要業績

『教養のイタリア近現代史』(共著, ミネルヴァ書房, 2017 年).

シルクとイタリアン・ファッションの経済史
——色で高付加価値化を目指した両大戦間期——

2019 年 2 月 28 日　初版第 1 刷発行　　＊定価はカバーに
　　　　　　　　　　　　　　　　　　　表示してあります

　　　　　　　　　　著　者　　日 野 真 紀 子Ⓒ

　　　　　　　　　　発行者　　植 田　　実

　　　　　　　　　　印刷者　　田 中 雅 博

発行所　株式会社 晃 洋 書 房

☎ 615-0026　京都市右京区西院北矢掛町 7 番地
　　　　　　電話　075 (312) 0788番代
　　　　　　振替口座　01040-6-32280

装丁 ㈱クオリアデザイン事務所　印刷・製本　創栄図書印刷㈱

ISBN 978-4-7710-3204-0

JCOPY 〈㈳出版者著作権管理機構 委託出版物〉

本書の無断複写は著作権法上での例外を除き禁じられています.
複写される場合は, そのつど事前に, ㈳出版者著作権管理機構
(電話 03-5244-5088, FAX 03-5244-5089, e-mail:info@jcopy.or.jp)
の許諾を得てください.